省部级示范性高等职业院校重点专业建设规划教材

渠系建筑物设计与施工

主　编　双学珍　田明武
副主编　李　娜　朱李英　夏春兰
主　审　张智涌

黄河水利出版社
·郑州·

内 容 提 要

本书是省部级示范性高等职业院校重点专业建设规划教材，是为适应现代高职教育培养应用型、技能型人才的需求，结合示范建设对专业改革发展的要求，按照教育部颁布的渠系建筑物设计与施工课程标准编写完成的。全书共分为8个项目，内容包括：渠系建筑物综述、渠道设计与施工、梁式渡槽设计与施工、拱式渡槽设计与施工、倒虹吸管设计与施工、涵洞设计与施工、跌水与陡坡设计与施工、水工隧洞设计与施工。

本书为高职高专水利水电建筑工程、水利工程、水利工程监理、水利工程施工等专业的通用教材，也可作为其他专业的教材或教学参考书，还可供水利工程技术人员学习参考。

图书在版编目(CIP)数据

渠系建筑物设计与施工/双学珍，田明武主编. —郑州：黄河水利出版社，2014.8

省部级示范性高等职业院校重点专业建设规划教材

ISBN 978-7-5509-0888-8

Ⅰ.①渠… Ⅱ.①双… ②田… Ⅲ.①渠系建筑物-建筑设计-高等职业教育-教材②渠系建筑物-工程施工-高等职业教育-教材 Ⅳ.①TV6

中国版本图书馆CIP数据核字(2014)第194471号

组稿编辑：王路平　电话：0371-66022212　E-mail：hhslwlp@163.com

出 版 社：黄河水利出版社

地址：河南省郑州市顺河路黄委会综合楼14层　邮政编码：450003

发行单位：黄河水利出版社

发行部电话：0371-66026940、66020550、66028024、66022620(传真)

E-mail：hhslcbs@126.com

承印单位：河南承创印务有限公司

开本：787 mm×1 092 mm　1/16

印张：12

字数：280千字　印数：1—2 000

版次：2014年8月第1版　印次：2014年8月第1次印刷

定价：27.00元

前 言

本书是根据国家“十二五”教育发展规划纲要及《中共中央 国务院关于加快水利改革发展的决定》(2011年中央1号文件)、《国家中长期教育改革和发展规划纲要》(2010~2020年)、《教育部关于全面提高高等职业教育教学质量的若干意见》(教高〔2006〕16号)、《教育部关于推进高等职业教育改革创新引领职业教育科学发展的若干意见》(教职成〔2011〕12号)等文件精神,按照现代水利职业教育要求,在总结水利类高等职业教育多年教学改革经验的基础上,在全国水利水电高职教研会指导下,结合示范建设对专业改革发展的要求编写的教材。

本套教材以学生能力培养为主线,融“教、学、练、做”为一体,采用“项目导向、任务驱动”模式,适合开展项目化教学,体现实用性、实践性和创新性的特色,是一套紧密联系生产实际的高职高专教育精品规划教材。

本书较为系统地讲述了渠道工程和渠道系统以及渠系上的水工建筑物(包括渡槽、倒虹吸以及水利工程中的涵洞、跌水、陡坡等)的布置要求、结构类型、工作特点、设计内容、施工布置、施工进度安排、施工工艺等。在内容编排上,为了更好地顺应水利水电建筑工程专业的项目化教学要求,将各渠系建筑物分别作为一个项目,先进行建筑物设计理论介绍,然后介绍施工要领,在指导学生学习时,以某一典型案例为切入点,进行工程设计、施工一体化教学,更有利于促进学生知识结构的系统性和完整性。

本书由四川水利职业技术学院和中国水电顾问集团成都勘测设计研究院有限公司联合编写,编写人员及编写分工如下:双学珍编写项目1、项目2的任务5和任务6、项目3的任务7、项目4的任务4、项目5的任务4,项目6的任务4和任务5,项目7的任务3和项目8的任务5;田明武编写项目8的任务1~4;李娜编写项目6的任务1~3和项目7的任务1~2;朱李英编写项目2的任务1~4和项目5的任务1~3;夏春兰编写项目3的任务1~6和项目4的任务1~3。中国水电顾问集团成都勘测设计研究院有限公司雷运华对本书的编写提供了部分资料并提出了很好的修改意见和建议。

本书由双学珍、田明武担任主编,双学珍负责全书统稿;由李娜、朱李英、夏春兰担任副主编;由张智涌担任主审。

本书在编写过程中,还得到了武警水电部队李凯和安徽省滁州市水务局孔凯夫的大力支持,在此表示感谢!

由于编者水平有限,本书疏漏和不妥之处在所难免,敬请读者批评指正。

编 者

2014年6月

目 录

项目1 渠系建筑物综述

任务1 认识渠系建筑物

子任务1 渠系建筑物的概念

渠系建筑物在中国很早就已出现。《水经·渭水注》记载:汉惠帝元年(公元前194年)筑长安城,用飞渠引水入城;《周礼》一书中的《考工记·匠人》(成书于2 000多年前)记载:欲为渊,则勾于矩;《汉书》卷八十九“召信臣传”记载:汉元帝建昭五年(公元前34年),召信臣“行视郡中水泉,开通沟渎,起水门提阏凡数十处,以广灌溉”;《后汉书·张让传》记载:中平三年(公元186年)毕岚“作翻车、渴乌,施于桥西”。上述之“飞渠”、“勾于矩”、“水门”及“渴乌”即为现今渡槽、跌水、水闸及虹吸管。渡槽、跌水、水闸在中国已有2 000年以上的历史,虹吸管也有1 800年的历史。建于战国前期的引漳十二渠是中国北方引河水灌溉最早的大型灌溉渠系。埃及尼罗河流域、美索不达米亚以及印度河流域等地区都有悠久的灌溉历史。这些地区最古老的灌排渠系建筑物可追溯到公元前2 000多年。新安灵渠即为典型代表之一(见图1-1)。

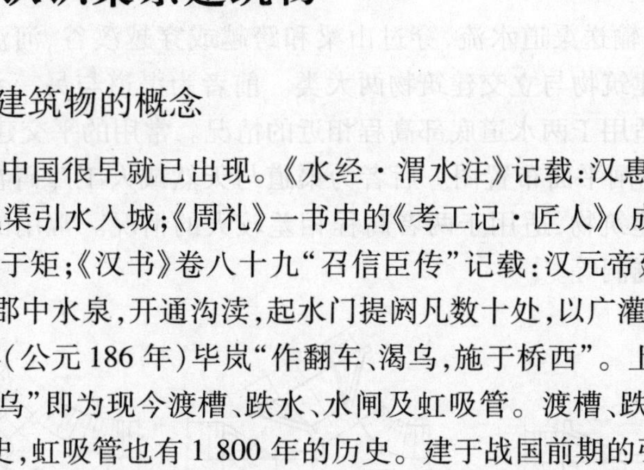

图1-1 新安灵渠

渠道是水利建设中的输水工程,用来从河流、水库、湖泊等水源引水,以供农业灌溉、发电、工业与民用。为了安全合理地输配水量,满足农田灌溉、水力发电、工业及生活用水的需要,在渠道(渠系)上修建的水工建筑物,统称渠系建筑物(Canal Structure)。

在农田水利工程建设中,蓄水、引水等枢纽工程,只有与渠系工程配套使用,才能达到兴利的目的,故渠系建筑物又称灌区配套建筑物。灌区工程配套是挖掘现有灌溉设施潜力、发挥工程效益的重要措施。

子任务2　渠系建筑物的类型及作用

渠系建筑物按其作用可分为以下几类：

(1)渠道：人工开挖或填筑的水道，用来输送水流，以满足灌溉、排水、通航或发电等需要。一个灌区内灌溉或排水渠道，一般分干、支、斗、农四级，构成渠道系统，简称渠系。

(2)调节及配水建筑物：渠道中用以调节水位和分配流量的建筑物，如节制闸、分水闸、斗门等。

(3)交叉建筑物：输送渠道水流，穿过山梁和跨越或穿越溪谷、河流、渠道、道路时修建的建筑物，分平交建筑物与立交建筑物两大类。前者为渠道与另一水道相交处有共同流床的交叉建筑物，适用于两水道底部高程相近的情况。常用的平交建筑物有水闸、倒虹吸管等，图1-2为节制闸平面布置图。后者为渠道与天然或人工障碍在不同高程上相交时，在渠道上修建的建筑物，适用于两者高程相差较大的情况。常用的立交建筑物有渡槽、倒虹吸管、涵洞、隧洞等。

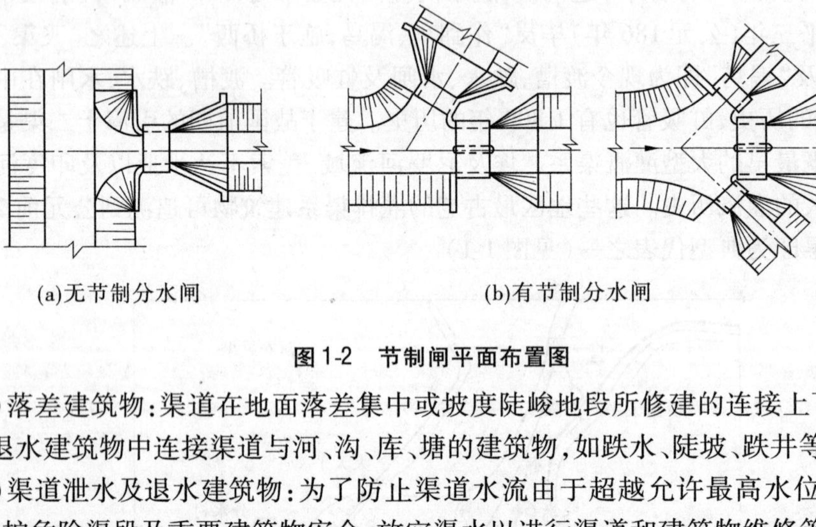

(a)无节制分水闸　　(b)有节制分水闸

图1-2　节制闸平面布置图

(4)落差建筑物：渠道在地面落差集中或坡度陡峻地段所修建的连接上下游段，或在泄水与退水建筑物中连接渠道与河、沟、库、塘的建筑物，如跌水、陡坡、跌井等。

(5)渠道泄水及退水建筑物：为了防止渠道水流由于超越允许最高水位而酿成决堤事故，保护危险渠段及重要建筑物安全，放空渠水以进行渠道和建筑物维修等目的所修建的建筑物，如溢流埝、泄水闸、排洪槽、虹吸泄水道、退水闸等。

(6)冲沙和沉沙建筑物：为了防止和减少渠道淤积而在渠首或渠系中设置的冲沙和沉沙设施，如沉沙池、冲沙闸等。

(7)量水建筑物：为了按用水计划准确而合理地向各级渠道和田间输配水量，并为合理征收水费提供依据，在渠系上设置的各种量水设施，如量水堰、量水槽、量水喷嘴等，如图1-3所示。工程中，常利用符合水利计算要求的建筑物如水闸、渡槽、倒虹吸管等进行量水。

(8)专门建筑物及安全设施：为服务于某一专门目的而在渠道上修建的建筑物称专门建筑物，如通航渠道上的船闸、码头、船坞，利用渠道落差修建的水电站和水力加工站等。安全设施是指为防止、阻拦人畜等进入渠道或使落入渠道的人畜脱离危险的设施，如

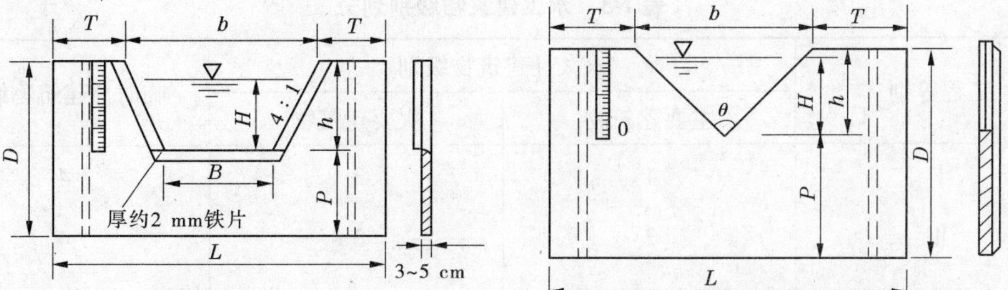

(a)梯形量水堰 (b)三角形量水堰

图1-3 量水建筑物

安全防护栏等。

渠系建筑物的形式选择，主要根据灌区规划要求、工程任务，并全面考虑地形、地质、建筑材料、施工条件、运用管理、安全经济等各种因素后，进行比较确定。

本书主要介绍渠道、渡槽、倒虹吸管、涵洞、跌水与陡坡、隧洞等6种常见渠系建筑物的设计与施工。

子任务3 渠系建筑物级别划分

灌溉渠道或排水沟的级别应根据灌溉或排水流量的大小，按表1-1确定。对灌排结合的渠道工程，当按灌溉和排水流量分属两个不同工程级别时，应按其中较高的级别确定。

表1-1 灌排渠沟工程分级指标

工程级别	1	2	3	4	5
灌溉流量(m^3/s)	>300	300~100	100~20	20~5	<5
引水流量(m^3/s)	>500	500~200	200~50	50~10	<10

水闸、渡槽、倒虹吸、涵洞、隧洞、跌水与陡坡等灌排建筑物的级别，应根据过水流量的大小，按表1-2确定。

表1-2 灌排建筑物分级指标

工程级别	1	2	3	4	5
过水流量(m^3/s)	>300	300~100	100~20	20~5	<5

蓄水、引水和提水枢纽工程中的水工建筑物级别，应根据所属枢纽工程的等别与建筑物重要性，按表1-3确定。

在防洪堤上修建的引水、提水工程及其他灌排建筑物，或在挡潮堤上修建的排水工程，其级别不得低于防洪堤或挡潮堤的级别。

表 1-3 水工建筑物级别划分

工程等别	永久性建筑物级别		临时性建筑物级别
	主要建筑物	次要建筑物	
Ⅰ	1	3	4
Ⅱ	2	3	4
Ⅲ	3	4	5
Ⅳ	4	5	5
Ⅴ	5	5	—

倒虹吸、涵洞等灌排建筑物与公路或铁路交叉布置时,其级别不得低于公路或铁路的级别。

蓄水、引水和提水枢纽工程中位置特别重要,失事后将造成重大灾害,或采用新型结构、实践经验较少的 2 ~5 级主要建筑物;2 ~5 级的高填方灌排渠沟、大跨度或高排架渡槽、高水头或大落差水闸、倒虹吸、涵洞等灌排建筑物,其级别经论证后均可提高一级。

灌排建筑物、灌溉渠道的防洪标准,应根据其级别按表 1-4 确定。

表 1-4 灌排建筑物、灌溉渠道设计防洪标准

建筑物级别	1	2	3	4	5
防洪标准(重现期,a)	100 ~50	50 ~30	30 ~20	20 ~10	10

注:1. 灌排建筑物的设计防洪标准,宜取表列上限值。

2. 灌排建筑物的校核防洪标准,可视工程具体情况和需要研究决定。

子任务4 渠系建筑物的特点

(1)面广量大,总投资多。在一个灌区内,渠系建筑物的数量是很大的。如陕西宝鸡峡灌区,干渠平均每千米 3.8 座,支渠平均每千米 4 座,斗渠平均每千米 9.5 座,共计建筑物13 484座。虽然单个渠系建筑物的规模一般并不大,但由于分布面广,数量多,它的总投资额往往却比渠首枢纽工程的投资大。因此,渠系建筑物的合理布局、选型与构造及设计革新,对降低工程造价将是十分重要的。

(2)建筑物具有相似性(见图 1-4)。同一类型的渠系建筑物,其工作条件一般是较为近似的,其结构型式、尺寸及构造也较为相近。因此,在一个灌区内可以较多地采用统一的结构型式和施工方法,广泛采用定型设计和预制装配。这样不仅能简化设计和施工程序,便于群众施工,而且能够保证工程质量,加快施工进度和便于维修。对于规模较大、技术复杂的建筑物,则必须进行专门设计。

(3)受地形影响大,与群众联系密切。渠系建筑物的布置,主要取决于地形条件,同时又与群众的生产、生活密切相关。

图1-4 渠道工程布置

任务2 渠系建筑物布置

渠系建筑物布置要求如下：

(1)数量恰当，效益最大。渠系建筑物的型式和位置，应根据渠系建筑物的平面布置图、渠道横断面图以及当地的具体地形、地质等条件，合理布局，使建筑物的位置及数量恰当，工程效益最大。

(2)安全运行，保证供水。满足渠道输水、配水、泄水和量水的综合需要，保证渠道安全运行，提高灌溉效率及灌水质量，最大限度地满足灌区需水要求。

(3)联合修建，形成枢纽。应尽量减少建筑物数量，尽可能联合修建，形成枢纽，以节约投资，便于管理。

(4)独立供水，方便管理。结合用水要求，最好做到用水单位各自有独立的取水控制建筑物。

(5)便于交通，方便生产。在满足灌区用水要求的同时，应考虑方便交通，方便生产。

项目2　渠道设计与施工

渠道是发电、灌溉、航运、给水、排水等水利工程中广泛采用的输水建筑物，如图2-1所示。渠道遍布整个灌区或电站枢纽，线长面广。规划设计是否合理，将直接关系到渠道的安全、工程土方量大小、渠系建筑物的多少、施工和管理的难易程度以及工程效益的大小。都江堰灌区，灌溉面积1 200万亩（1 亩 = 1/15 hm^2，下同），各级渠道数量巨大；新疆喀群引水枢纽工程，如图2-2所示，灌溉面积500万亩。本章以灌溉渠道为主讨论渠道系统的布置、纵横断面的设计、防渗设计及施工。

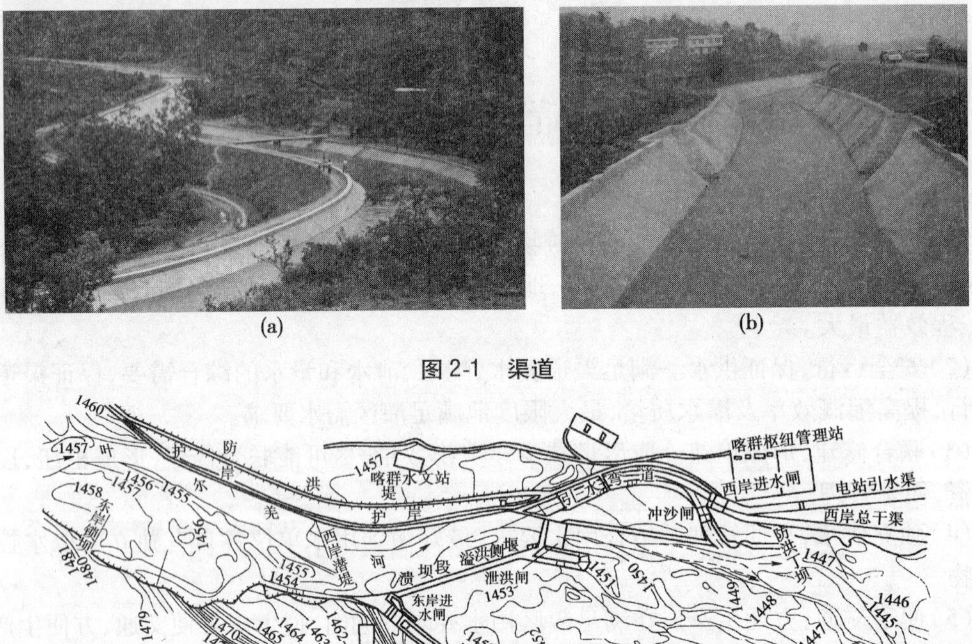

(a)　　(b)

图2-1　渠道

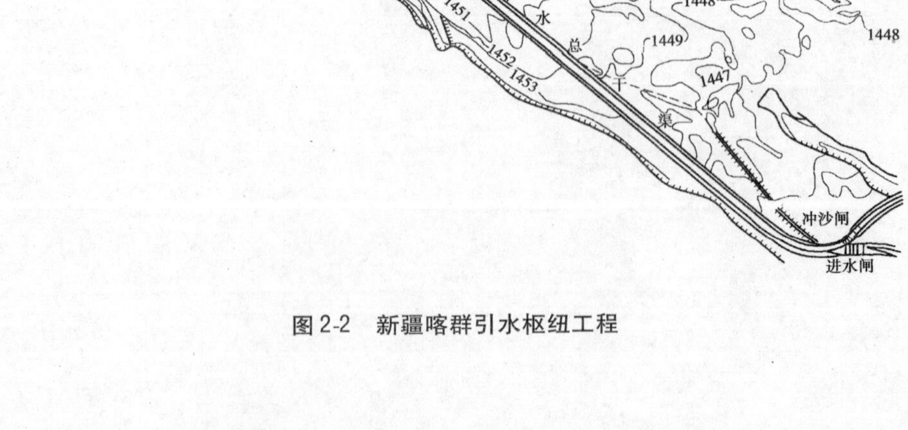

图2-2　新疆喀群引水枢纽工程

任务1 渠道选线

子任务1 概 述

灌溉渠道按其使用寿命分为固定渠道和临时渠道两种：多年使用的永久性渠道称为固定渠道；使用寿命小于一年的季节性渠道称为临时渠道。按控制面积的大小和水量分配层次又可把灌溉渠道分为若干等级：大、中型灌区的固定渠道一般分为干渠、支渠、斗渠、农渠四级；在地形复杂的大型灌区，固定渠道的级数往往多于四级，干渠可分成总干渠和分干渠，支渠可以下设分支渠，甚至斗渠也可下设分斗渠；在灌溉面积较小的灌区，固定渠道的级数较少；如灌区呈狭长的带状地形，固定渠道的级数也较少，干渠的下一级渠道很短，可称为斗渠，这种灌区的固定渠道分为干、斗、农三级，农渠以下的小渠道一般为季节性的临时渠道。一般干、支渠主要起输水作用，称为输水渠道；斗、农渠主要起配水作用，称为配水渠道。

子任务2 渠道线路选择

渠道的线路选择，关系到枢纽合理布置开发、渠道安全输水和降低工程造价等关键问题，应综合考虑地形、地质、施工条件、挖填方平衡及便于管理养护等因素综合分析确定。

(1)地形条件。渠道线路尽量选用直线，并力求选择在挖填方基本平衡的地方，如不能满足，则应尽量避免高填方和深挖方地带，转弯也不能过急。对于衬砌渠道，转弯半径不应小于 $2.5B$（B 为渠道水面宽度）；对于不衬砌渠道，转弯半径不应小于 $5B$。

在山区及丘陵地区，渠道线路应尽量沿等高线布置，以免过大的挖填方量。当渠道通过山谷、山脊时，应对高填、深挖、绕线、渡槽、穿洞等方案进行比较，从中优选方案。

为了减小工程量，渠道应与道路、河流正交。

(2)地质条件。渠道线路应尽量避开渗漏严重、流沙、泥泽、滑坡以及开挖困难的岩层地带。必要时，可进行多种方案比较，如采用外绕回填的办法避开滑坡地带，采取防渗措施以减少渗漏，采用箱涵跨越流沙地段，采用混凝土或钢筋混凝土衬砌以保证渠道安全应用等。

(3)施工条件。为了改善施工条件，确保工程质量，应全面考虑施工时的交通运输、水及动力供应、机械施工场地、取土及弃土场地等条件。

(4)管理要求。渠道的线路选择要和行政区划与土地利用规划相结合，近期目标与远期规划相结合，以确保各用水单位均有相对独立的用水渠道，便于运用和管理维护。

总之，渠道的线路选择必须充分重视野外踏勘及调查工作，从技术、经济、社会等方面进行仔细分析比较，进行优化设计，才可能使渠道应用方便、安全可靠、经济合理。

任务2 渠道流量确定

子任务1 灌溉渠道流量概述

在灌溉实践中,渠道的流量是在一定范围内变化的,设计渠道的纵横断面时,要考虑流量变化对渠道的影响。通常用以下三种特征流量覆盖流量变化的范围,代表在不同运行条件下的工作流量。

1 设计流量

它是指在灌溉设计标准条件下,为满足灌溉用水要求,需要渠道输送的最大流量。在渠道输水过程中,有水面蒸发、渠道渗漏、闸门漏水、渠尾退水等水量损失。需要渠道提供的灌溉流量称为渠道的净流量,计入损失以后的流量称为渠道的毛流量,设计流量是渠道的毛流量,它是设计渠道断面和渠系建筑物尺寸的主要依据。

2 最小流量

它是指在灌溉设计标准条件下,渠道在工作过程中输送的最小流量。当渠道流量过小时,可能会因为水位过低,导致下级渠道引水困难,因此设计时需用渠道通过最小流量时的水位,校核下级渠道能否引取相应的水量。当不能满足下级渠道引水要求时,应在分水口下游设置节制闸,壅高水位,以保证下级渠道引水。

3 加大流量

它指考虑到在灌溉工程运行过程中可能出现一些难以准确估计的附加流量,把设计流量适当放大后所得到的安全流量。简单地说,加大流量是渠道运行过程中可能出现的最大流量,它是设计渠道堤顶高程的依据。

子任务2 灌溉渠道水量损失

由于渠道在输水过程中有水量损失,就出现了净流量(Q_n)、毛流量(Q_g)、损失流量(Q_l)这三种既有联系又有区别的流量,它们之间的关系是:

$$Q_g = Q_n + Q_l \tag{2-1}$$

渠道的水量损失包括渠道水面蒸发损失、闸门漏水和渠道退水、渠床渗漏损失等。水面蒸发损失一般不足渗漏损失水量的5%,常忽略不计。闸门漏水和渠道退水取决于工程质量和管理水平,可以通过加强灌区管理工作予以限制,可以不予考虑。把渠床渗漏损失水量近似看作总输水损失水量。渗漏损失水量和渠床土壤性质、地下水埋藏深度及出流条件、渠道输水时间等因素有关。在已成灌区的管理运用中,渗漏损失水量应通过实测确定。在灌溉工程规划设计工作中,常用经验公式或检验系数估算输水损失水量。

1 用经验公式估算损失水量

公式如下:

$$\sigma = \frac{A}{100Q_n^m} \tag{2-2}$$

式中 σ——每千米渠道输水损失系数;

A——渠床土壤透水系数；

m——渠床土壤透水指数；

Q_n——渠道净流量，m^3/s。

经验公式中土壤透水参数的选取参见表2-1。

表2-1 土壤透水参数 A,m

渠床土壤	透水性	A	m
重黏土及黏土	弱	0.7	0.3
重黏壤土	中下	1.3	0.35
中黏壤土	中等	1.9	0.4
轻黏壤土	中上	2.65	0.45
砂壤土	强	3.4	0.5

渠道输水损失流量按下式计算：

$$Q_l = \sigma L Q_n \tag{2-3}$$

式中 Q_l——渠道输水损失流量，m^3/s；

L——渠道长度，km；

其余符号意义同前。

2 用经验系数估算输水损失水量

总结已成灌区的水量量测资料，可以得到各条渠道的毛流量和净流量以及灌入农田的有效水重，经分析计算，可以得出以下几个反映水量损失情况的经验系数。

(1)渠道水利用系数。某渠道的净流量与毛流量的比值称为该渠道的渠道水利用系数，用符号 η_c 表示，即

$$\eta_c = \frac{Q_n}{Q_g} \tag{2-4}$$

对任一渠道而言，从水源或上级渠道引入的流量就是它的毛流量，分配给下级各条渠道流量的总和就是它的净流量。

渠道水利用系数反映一条渠道的水量损失情况，或反映同一级渠道水量损失的平均情况。

(2)渠系水利用系数。灌溉渠道的净流量与毛流量的比值称为渠系水利用系数，用符号 η_s 表示。农渠向田间供水的流量就是灌溉渠系的净流量，干渠或总干渠从水源引水的流量就是渠系的毛流量。渠系水利用系数的数值等于各级渠道水利用系数的乘积。即

$$\eta_s = \eta_{干} \eta_{支} \eta_{斗} \eta_{农} \tag{2-5}$$

渠系水利用系数反映整个渠系的水量损失情况。它不仅反映灌区的自然条件和工程技术状况，还反映出灌区的管理工作水平。我国自流灌区的渠系水利用系数见表2-2。

表2-2 我国自流灌区渠系水利用系数

灌溉面积(万亩)	<1	1~10	10~30	30~100	>100
渠系水利用系数 η_s	0.85~0.75	0.75~0.70	0.70~0.65	0.60	0.55

(3)田间水利用系数。田间水利用系数是实际灌入田间的有效水量和末级固定渠道(农渠)放出水量的比值,用符号 η_f 表示,即

$$\eta_f = \frac{A_{农} m_n}{W_{农净}} \tag{2-6}$$

式中 $A_{农}$——农渠的灌溉面积,亩;

m_n——净灌水定额,m^3/亩;

$W_{农净}$——农渠供给田间的水量,m^3。

田间水利用系数是衡量田间工程状况和灌水技术水平的重要指标。在田间工程完善、灌水技术良好的条件下,旱作农田约为0.9,水稻田可达0.95以上。

(4)灌溉水利用系数。灌溉水利用系数是实际灌入农田的有效水量和渠首引入总水量的比值,用符号 η_0 表示。它是评价渠系工作状况、灌水技术水平和灌区管理水平的综合指标,可按下式计算:

$$\eta_0 = \frac{Am_n}{W_g} = \eta_s \eta_f \tag{2-7}$$

式中 A——某次灌水全灌区的灌溉面积,亩;

W_g——某次灌水渠首引入的总水量,m^3;

其余符号意义同前。

以上这些经验系数的数值与灌区大小、渠床土质和防渗措施、渠道长度、田间工程状况、灌水技术水平以及管理工作水平等因素有关。在引用别的灌区的经验数据时,应注意这些条件要相近。选定适当的经验系数后,就可根据净流量计算相应的毛流量。

子任务3 渠道工作方式

灌溉渠道的工作方式有续灌和轮灌两种。续灌是指在一次灌水延续时间内渠道连续输水,按此方式工作的渠道称为续灌渠道;若在同一级渠道中,在一次灌水延续时间内各条渠道分组轮流输水,则为轮灌,按轮灌方式工作的渠道称为轮灌渠道。实行轮灌时,输水流量集中,同时工作的渠道短,输水损失小,但渠道设计流量大,修建渠道土方量及渠系建筑物规模也大,一般较大的灌区,只在斗渠以下实行轮灌。

子任务4 渠道设计流量推算

渠道的工作制度不同,设计流量的推算方法也不同,下面分别介绍。

1 轮灌渠道设计流量推算

计算轮灌渠道设计流量的常用方法是,根据轮灌组划分情况自上而下逐级分配末级续灌渠道(一般为支渠)的田间净流量,再自下而上逐级计入输水损失水量,推算各级渠道的设计流量。

1.1 自上而下分配末级续灌渠道的田间净流量

以图2-3为例,支渠为末级续灌渠道,斗、农渠的轮灌组划分方式为集中编组,同时工作的斗渠有2条,农渠有4条。为了使讨论具有普遍性,设同时工作的斗渠为 n 条,每条斗渠里同时工作的农渠为 k 条。

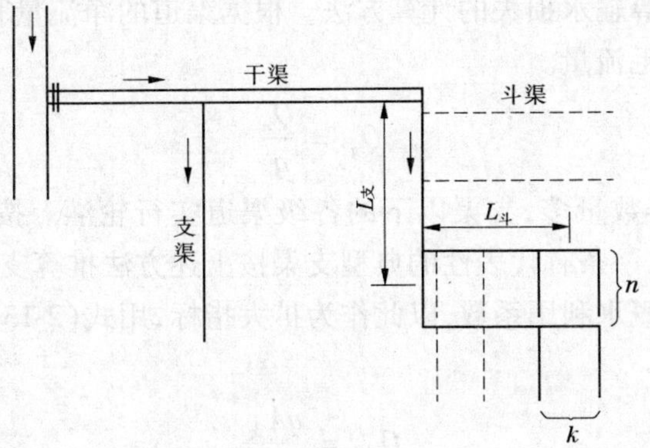

图2-3 渠道轮灌示意图

(1)计算支渠的设计田间净流量。在支渠范围内,不考虑损失水量的设计田间净流量为

$$Q_{支田净} = A_{支} q_{设} \tag{2-8}$$

式中 $Q_{支田净}$——支渠的田间净流量,m^3/s;

$A_{支}$——支渠的灌溉面积,万亩;

$q_{设}$——设计灌水模数,$m^3/(s·万亩)$。

(2)由支渠分配到各条农渠的田间净流量:

$$Q_{农田净} = \frac{Q_{支田净}}{nk} \tag{2-9}$$

式中 $Q_{农田净}$——农渠的田间净流量,m^3/s。

1.2 自下而上推算各级渠道的设计流量

(1)计算农渠的净流量。由农渠的田间净流量计入田间损失水量,求得田间毛流量,即农渠的净流量。按式(2-10)计算:

$$Q_{农净} = \frac{Q_{农田净}}{\eta_f} \tag{2-10}$$

式中 各符号意义同前。

(2)推算各级渠道的设计流量(毛流量)。根据农渠的净流量自下而上逐级计入渠道输水损失,得到各级渠道的毛流量,即设计流量。

①用经验公式估算输水损失的计算方法。根据渠道净流量、渠床土质和渠道长度用以下公式计算:

$$Q_g = Q_n(1 + \sigma L) \tag{2-11}$$

式中 Q_g——渠道的毛流量,m^3/s;

Q_n——渠道的净流量,m^3/s;

σ——每千米渠道损失水量与净流量比值;

L——最下游一个轮灌组灌水时渠道的平均工作长度,km,计算农渠毛流量时,一般可取农渠长度的一半进行估算。

②用经验系数估算输水损失的计算方法。根据渠道的净流量和渠道的水利用系数用式(2-12)计算渠道的毛流量。

$$Q_g = \frac{Q_n}{\eta_c} \tag{2-12}$$

在大型灌区,支渠数量多,支渠以下的各级渠道实行轮灌。按上述方法计算工作量大。为简化计算,常取一条有代表性的典型支渠按上述方法推算支、斗、农渠的设计流量,计算支渠范围内的灌溉水利用系数,以此作为扩大指标,用式(2-13)计算其余支渠的设计流量。

$$Q_{支} = \frac{qA_{支}}{\eta_{支水}} \tag{2-13}$$

2　续灌渠道设计流量推算

续灌渠道一般为干、支渠道,渠道流量较大,上下游流量悬殊较大,这就要求分段推算设计流量。续灌渠道设计流量的推算方法是自下而上逐级、逐段进行推算。

具体推算方法以图2-4为例说明如下。

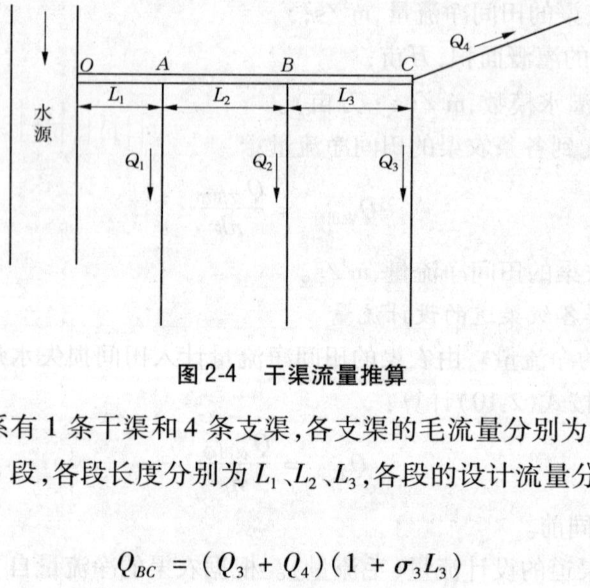

图2-4　干渠流量推算

图中标示的渠系有1条干渠和4条支渠,各支渠的毛流量分别为Q_1、Q_2、Q_3、Q_4,支渠取水口把干渠分成3段,各段长度分别为L_1、L_2、L_3,各段的设计流量分别为Q_{OA}、Q_{AB}、Q_{BC},计算公式如下:

$$Q_{BC} = (Q_3 + Q_4)(1 + \sigma_3 L_3) \tag{2-14}$$

$$Q_{AB} = (Q_{BC} + Q_2)(1 + \sigma_2 L_2) \tag{2-15}$$

$$Q_{OA} = (Q_{AB} + Q_1)(1 + \sigma_1 L_1) \tag{2-16}$$

【例2-1】　某灌区灌溉面积A=3.17万亩,灌区有1条干渠,长5.7 km,下设3条支渠,各支渠的长度及灌溉面积见表2-3。全灌区土壤、水文地质等条件和作物种植情况相近。第三支渠灌溉面积适中,可作为典型支渠,该支渠有6条斗渠,斗渠间距800 m,长1 800 m,每条斗渠有10条农渠,农渠间距200 m,长800 m。干、支渠实行续灌,斗、农渠进行轮灌。渠系布置及轮灌组划分情况如图2-5所示。该灌区位于我国南方,实行稻麦轮作,因降雨较多,麦子一般不需要灌溉,主要灌溉作物是水稻,设计灌水模数$q_{设}$=0.8 m^3/(s·万亩)。灌区土壤为中黏壤土。

试求干、支渠道的设计流量。

表 2-3 支渠长度及灌溉面积

渠别	一支	二支	三支	合计
长度(km)	4.2	4.6	4.0	
灌溉面积(万亩)	0.85	1.24	1.08	3.17

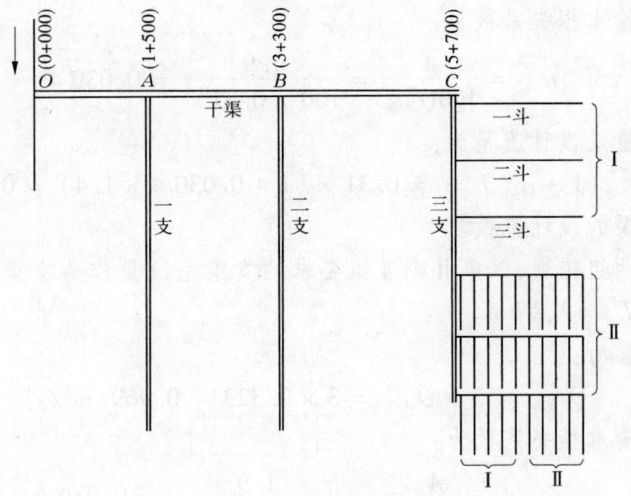

图 2-5 灌溉渠系布置

解 (1)推求典型支渠(三支渠)及其所属斗、农渠的设计流量。

①计算农渠的设计流量:

三支渠的田间净流量为:

$$Q_{3支田净} = A_{3支}q_{设} = 1.08 \times 0.8 = 0.864(m^3/s)$$

因为斗、农渠分两组轮灌,同时工作的斗渠有3条,同时工作的农渠有5条,所以农渠的田间净流量为:

$$Q_{农田净} = \frac{Q_{3支田净}}{nk} = \frac{0.864}{3 \times 5} = 0.057\,6(m^3/s)$$

取田间水利用系数 η_f=0.95,则农渠的净流量为:

$$Q_{农净} = \frac{Q_{农田净}}{\eta_f} = \frac{0.057\,6}{0.95} = 0.061(m^3/s)$$

灌区土壤属于中黏壤土,从表 2-1 中可查出相应的土壤透水性参数:A=1.9,m=0.4。据此可计算农渠每千米输水损失系数:

$$\sigma_{农} = \frac{A}{100Q_{农净}^m} = \frac{1.9}{100 \times 0.061^{0.4}} = 0.058\,2$$

农渠的毛流量或设计流量为:

$$Q_{农毛} = Q_{农净}(1 + \sigma_{农} L_{农}) = 0.061 \times (1 + 0.058\,2 \times 0.4) = 0.062(m^3/s)$$

②计算斗渠的设计流量。

因为1条斗渠内同时工作的农渠有5条，所以斗渠的净流量等于5条农渠的毛流量之和：

$$Q_{斗净} = 5 \times Q_{农毛} = 5 \times 0.062 = 0.31(\mathrm{m^3/s})$$

农渠分两组轮灌，各组要求斗渠供给的净流量相等，但是，第Ⅱ轮灌组距斗渠进水口较远，输水损失水量较多，据此求得的斗渠毛流量较大，因此以第Ⅱ轮灌组灌水时需要的斗渠毛流量作为斗渠的设计流量。斗渠的平均工作长度 $L_{斗}=1.4$ km。

斗渠每千米输水损失系数为：

$$\sigma_{斗} = \frac{A}{100Q^m_{斗净}} = \frac{1.9}{100 \times 0.31^{0.4}} = 0.030\ 4$$

斗渠的毛流量或设计流量为：

$$Q_{斗毛} = Q_{斗净}(1 + \sigma_{斗} L_{斗}) = 0.31 \times (1 + 0.030\ 4 \times 1.4) = 0.323(\mathrm{m^3/s})$$

③计算三支渠的设计流量。

斗渠也是分两组轮灌，以第Ⅱ轮灌组要求的支渠毛流量作为支渠的设计流量。支渠的平均工作长度 $L_{支}=3.2$ km。

支渠的净流量为：

$$Q_{3支净} = 3 \times Q_{斗毛} = 3 \times 0.323 = 0.969(\mathrm{m^3/s})$$

支渠每千米输水损失系数为：

$$\sigma_{3支} = \frac{A}{100Q^m_{3支净}} = \frac{1.9}{100 \times 0.969^{0.4}} = 0.019\ 2$$

支渠的毛流量为：

$$Q_{3支毛} = Q_{3支净}(1 + \sigma_{3支} L_{3支}) = 0.969 \times (1 + 0.019\ 2 \times 3.2) = 1.03(\mathrm{m^3/s})$$

(2)计算三支渠的灌溉水利用系数。

灌溉水利用系数计算如下：

$$\eta_{3支水} = \frac{Q_{3支田净}}{Q_{3支毛}} = \frac{0.864}{1.03} = 0.84$$

(3)计算一、二支渠的设计流量。

①计算一、二支渠的田间净流量：

$$Q_{1支田净} = 0.85 \times 0.8 = 0.68(\mathrm{m^3/s})$$

$$Q_{2支田净} = 1.24 \times 0.8 = 0.99(\mathrm{m^3/s})$$

②计算一、二支渠的设计流量。

以典型支渠（三支渠）的灌水利用系数作为扩大指标，用来计算其他支渠的设计流量。

$$Q_{1支毛} = \frac{Q_{1支田净}}{\eta_{3支水}} = \frac{0.68}{0.84} = 0.81(\mathrm{m^3/s})$$

$$Q_{2支毛} = \frac{Q_{2支田净}}{\eta_{3支水}} = \frac{0.99}{0.84} = 1.18(\mathrm{m^3/s})$$

(4)推求干渠各段的设计流量。

①BC 段的设计流量：

$$Q_{BC净} = Q_{3支毛} = 1.03(\mathrm{m^3/s})$$

$$\sigma_{BC} = \frac{1.9}{100 \times 1.03^{0.4}} = 0.019$$

$$Q_{BC毛} = Q_{BC净}(1 + \sigma_{BC}L_{BC}) = 1.03 \times (1 + 0.019 \times 2.4) = 1.08(\mathrm{m^3/s})$$

②AB 段的设计流量：

$$Q_{AB净} = Q_{BC毛} + Q_{2支毛} = 1.08 + 1.18 = 2.26(\mathrm{m^3/s})$$

$$\sigma_{AB} = \frac{1.9}{100 \times 2.26^{0.4}} = 0.0137$$

$$Q_{AB毛} = Q_{AB净}(1 + \sigma_{AB}L_{AB}) = 2.26 \times (1 + 0.0137 \times 1.8) = 2.32(\mathrm{m^3/s})$$

③OA 段的设计流量：

$$Q_{OA净} = Q_{AB毛} + Q_{1支毛} = 2.32 + 0.81 = 3.13(\mathrm{m^3/s})$$

$$\sigma_{OA} = \frac{1.9}{100 \times 3.13^{0.4}} = 0.012$$

$$Q_{OA} = Q_{OA净}(1 + \sigma_{OA}L_{OA}) = 3.13 \times (1 + 0.012 \times 1.5) = 3.19(\mathrm{m^3/s})$$

子任务5　渠道最小流量和加大流量的计算

1　最小流量的计算

对于同一条渠道，其设计流量与最小流量相差不要过大，否则在用水过程中，有可能因水位不够而造成引水困难。为了保证对下级渠道正常供水，目前有些灌区规定渠道最小流量以不低于渠道设计流量的40%为宜；也有的灌区规定渠道最低水位等于或大于70%的设计水位。在实际灌水中，如某次灌水定额过小，可适当缩短供水时间，集中供水，使流量大于最小流量。

2　渠道加大流量的计算

渠道加大流量的计算以设计流量为基础，给设计流量乘以加大系数即得。按下式计算：

$$Q_J = jQ_d \tag{2-17}$$

式中　Q_J——渠道加大流量，$\mathrm{m^3/s}$；

j——渠道流量加大系数，见表2-4；

Q_d——渠道设计流量，$\mathrm{m^3/s}$。

表2-4　渠道流量加大系数

设计流量($\mathrm{m^3/s}$)	<1	1~5	5~10	10~30	>30
加大系数 j	1.35~1.30	1.30~1.25	1.25~1.20	120~1.15	1.15~1.10

轮灌渠道控制面积较小，轮灌组内各渠道的输水时间和输水流量可以适当调剂，因此轮灌渠道不考虑加大流量。

任务3 渠道断面设计

灌溉渠道的设计流量、最小流量和加大流量确定后，就可以设计渠道的纵、横断面。设计流量是进行水力计算、确定渠道过水断面尺寸的主要依据。最小流量主要用来校核对下级渠道的水位控制条件，判断当上级渠道输送最小流量时，下级渠道能否引足相应的最小流量。加大流量是确定渠道断面深度和高程的依据。渠道纵断面和横断面的设计是互相联系、互为条件的。在设计实践中，不能把它们截然分开，而要统盘考虑。但为了叙述方便，还得把纵、横断面设计方法分别予以介绍。

合理的渠道纵、横断面除满足渠道的输水、配水要求外，还应满足渠床稳定条件，包括纵向稳定和平面稳定两个方面。纵向稳定要求渠道在设计条件下工作时，不发生冲刷和淤积，或在一定时期内冲淤平衡。平面稳定要求渠道在设计条件下工作时，渠道水流不发生左右摇摆。

子任务1 渠道纵、横断面设计原理

灌溉渠道一般都是正坡明渠。在渠首进水口和第一个分水口之间或在相邻两个分水口之间，如果忽略蒸发和渗漏损失，渠段内的流量是个常数。为了水流平顺和施工方便，在一个渠段内要采用同一个过水断面和同一个比降，渠床表面要具有相同的糙率。因此，渠道水深、过水断面面积和平均流速也就沿程不变。所以，灌溉渠道可以按明渠均匀流公式设计。

明渠均匀流基本公式为：

$$v = C\sqrt{Ri} \tag{2-18}$$

式中 R——水力半径，m；

C——谢才系数，$m^{1/2}/s$，可以用谢才公式 $C=\frac{1}{n}R^{1/6}$ 计算，n 为糙率；

i——渠底比降；

v——断面平均流速，m/s。

则流量公式为：

$$Q = AC\sqrt{Ri} \tag{2-19}$$

式中 Q——渠道设计流量，m^3/s；

A——渠道过水断面面积，m^2。

若过水断面为梯形断面，将谢才公式代入式(2-19)可变形为：

$$Q = \frac{A}{n}R^{2/3}i^{1/2} \tag{2-20}$$

或

$$Q = \frac{\sqrt{i}}{n}\frac{A^{5/3}}{\chi^{2/3}} \tag{2-21}$$

式中 χ——湿周，指水流与固体边界接触的周界，m；

其他符号意义同前。

子任务2　确定渠底比降 i

渠底比降的选择关系到控制灌溉面积和工程造价。为了减少工程量，应尽可能选用和地面坡度相近的渠底比降，一般随着流量的逐级减小，渠底比降应逐级增大。当干渠及较大支渠的上下游流量相差较大时，下游段的渠底比降应增加大些；其他各级渠道的比降一般不变。清水渠道易产生冲刷，宜采用较缓的渠底比降；浑水渠道比降应适当加大些。平原灌区地势平缓，宜采用较小的比降，以便控制较大的灌溉面积。石渠及衬砌的土渠可采用较大的比降，以节省工程量。设计时，一般参照地面坡度及下级渠道的水位要求初拟一个渠道比降，求得渠道断面尺寸后，再按不冲不淤条件进行校核，不满足要求时，修改比降重新计算，直至满足要求。一般情况下初拟渠底比降时可以参考表2-5选用。

表2-5　渠底比降 i 值

渠道级别	干渠	支渠	斗渠	农渠
平原灌区	1/5 000～1/10 000	1/3 000～1/5 000	1/2 000～1/5 000	1/1 000～1/3 000
滨湖灌区	1/8 000～1/15 000	1/6 000～1/8 000	1/4 000～1/5 000	1/2 000～1/3 000
丘陵灌区	1/2 000～1/5 000	1/1 000～1/3 000	石渠1/500；土渠1/2 000	石渠：1/300 土渠1/1 000

子任务3　确定渠床糙率 n

渠床糙率 n 的选取影响到渠道工程量和渠道的运用，若选用的 n 值比实际值偏大，则渠道的实际过水能力比设计要求的偏大，物性增加了渠道工程量，且会因流速大、水位低，引起渠道冲刷和影响下级渠道引水；若设计选用的 n 值比实际偏小，则渠道实际输水能力小于设计要求，影响灌溉用水。因此，渠床糙率 n 选定时，要综合考虑渠床性质、施工质量和运用管理等因素。表2-6中的数值可供参考。

表2-6　渠道糙率 n 值表

渠道类型及状况	糙率 n 值		
	最小值	正常值	最大值
1. 土渠			
(1)渠线顺直断面			
均匀清洁，新近完成	0.016	0.018	0.020
清洁，经过风雨侵蚀	0.018	0.022	0.025
清洁，有卵石	0.022	0.025	0.030
有牧草和杂草	0.022	0.027	0.033
(2)渠线弯曲，断面变化的土渠			
没有植物	0.023	0.025	0.030
有牧草和一些杂草	0.025	0.030	0.033
有茂密的杂草或在深槽中有水生植物	0.030	0.035	0.040

续表 2-6

渠道类型及状况	糙率 n 值		
	最小值	正常值	最大值
土底,碎石边壁	0.028	0.030	0.035
块石底,边壁为杂草	0.025	0.035	0.040
圆石底,边壁清洁	0.030	0.040	0.050
(3)用挖土机开凿或挖掘的渠道			
没有植物	0.025	0.028	0.033
渠岸有稀疏的小树	0.035	0.050	0.060
2. 石渠			
光滑面均匀	0.025	0.035	0.040
参差不齐,面不规则	0.035	0.040	0.050
3. 混凝土渠道			
抹灰的混凝土或钢筋混凝土护面	0.011	0.012	0.013
不抹灰的混凝土或钢筋混凝土护面	0.013	0.014	0.017
喷浆护面	0.016	0.018	0.021
4. 各种材料护面的渠道			
三合土护面	0.014	0.016	0.020
浆砌砖护面	0.012	0.015	0.017
条石护面	0.013	0.015	0.018
浆砌块石护面	0.017	0.025	0.030
干砌块石护面	0.023	0.032	0.035

子任务 4　确定渠道的边坡系数 m

渠道的边坡系数 m 是渠道边坡倾斜程度的指标,其值等于边坡在水平方向的投影长度和在垂直方向投影长度的比值。m 值的大小关系到渠坡的稳定,要根据渠床土质和渠道深度等条件选择适宜的数值。大型渠道的边坡系数应通过土工试验和稳定分析确定;中小型渠道的边坡系数根据经验选定,可参考表 2-7 和表 2-8。

表 2-7　挖方渠道最小边坡系数 m 值

渠床条件	水深 h(m)			渠床条件	水深 h(m)		
	<1	1~2	2~3		<1	1~2	2~3
稍胶结的卵石	1.00	1.00	1.00	轻壤土	1.00	1.25	1.50
夹砂的卵石和砾石	1.25	1.50	1.50	砂壤土	1.50	1.50	1.75
黏土、重壤土、中壤土	1.00	1.25	1.50	砂土	1.75	2.00	2.25

表2-8 填方渠道最小边坡系数 m 值

渠床条件	流量 $Q(m^3/s)$							
	>10		10~2		2~0.5		<0.5	
	内坡	外坡	内坡	外坡	内坡	外坡	内坡	外坡
黏土、重壤土、中壤土	1.25	1.00	1.00	1.00	1.00	1.00	1.00	1.00
轻壤土	1.50	1.25	1.00	1.00	1.00	1.00	1.00	1.00
砂壤土	1.75	1.50	1.50	1.25	1.50	1.25	1.25	1.25
砂土	2.25	2.00	2.00	1.75	1.75	1.50	1.50	1.50

子任务5 确定渠道断面宽深比 b/h

渠道断面宽深比即渠道底宽与水深的比值 b/h，它影响到渠道的性能和造价。选择 b/h 时常应考虑以下几个方面因素。

1 水力最优断面

当渠底比降和糙率一定时，通过某一规定流量所需的最小过水断面称为水力最优断面，此时渠道工程量最小。对于梯形渠道，水力最优断面的宽深比为：

$$\frac{b}{h} = 2(\sqrt{1 + m^2} - m) \tag{2-22}$$

式中 m——渠道边坡系数。

不同边坡系数下，梯形渠道水力最优断面的宽深比见表2-9。

表2-9 梯形渠道水力最优断面的宽深比 b/h 值

m	0.00	0.25	0.50	0.75	1.00	1.50	1.75
b/h	2.00	1.56	1.24	1.00	0.83	0.61	0.53
m	2.00	2.50	3.00	3.50	4.00	4.50	5.00
b/h	0.47	0.39	0.33	0.28	0.25	0.22	0.20

满足水力最优断面的渠道一般为窄深形，适用于石方或衬砌渠道以及挖方较深、流量较小的渠道。对大型渠道，开挖深度大、地下水位高时施工困难，且往往因流速过大产生冲刷，因此较为宽浅的断面更为常用。

2 断面稳定

实际应用中，渠道断面宽深比过小时易产生冲刷，过大时又易产生淤积，都会使渠道变形。因此，防止渠道变形的稳定断面宽深比，应该使渠道不冲、不淤或保持周期性冲淤平衡。对于一般梯形渠道，满足不冲不淤相对稳定的适宜宽深比 b/h 值，可见表2-10。

表 2-10　梯形渠道稳定断面宽深比 b/h 值

渠道流量 $Q(m^3/s)$	<1	1~3	3~5	5~10	10~30	30~60
b/h	1~2	1~3	2~4	3~5	5~7	6~10

对多泥沙的浑水渠道，稳定断面的宽深比 b/h 值与渠道流速、水流含沙情况等因素有关，应根据当地具体情况总结经验而定，初选时可参考陕西省提出的以下经验公式：

水深：

$$h = \beta Q^{\frac{1}{3}} \tag{2-23}$$

式中　$\beta=0.58\sim0.94$，一般取 0.76。

宽深比：

当流量 $Q<1.5\ m^3/s$ 时，则：

$$\frac{b}{h} = NQ^{\frac{1}{10}} - m \tag{2-24}$$

式中　$N=2.35\sim3.25$，一般取 2.8。

当流量 $Q=1.5\sim5.0\ m^3/s$ 时，则：

$$\frac{b}{h} = NQ^{\frac{1}{4}} - m \tag{2-25}$$

式中　$N=1.8\sim3.4$，一般取 2.6。

以上式中 m 为渠道边坡系数。

3　**利于通航**

渠道内有通航要求时，还应考虑船舶吃水深度、错船所需的水面宽度以及通航的流速要求等，以确定渠道的断面尺寸。渠道水面宽度应大于船舶宽度的 2.6 倍，船底以下水深不小于 15~30 cm。

子任务 6　确定渠道的不冲不淤流速

当渠道通过不同流量时，对应的流速是不同的。如果流速过大，可能引起渠床冲刷，使渠道破坏；如果流速过小，又会导致水流挟沙能力降低，造成渠道淤积，降低过流能力。对于水电站引水渠道，流速的大小还影响着水电站的动力经济性。因此，必须对渠道断面平均流速加以限制。这种既不使渠道产生冲刷，又不使渠道发生淤积的流速限制值称为容许流速，即：

$$v_{不淤} < v < v_{不冲} \tag{2-26}$$

式中　$v_{不冲}$——不冲容许流速，主要与渠道边壁土壤类型或护砌材料的性质有关，也与流量有关，可参照表 2-11 选取，若水流挟泥沙量较大，须依据有关水力学手册确定；

$v_{不淤}$——不淤容许流速，主要与渠水中含沙量的大小、泥沙颗粒性质及组成有关，可查阅有关水力学手册确定，在清水土渠中，为防止滋生杂草，渠道的流速一般应不小于 0.5 m/s。

由《水利技术标准汇编》可知,土渠设计平均流速宜控制在0.6~1.0 m/s,但不宜小于0.3 m/s。寒冷地区冬、春季灌溉的渠道,设计平均流速不宜小于1.5 m/s。

表2-11　不同渠道的不冲容许流速

<table>
<tr><td colspan="3" rowspan="2">(1)坚硬岩石和人工护面渠道</td><td colspan="3">流量(m^3/s)</td></tr>
<tr><td><1</td><td>1~10</td><td>>10</td></tr>
<tr><td colspan="3">软质水成岩(泥灰岩、页岩、软砾岩)</td><td>2.5</td><td>3.0</td><td>3.5</td></tr>
<tr><td colspan="3">中等硬质水成岩(致密砾石、多孔石灰岩、层状石灰岩、白云石灰岩、灰质砂岩)</td><td>3.5</td><td>4.25</td><td>5.0</td></tr>
<tr><td colspan="3">硬质水成岩(白云砂岩、砂岩石灰岩)</td><td>5.0</td><td>6.0</td><td>7.0</td></tr>
<tr><td colspan="3">结晶石、火成岩</td><td>8.0</td><td>9.0</td><td>10.0</td></tr>
<tr><td colspan="3">单层块石铺砌</td><td>2.5</td><td>3.5</td><td>4.0</td></tr>
<tr><td colspan="3">双层块石铺砌</td><td>3.5</td><td>4.5</td><td>5.0</td></tr>
<tr><td colspan="3">混凝土护面</td><td>6.0</td><td>8.0</td><td>10.0</td></tr>
<tr><td colspan="3">(2)均质黏性土渠道(R=1 m)</td><td colspan="3">不冲容许流速(m/s)</td></tr>
<tr><td colspan="3">轻壤土</td><td colspan="3">0.60~0.80</td></tr>
<tr><td colspan="3">中壤土</td><td colspan="3">0.65~0.85</td></tr>
<tr><td colspan="3">重壤土</td><td colspan="3">0.70~1.00</td></tr>
<tr><td colspan="3">黏土</td><td colspan="3">0.75~0.95</td></tr>
<tr><td>(3)均质无黏性土渠道(R=1 m)</td><td>粒径(mm)</td><td>不冲容许流速(m/s)</td><td>(3)均质无黏性土渠道(R=1 m)</td><td>粒径(mm)</td><td>不冲容许流速(m/s)</td></tr>
<tr><td>极细砂</td><td>0.05~0.1</td><td>0.35~0.45</td><td>中砾石</td><td>5~10</td><td>0.90~1.10</td></tr>
<tr><td>细砂、中砂</td><td>0.25~0.5</td><td>0.45~0.60</td><td>粗砾石</td><td>10~20</td><td>1.10~1.30</td></tr>
<tr><td>粗砂</td><td>0.5~2.0</td><td>0.60~0.75</td><td>小卵石</td><td>20~40</td><td>1.30~1.80</td></tr>
<tr><td>细砂石</td><td>2.0~5.0</td><td>0.75~0.90</td><td>中卵石</td><td>40~60</td><td>1.80~2.20</td></tr>
</table>

注:1. 中壤土的干容重为12.75~16.67 kN/m^3。

2. (2)和(3)中所列不冲容许流速为水力半径 R=1 m 的情况,如 $R\neq1$ m,则应将表中数值乘以 R^{α} 才得相应的不冲容许流速。对于砂、砾石、卵石、疏松壤土、黏土:α=1/3~1/4;对于密实的壤土、黏土:α=1/4~1/5。

子任务7　渠道水力计算步骤

渠道水力计算的任务是:依据上述因素,由计算给定出合理的过水断面水深 h 和渠底宽度 b。一般由试算确定,求解步骤为:

(1)初拟一渠道底宽 b 及宽深比 b/h,求得一个水深 h 及各水力要素,并由式(2-19)可求得渠道流量 Q。

(2)核算渠道流量。以上求出的 Q 应与渠道设计流量 $Q_{设}$ 相等或接近,一般要求误差不超过5%,即$(Q_{设} \pm Q)/Q_{设} \leqslant 5\%$。如不满足,需修改水深 h 重新计算,直至满足要求。

(3)验算流速。对于步骤(2)核定的流量 $Q_{设}$，验算渠道流速 v 是否满足不冲不淤条件：$v_{不淤} < v < v_{不冲}$，如不满足，另设 b 值重复上述计算，直至满足流量与流速。

【例2-2】　有一梯形断面中壤土土渠，糙率 $n = 0.025$，边坡系数 $m = 1.5$，底宽 $b = 1.5$ m，水深 $h = 1.2$ m，底坡 $i = 0.000\ 35$，求渠道的过水能力，并校核渠道中的流速是否满足要求。

解　(1)渠道过水能力计算。计算渠道断面的水力要素。

过水断面面积　$A = (b + mh)h = (1.5 + 1.5 \times 1.2) \times 1.2 = 3.96(\text{m}^2)$

湿周　$\chi = b + 2h\sqrt{1 + m^2} = 1.5 + 2 \times 1.2\sqrt{1 + 1.5^2} = 5.83(\text{m})$

水力半径　$R = \dfrac{A}{\chi} = \dfrac{3.96}{5.83} = 0.679(\text{m})$

流量 Q 可用明渠均匀流公式(2-20)计算

$$Q = \frac{A}{n}R^{2/3}i^{1/2} = \frac{3.96}{0.025} \times 0.679^{2/3} \times 0.000\ 35^{1/2} = 2.29(\text{m}^3/\text{s})$$

(2)校核流速。因是土渠，流量为 2.29 m^3/s，且为中壤土，查表2-11得，$R = 1$ m 时的不冲容许流速为 0.65 ~ 0.85 m/s，则当 $R = 0.679$ m 时，取 $\alpha = \dfrac{1}{4}$，则不冲容许流速为

$$v_{不冲} = (0.65 \sim 0.85) \times 0.679^{\frac{1}{4}} = 0.590 \sim 0.772(\text{m/s})$$

渠中流速为

$$v = \frac{Q}{A} = \frac{2.29}{3.96} = 0.578(\text{m/s})$$

根据已知条件，渠中的不淤容许流速为 $v_{不淤} = 0.5(\text{m/s})$。

则渠道满足 $v_{不淤} < v < v_{不冲}$ 的设计要求。

子任务8　确定渠道横断面参数

1　安全超高

为防止波浪溢漫堤顶，保证渠道安全运行，挖、填方渠道的堤顶均应设安全超高 Δh，我国《灌溉排水设计规范》(GB 50288—99)建议 Δh 为：

$$\Delta h = \frac{h_j}{4} + 0.2 \tag{2-27}$$

式中　h_j——渠道通过加大流量时的水深，m。

填方衬砌渠道的超高可采用 0.15 ~ 0.65 m，此外填方渠道竣工时，还应预留约 10% 的沉陷超高；为安全计，傍山渠道宜采用较大的堤顶超高，寒冷地区，渠道超高还应考虑冬季安全输水要求，即留出足够高度以容纳形成的冰盖，在冰盖下面通过设计流量。冰盖厚度 h_b 可按式(2-28)计算：

$$h_b = \alpha\sqrt{-\sum t} \tag{2-28}$$

式中　$\sum t$——冰盖形成期的日或月平均负气温的总和，℃；

α——系数,采用日平均负气温总和时,$\alpha=2$,采用月平均负气温总和时,$\alpha=11$。

对于衬砌渠道,也可采用较大的设计流速以防止渠道结冰,一般当水流速度达到2~3 m/s时,即可防止渠道结冰。

2 堤顶宽度

为便于维护管理和安全运行,挖、填方渠道的堤顶均应有一定的宽度。满足管理要求的堤顶宽度b为:

$$b = h_j + 0.3 \tag{2-29}$$

式中h_j意义同前。

填方渠道的堤顶最小宽度一般为1~3 m,兼作道路时,应按交通要求确定。需满足维护管理时,渠道的堤顶宽度b和堤顶超高Δh也可按表2-12采用。

表2-12 渠道堤顶尺寸b和Δh值

项目	田间毛渠	固定渠道流量(m^3/s)						
		<0.5	0.5~1	1~5	5~10	10~30	30~50	>50
堤顶宽度b(m)	0.2~0.5	0.5~0.8	0.8~1	1~1.5	1.5~2	2~2.5	2.5~3	3~3.5
堤顶超高Δh(m)	0.1~0.2	0.2~0.3	0.2~0.3	0.3~0.4	0.4	0.5	0.6	0.8

子任务9 确定渠道横断面的结构形式

按照过水断面和地面的相对位置不同,渠道可分为挖方渠道、填方渠道和半填半挖渠道三种形式。

1 挖方渠道

当渠道水位低于地面高程时,应采用挖方渠道,两者高差越大,挖方深度也越大。一般认为,当挖方深度大于5 m时,则应与隧洞方案进行技术经济比较。挖方渠道的典型结构形式如图2-6所示,挖方深度大于5 m时,应沿高度每隔3~5 m设置一级平台,平台宽1.5~2 m,平台内侧设置排水沟以汇集坡面雨水。排水沟应设置纵向比降,沿排水沟纵向每隔约50 m设置一沉砂井,以集中沟内雨水排入渠道内。挖方渠道的弃土,应运至渠道开口线1.5~2.0 m外,以免影响渠坡稳定。

2 填方渠道

当渠道水位高于地面高程时,应采用填方渠道,如图2-7所示。填方渠道稳定性较差,易于溃决、漏水、滑坡等。当填方高度大于3 m时,渠道内、外坡比应由稳定计算确定;为降低渠坡内浸润线,减少孔隙压力对渠坡稳定的不利影响,可在外坡脚设置反滤排水体;填方高度很大时,可在外坡设置戗台,增强渠坡稳定;当填方渠道以下为不透水地层,且渠道填方高度大,一般大于5 m或2倍渠内设计水深时,应在渠堤内设置纵横向排水体,以排除渠堤内渗水,保证渠堤稳定。

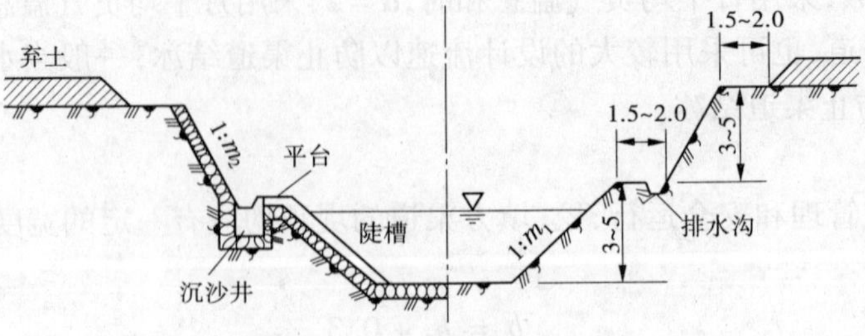

图 2-6 挖方渠道横断面 （单位:m）

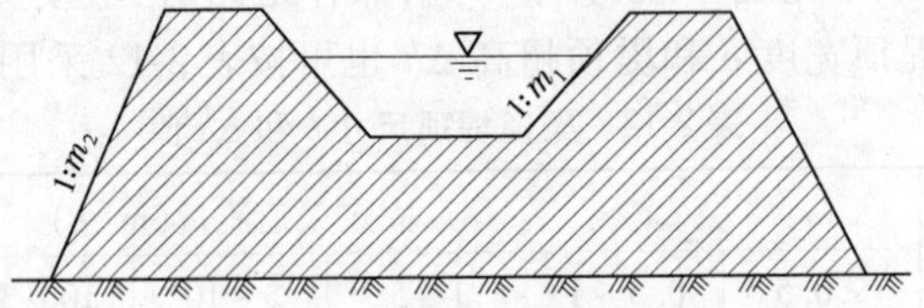

图 2-7 填方渠道横断面

3 半填半挖渠道

当渠底高程与地面高程接近时,一般采用半填半挖渠道,如图 2-8 所示。这种渠道可将挖方的弃土用来填筑填方部分,比较经济,对于灌溉渠道,也便于向下级渠道分水,在地形和水位控制条件许可时应尽量采用这种形式。在横断面上,挖、填方面积的比例一般按使挖方量等于填方量的 1.1 ~1.3 倍来确定,以保证有足够的弃土用于挖方部分。

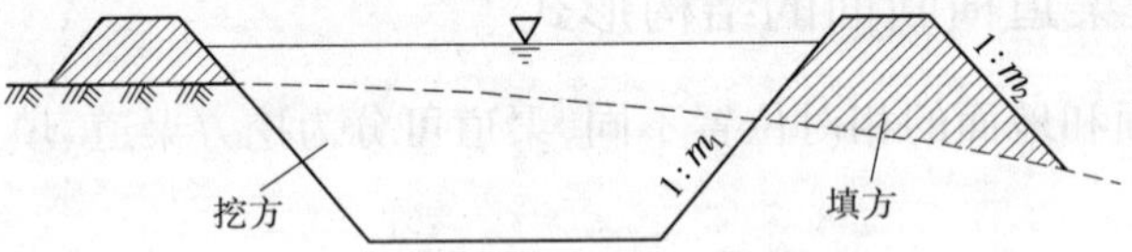

图 2-8 半填半挖渠道横断面

子任务 10 渠道纵断面设计

渠道纵断面设计的任务,是根据灌溉水位要求确定渠道的空间位置,即确定渠道水面在不同桩号处的高程。

1 灌溉渠道的水位确定

要满足自流灌溉的要求,各级渠道入口均应有足够的水位,该水位应根据其所辖灌溉面积上控制点的高程,加上控制点以上渠道的沿程水头损失及各建筑物的局部水头损失,自下而上逐级推算而得,即:

$$H_{入} = A_0 + \Delta h + \sum Li + \sum \xi \tag{2-30}$$

式中 $H_{入}$——渠道入口处水位,m;

A_0——渠道所辖灌溉面积上控制点高程,m,当沿渠地面坡度大于渠道纵比降时,控制点往往在渠道入口附近,反之控制点在渠尾附近;

Δh——所选控制点与末级固定渠道出口处地面的高差，一般取0.1～0.2 m；

L——计算渠道入口下游各级渠道的长度，m；

i——计算渠道入口下游各级渠道的比降；

ξ——水流通过渠系建筑物的水头损失，m，可按表2-13采用。

表2-13 渠系建筑物局部水头损失ξ最小值

渠别	控制面积(万亩)	进水闸(m)	节制闸(m)	渡槽(m)	倒虹吸管(m)	公路桥(m)
干渠	10～40	0.1～0.2	0.10	0.15	0.40	0.05
支渠	1～6	0.1～0.2	0.07	0.07	0.30	0.03
斗渠	0.3～0.4	0.05～0.15	0.05	0.05	0.20	0
农渠	—	0.05	—	—	—	—

2 渠道纵断面图

渠道纵断面图包括沿渠地面高程线、渠道内设计水位线及最低水位线、渠底及渠道堤顶高程线、分水口及渠系建筑物的位置等，如图2-9所示，绘制步骤如下：

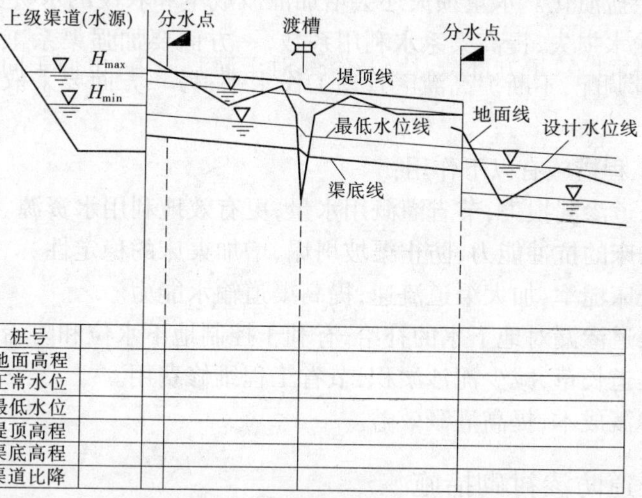

桩号							
地面高程							
正常水位							
最低水位							
堤顶高程							
渠底高程							
渠道比降							

图2-9 渠道纵断面

(1)绘制地面高程线。根据渠道中心线的水准测量成果(桩号和地面高程)按一定比例绘制；无测量成果时，也可由地形图量取不同桩号处的高程确定。

(2)绘制渠道设计水位线。先根据水源或上一级渠道的设计水位，沿渠地面坡降、各分水点的水位要求和渠系建筑物的水头损失，初步拟定一个水面设计比降，绘出渠道设计水位线，再经过与横断面设计的水深成果反复协调修正后最终确定。

(3)绘制渠底高程线。利用横断面设计成果，在渠道设计水面线以下，以渠道设计水深为间距作一平行线，即为渠底高程线。

(4)绘制渠道最低水位线。在渠底线以上，以渠道通过最小流量时的最小水深为间距作渠底线的平行线，即为渠道最低水位线。

(5)绘制渠道堤顶线。在渠底线以下,以通过加大流量时的加大水深加安全超高为间距作渠底线的平行线,即为渠道堤顶线。

3 渠道纵断面的水位衔接

渠道沿途分水后,渠中流量逐段减少,因此过水断面可随之减小。当渠道横断面变化时,断面变化处常设在渠系建筑物的下游端。当渠道沿线地面坡度较陡或有跌坎时,常在满足自流灌溉的条件下,在渠道上设置跌水、陡坡等落差建筑物。在诸如上述部位,应通过渠系建筑物的合理选型考虑局部水头损失后,使渠道水位合理衔接。

任务4 渠道防渗设计

子任务1 渠道防渗的意义

渠道渗漏水量占渠系损失水量的绝大部分,一般占渠道引入水量的30%~50%,有的灌区高达60%~70%。渠系水量损失不仅降低了渠系水利用系数,减少了灌溉面积,浪费了宝贵的水资源,而且会引起地下水位上升,招致农田渍害。在有盐碱威胁的地区,会引起土壤次生盐渍化。水量损失还会增加灌溉成本和农民的水费负担,降低灌溉效益。为了减少渠道输水损失,提高渠系水利用系数,一方面要加强渠系工程配套和维修养护,实行科学的水量调配,不断提高灌区管理工作水平;另一方面要采取防渗工程措施,减少渠道渗漏水量。

渠道防渗工程措施有以下作用:

(1)减少渠道渗漏损失,节省灌溉用水量,更有效地利用水资源。

(2)提高渠床的抗冲能力,防止渠坡坍塌,增加渠床的稳定性。

(3)减小渠床糙率,加大渠道流速,提高渠道输水能力。

(4)减少渠道渗漏对地下水的补给,有利于控制地下水位和防治土壤盐碱化。

(5)防止渠道长草,减少泥沙淤积,节省工程维修费用。

(6)降低灌溉成本,提高灌溉效益。

子任务2 渠道防渗衬砌措施

1 土料防渗

土料防渗包括土料夯实、灰土护面、三合土护面等。

1.1 土料夯实

土料夯实防渗措施是用人工夯实或机械碾压方法增加土壤的密度,在渠床表面建立透水性很小的防渗层。这种方法具有投资少、施工简便等优点,其防渗效果与夯实程度及影响深度有关。这种防渗措施可以用于小型渠道。

1.2 黏土护面

在渠床表面铺设一层黏土是减小强透水性土壤渗漏损失的有效措施之一,具有就地取材、施工方便、投资省、防渗效果好等优点。黏土护坡的主要缺点是抗冲能力低,渠道平均流速不能大于0.7 m/s;护面土易生杂草;渠道断水时易干裂。

1.3 灰土护面

灰土护面是采用石灰和黏土或黄土的拌和料夯实而成的防渗层。石灰与土的配合比常用1∶3～1∶9。根据山西省水利科学研究院试验，厚度40 cm的灰土护面可以减少渗漏量的99%。灰土护面的抗冲能力较强，但抗冻性差，多用于气候温和地区。

1.4 三合土护面

用石灰、砂、黏土经拌和后，夯实成渠道的防渗护面称为三合土护面。石灰、砂、黏土的配合比常用1∶1∶3～1∶1∶6，厚度一般为10～20 cm，性能和灰土相近，是我国南方各省（区）常用的防渗措施。

2 **砌石防渗**

砌石防渗具有就地取材、施工简单、抗冲、抗磨、耐久等优点。石料有卵石、块石、条石、石板等，砌筑方法有干砌和浆砌两种。

2.1 块石衬砌防渗

衬砌的石料要质地坚硬、没有裂纹。石料的规格一般以长40～50 cm、宽30～40 cm、厚度不小于8～10 cm为宜，且要求有一面比较平整。

干砌勾缝的护面防渗效果较差，防渗要求较高时不宜采用。浆砌石护面有护坡式和重力墙式两种，如图2-10所示，前者工程量小，投资少，应用较普遍；后者多用于容易滑坍的傍山渠段和石料比较丰富的地区，具有耐久、稳定和不易受冰冻影响等优点。

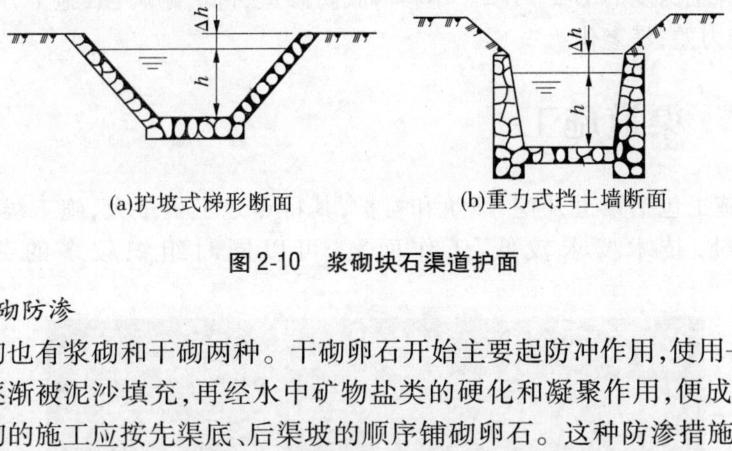

(a)护坡式梯形断面　　(b)重力式挡土墙断面

图2-10　浆砌块石渠道护面

2.2 卵石衬砌防渗

卵石衬砌也有浆砌和干砌两种。干砌卵石开始主要起防冲作用，使用一段时间后，卵石间的缝隙逐渐被泥沙填充，再经水中矿物盐类的硬化和凝聚作用，便成了稳定的防渗层。卵石衬砌的施工应按先渠底、后渠坡的顺序铺砌卵石。这种防渗措施在新疆、甘肃、四川、青海等地广为使用，积累了丰富的经验。

3 **砖砌防渗**

砖砌护面也是一种因地制宜、就地取材的防渗衬砌措施，其优点是造价低廉、取材方便、施工技术简单、防渗效果好。衬砌层的厚度可采用一砖平砌或一砖立砌。

4 **混凝土衬砌防渗**

混凝土衬砌防渗是最为常用的形式，有现浇和预制两种。现浇衬砌适用于挖方渠道，衬砌厚度为6～15 cm，渠道流量大、地下水位高、可能产生冻胀破坏时均宜取大值。有冻胀破坏的地区，衬砌下需要铺设水垫层，垫层厚应尽量使渠身黏性土饱和土层在当地冻土深度以下，以防冻融破坏。为防止温度变化、冻胀、基础不均匀沉陷等引起衬砌开裂，衬砌需设置纵、横向分缝，缝距2.5～5.0 m，衬砌厚度小时宜取较小值；纵缝一般设于渠坡与渠底交界处，当渠底宽度大于 6 ~ 8 m 时可在渠底中部设置纵缝；渠坡上一般只设横缝，不设纵缝；缝宽 1 ~ 4 cm，内设沥青填料。混凝土预制板衬砌适用于填方渠道，厚度一般为 5 ~ 10 cm，板块尺寸为 50 cm × 50 cm ~ 100 cm × 100 cm。

5　**沥青材料防渗**

沥青材料护面具有防渗、耐久、抗碱、造价低、施工简便等优点，常用的沥青材料护面有沥青混凝土、沥青薄膜等。

沥青混凝土是把沥青、碎石、砂经加热、拌和、压实而成的防渗材料，具有较好的稳定性、耐久性和良好的防渗效果。对中小型渠道，护面厚度一般为 4 ~ 6 cm，大型渠道可以加厚到 10 ~ 15 cm，下设反滤层，在反滤层上面涂一层沥青玛琋脂或沥青乳胶剂，使护面与垫层得以良好的结合。地下水位较高时，应在渠底护面以下设纵向排水设施。由于沥青混凝土塑性较好，不必设伸缩缝。为了减少护面的吸热量，可以在护面上加设护土层。沥青薄膜是在平铺压实后的渠床表面上，用机械喷洒 200 ℃的热沥青薄膜，厚 4 ~ 5 cm，其上铺厚 10 ~ 30 cm（小型渠道）或 30 ~ 50 cm（大型渠道）的保护土层。这种形式具有良好的柔性和防渗效果，且施工也较方便。

6　**塑料薄膜防渗**

塑料薄膜防渗是近年来应用较多的一种形式，它是将一层或数层塑料薄膜铺设于渠床，表面回填 20 ~ 30 cm 厚的压实土料作为防冲护面形成的防渗层。寒冷冻胀地区，护层厚度常取当地冻土深度的 1/3 ~ 1/2。塑料薄膜防渗造价低，耐腐蚀，施工方便，且防渗效果好，但防冲能力差，易老化。

任务 5　渠道施工

渠道工程施工包括渠道开挖、填筑和衬护，其特点是工程量大，施工线路长，场地分散；但工种单纯，技术要求较低，工作面宽，可以同时组织较多的劳力施工，如图 2-11 所示。

图 2-11　某渠道工程施工

子任务1 渠道开挖

渠道开挖的方法有人工开挖、机械开挖和爆破开挖等。开挖方法的选择取决于现有施工现场条件、土壤特性、渠道横断面尺寸、地下水位等因素。

1 人工开挖

1.1 施工排水

渠道开挖首先要解决地表水或地下水对施工的干扰问题，方法是在渠道中设置排水沟。排水沟的布置既要方便施工，又要保证排水的通畅。

1.2 开挖方法

人工开挖，应自渠道中心向外分层下挖，先深后宽。为方便施工，加快工程进度，边坡处可按设计坡比先挖成台阶状，待挖至设计深度时再进行削坡。开挖后的弃土，应先行规划，尽量做到挖填平衡。

1.2.1 一次到底法

一次到底法适用于土质较好，挖深2~3 m的渠道。开挖时先将排水沟挖到低于渠底设计高程0.5 m处，然后按阶梯状向下逐层开挖至渠底，如图2-12所示。

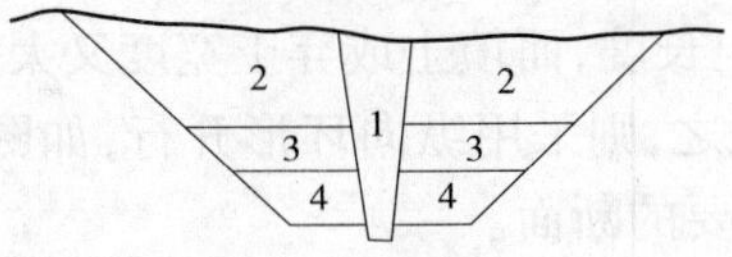

1—排水沟；2,3,4—开挖顺序

图2-12 一次到底法

1.2.2 分层下挖法

这种方法适用于土质较软、含水量较高，渠道挖深较大的情况。可将排水沟布置在渠道中部，逐层下挖排水沟，直至渠底，如图2-13(a)所示。当渠道较宽时，可采用翻滚排水沟法，如图2-13(b)所示，此法施工，排水沟断面小，施工安全，施工布置灵活。

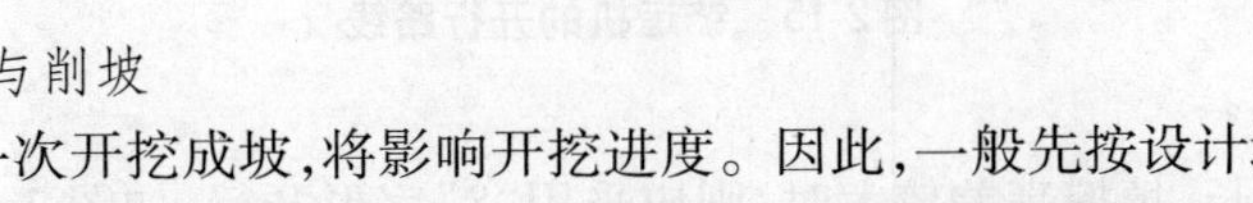

(a)中心排水沟　(b)翻滚排水沟

1,3,5,7—排水沟；2,4,6,8—开挖顺序

图2-13 分层下挖法

1.2.3 边坡开挖与削坡

开挖渠道如一次开挖成坡，将影响开挖进度。因此，一般先按设计坡度要求挖成台阶状，其高宽比按设计坡度要求开挖，然后进行削坡。这样施工，削坡方量小，但施工时必须严格掌握削坡质量，台阶平台应水平，高必须与平台垂直，否则会产生较大误差，增加削坡方量。

2 机械开挖

2.1 推土机开挖

推土机开挖，渠道深度不宜超过 1.5 ~ 2 m，填筑渠堤高度不宜超过 2 ~ 3 m，其边坡不宜陡于 1∶2（见图 2-14）。推土机还可用于平整渠底、清除腐殖土层、压实渠堤等。

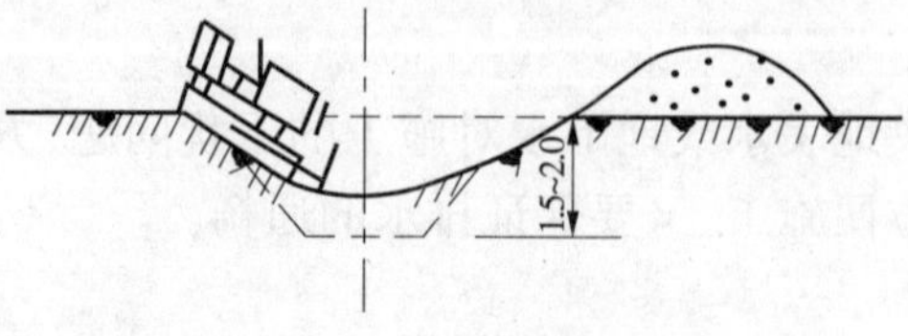

图 2-14 推土机开挖渠道 （单位：m）

2.2 铲运机开挖

半挖半填渠道或全挖方渠道就近弃土时，采用铲运机开挖最为有利。需要在纵向调配土方的渠道，如运距不远，也可用铲运机开挖。

铲运机开挖渠道的开行方式有环形开行和“8”字形开行。

2.2.1 环形开行

当渠道开挖宽度大于铲土长度，而填土或弃土宽度又大于卸土长度时，可采用横向环形开行，如图 2-15（a）所示；反之，则采用纵向环形开行，如图 2-15（b）所示。铲土和填土位置可逐渐错动，以完成所需要的断面。

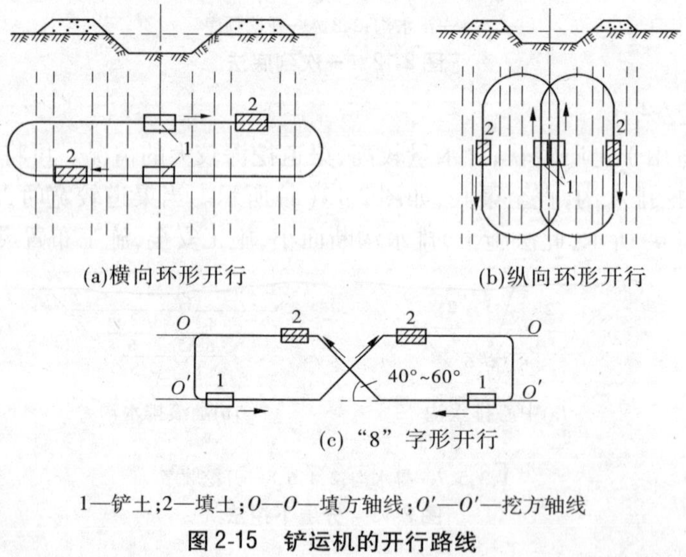

1—铲土；2—填土；O—O—填方轴线；O'—O'—挖方轴线

图 2-15 铲运机的开行路线

2.2.2 “8”字形开行

当工作前线较长，填挖高差较大时，则应采用“8”字形开行，如图 2-15（c）所示。其进口坡道与挖方轴线间的夹角以 40° ~ 60°为宜，过大则重车转弯不便，过小则加大运距。

采用铲运机工作时，应本着挖近填远、挖远填近的原则施工，即铲土时先从填土区最近的一端开始，先近后远；填土则从铲土区最远的一端开始，先远后近，依次进行，这样不仅创造了下坡铲土的有利条件,还可以在填土区内保持一定长度的自然地面,以便铲运机能高速行驶。

2.3　反铲开挖

当渠道开挖较深时,采用反铲开挖是较为理想的选择,该方案有方便、快捷、生产率高的特点,在生产实践中应用相当广泛,其布置方式有沟端开挖和沟侧开挖,如图 2-16 所示。

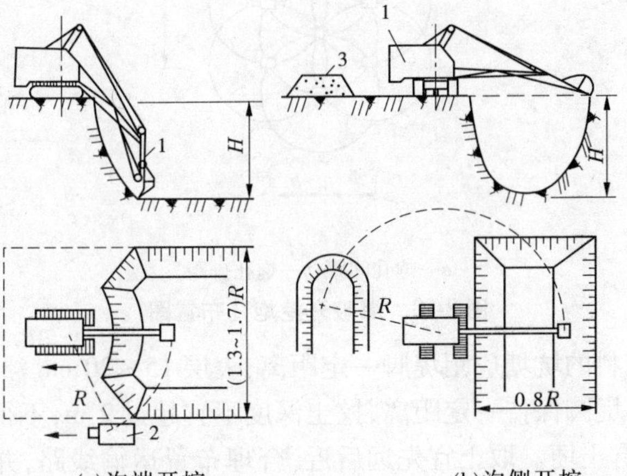

1—挖土机;2—自卸汽车;3—弃土堆

图 2-16　反铲开挖方式与工作面

3　爆破开挖

对于岩基渠道和盘山渠道宜采用爆破法开挖。

开挖程序是先挖平台再拉槽,开挖平台时一般采用抛掷爆破,尽量将待开挖土体抛向预定地方,形成理想的平台。抽槽爆破时,拟采用预裂爆破,或预留保护层,再采取浅孔小炮或人工清边、清底。其施工程序如图 2-17 所示。

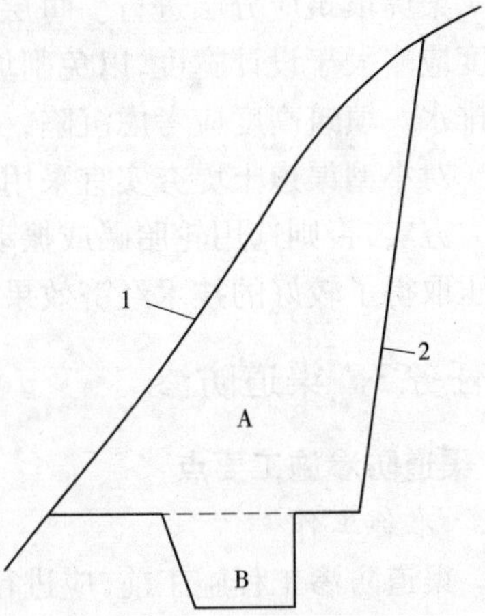

1—山坡线;2—设计开挖轮廓线;
A—开挖平台;B—开挖渠槽

图 2-17　爆破开挖施工程序示意图

采用爆破法开挖渠道时,药包可根据开挖断面的大小沿渠线布置成一排或几排。当渠底宽度大于渠道深度的 2 倍时,应布置 2 ~ 3 排药包,爆破作用指数可取 1.75 ~ 2.0。单个药包装药量及间、排距应根据爆破试验确定。爆破开挖炮孔布置如图 2-18 所示。

子任务 2　渠堤填筑

渠堤填筑以土块小的湿润散土为宜,如砂质壤土或砂质黏土。要求将透水性小的土料填筑在迎水面,透水性大的填筑在背水面。土料中不得掺有杂质,并应保持一定的含水量,以利压实。冻土、淤泥、净砂、砂礓土等严禁使用。

半挖半填渠道应尽量利用挖方筑堤,只有在土料不足或土质不能满足填筑要求时,才

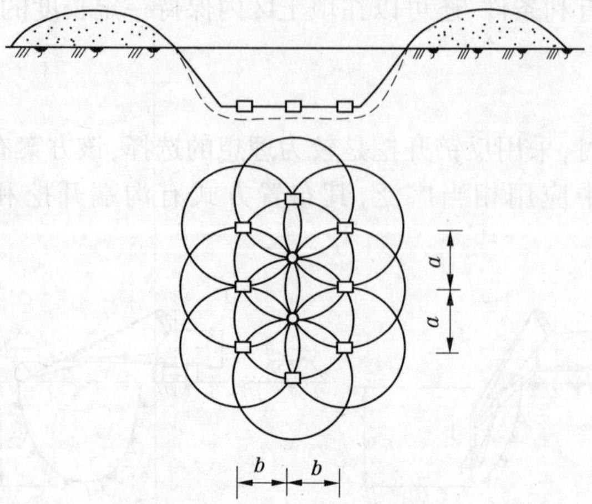

a—炮孔间距;*b*—炮孔排距

图 2-18　爆破开挖炮孔布置图

在取土坑取土。取土料的坑塘应距堤脚一定距离,表层 15～20 cm 浮土或种植土应清除。填方渠道的取土坑与堤脚保持一定距离,挖土深度不宜超过 2 m,不得使用地下水位以下的土料,且中间应留有土埂。取土宜先远后近,合理布置运输线路,并留有斜坡道以便运土,避免陡坡、急弯,上下坡线路分开。

渠堤填筑前要进行清基,清除基础范围内的块石、树根、草皮、淤泥等杂质,并将基面略加平整,然后进行刨毛。如基础过于干燥,还应洒水湿润,然后再填筑。

渠堤填筑应分层进行。每层铺土厚度一般为 20～30 cm,并应铺平、铺匀。每层铺土宽度应略大于设计宽度,以免削坡后断面不足。堤顶应做成坡度为 2%～5% 的坡面,以利排水。填筑高度应考虑沉陷,一般可预加 5% 的沉陷量。

对小型渠道土堤夯实宜采用人力夯和蛙式夯击机。对砂卵石填堤在水源充沛时可用水力夯实,否则选用轮胎碾或振动碾。在四川某工程的砂卵石填筑中,利用轮胎式装载机碾压取得了较好的技术经济效果。

子任务 3　渠道防渗

1　渠道防渗施工要点

1.1　准备工作

渠道防渗工程施工前,应进行施工组织设计,并做好如下准备工作:

(1)应根据设计选好的防渗材料和施工方法;做好堆料场、拌和场和预制场等施工场地的布置,以及风、水、电、道路和机具设备的准备工作。

(2)应对试验和施工的设备进行检测与试运转。如不符合要求,应予更换或调整。

(3)应根据设计测量放线,进行渠道基槽的挖、填和修整,清除防渗工程范围内的树根、淤泥、腐殖土和污物;严格控制渠道基槽断面的高程、尺寸和平整度。

(4)应按设计配合比称料拌和,检验配合比是否合理、实用,同时进行铺筑试验,确定铺筑厚度和机具振压的有关参数。

1.2 地基处理

渠道地基出现以下情况时，应按下列方法处理：

(1)弱湿陷性地基和新建过沟填方渠道，可采用浸水预沉法处理。沉陷稳定的标准为连续5 d的日平均下沉量小于1.0~2.0 mm。

(2)强湿陷性地基，可采用深翻回填渠基、设置灰土夯实层、打孔浸水重锤夯压或强力夯实等方法处理。

(3)傍山、黄土塬边渠道，可采用灌浆法填堵裂缝、孔隙和小洞穴。灌浆材料可选用黏土浆或水泥黏土浆，灌浆的各项技术参数宜经过试验确定。对浅层窑洞、墓穴和大孔洞，可采用开挖回填法处理。

(4)对软弱土、膨胀土和冻胀量大的地基，可采用换填法处理。换填砂砾石时，压实系数不应小于0.93；换填土料时，大、中型渠道压实系数不应小于0.95，小型渠道不应小于0.93。

(5)膜料、沥青混凝土防渗渠道地基在必要时，应在渠基土中加入灭草剂进行灭草处理，并回填、夯实、修整成型后，方可铺砌。

(6)改建防渗渠道的地基，应特别注意渠坡新、老土的结合。填筑时，应将老渠坡挖成台阶状，再在上面夯填新土，整修成设计要求的渠道断面。

1.3 养护

对灰土、三合土、水泥土、浆砌石、砂浆、混凝土等材料防渗工程，应分别采用洒水、盖湿草帘或喷涂塑料养护剂等方法进行养护。养护期以14~28 d为宜。

1.4 冬季施工

渠道防渗工程宜在温暖季节施工。寒冷地区日平均气温稳定在5 ℃以下或最低气温稳定在-3 ℃以下；温和地区日平均气温低于-3 ℃时，混凝土施工应按《水工混凝土施工规范》(DL/T 5144—2001)低温季节施工的要求进行。日平均气温低于-5 ℃时，应停止施工。

1.5 竣工验收

渠道防渗工程竣工后，应按有关工程验收的规范和规程进行竣工验收。施工质量应满足设计要求，渠道平整度和尺寸的允许偏差值和防渗效果应满足施工质量验收要求。

2 土料防渗施工

2.1 土料选择

土料的原材料应进行粉碎加工，加工后的粒径，素土不大于2.0 cm，石灰不应大于0.5 cm。

2.2 土料质量控制

施工中应严格控制配合比。同时测定土料含水率与填筑干容重，其称量允许偏差值应符合要求；拌和后，含水率与最佳含水率的偏差值不应超过±1%；夯实后，干容重不应小于设计干容重，其离差系数应小于0.15。

混合土料的拌和宜按以下要求进行：

(1)黏砂混合土宜将砂石洒水润湿后，与粉碎过筛的土再加水拌和均匀。

(2)灰土应先将石灰消解过筛，加水稀释成石灰浆，洒在粉碎过筛的土上，拌和至色泽均匀，并闷料 1 ~ 3 d。如其中有见水崩解的土料，可先将土在水中崩解，然后加入消解的石灰拌和均匀。

(3)三合土、四合土宜先拌石灰和土，然后加入砂石干拌，最后洒水拌和均匀，并闷料 1 ~ 3 d。

(4)贝灰混合土宜干拌后过孔径为 10 ~ 12 mm 的筛，然后洒水拌和均匀，闷料 24 h。

2.3 土料防渗层铺筑

(1)灰土、三合土、四合土宜按先渠坡后渠底的顺序施工；素土、黏砂混合土宜按先渠底后渠坡的顺序施工。各种土料防渗层都应从上游向下游铺筑。

(2)防渗层厚度大于 15 cm 时，应分层铺筑。压实时，虚土每层辅料厚度，人工夯压时，不宜大于 20 cm；机械夯压时，不宜大于 30 cm。层面间应刨毛、洒水。

(3)土料防渗层夯实后，厚度应略大于设计厚度，以便修整成设计的过水渠道断面。

(4)应边铺料边夯压，直至达到设计干容重，不得漏夯。

2.4 土料防渗层表面处理

为增强防渗层的表面强度，可进行下列处理：

(1)根据渠道流量大小，分别采用 1∶4 ~ 1∶5的水泥砂浆、1∶3∶8的水泥石灰砂浆或 1∶1的贝灰砂浆抹面。抹面厚度值为 0.5 ~ 1.0 cm。

(2)在灰土、三合土和四合土表面，涂刷一层 1∶10 ~ 1∶15 的硫酸亚铁溶液。

3 水泥土防渗施工

3.1 施工准备工作

(1)就近选定符合设计要求的取土场。

(2)根据施工进度要求，选定土料的风干、粉碎、筛分、储料等场地。

(3)将施工材料分批运至现场，水泥应采取防潮、防雨措施。

(4)根据施工方式，准备好运输、粉碎、筛分、供水、称量、搅拌、夯实、排水、铺筑、养护等设备和模具。

(5)土料应风干、粉碎，并过孔径 5 mm 的筛。

3.2 防渗层现场铺筑

(1)按设计配合比配料，其称量允许偏差值应符合要求。水泥土拌料与铺筑，或装模成型的时间不得大于 60 min。

(2)拌和水泥土时，宜先干拌，再湿拌均匀。

(3)铺筑塑性水泥土前，应先洒水润湿渠基，安设伸缩缝模板，然后按先渠坡后渠底的顺序铺筑。水泥土料应摊铺均匀，浇捣拍实。初步抹平后，宜在表面撒一层厚度为 1 ~ 2 mm 的水泥，随即揉压抹光。应连续铺筑，每次拌和料从加水至铺筑宜在 1.5 h 内完成。

(4)铺筑干硬性水泥土，应先立模，后分层铺料夯实。每层铺料厚度宜为 10 ~ 15 cm，层面间应刨毛、洒水。

(5)铺设保护层的塑性水泥土，其保护层应在塑性水泥土初凝前铺设完毕。

3.3 水泥土预制板的生产和铺砌

(1)拌制水泥土。

(2)将水泥土料装入模具中,压实成型后拆模,放在阴凉处静置24 h后,洒水养护。

(3)将渠基修整后,按设计要求铺砌预制板。板间应用砂浆挤压、填平,并及时勾缝。

4 砌石防渗施工

砌石防渗施工时,应先洒水润湿渠基,然后在渠基或垫层上铺筑一层厚度为2~5 cm的低标号混合砂浆,再铺砌石料。

4.1 浆砌石防渗层施工

4.1.1 砌筑顺序

(1)梯形明渠,宜先砌渠底后砌渠坡。砌渠坡时,应从坡脚开始,由下而上分层砌筑;U形和弧形明渠、拱形暗渠,应从渠底中线开始,向两边对称砌筑。

(2)矩形明渠,可先砌两边侧墙,后砌渠底;拱形和箱形暗渠,可先砌侧墙和渠底,后砌顶拱或加盖板。

(3)各种明渠,渠底和渠坡砌完后,应及时砌好封顶石。

4.1.2 石料安放要求

(1)浆砌块石应花砌、大面朝外、错缝交接,并选择较大、较规整的块石砌在渠底和渠坡下部。

(2)浆砌料石和石板,在渠坡应纵砌(料石或石板长边平行水流方向);在渠底应横砌(料石或石板长边垂直水流方向),必须错缝砌筑,料石错缝距离宜为料石长的1/2。

(3)浆砌卵石,相邻两排应错开茬口,并选择较大的卵石砌于渠底和渠道坡脚,大头朝下、挤紧靠实。

(4)浆砌块石挡土墙式防渗层,应先砌面石,后砌腹石,面石与腹石应交错连接;浆砌料石挡土墙式防渗层,应有足量的丁石。

4.1.3 石料砌筑要求

(1)砌筑前宜洒水润湿,石料应冲洗干净。

(2)浆砌料石和块石,应干摆试放,分层砌筑、坐浆饱满。每层铺砂浆的厚度,料石宜为2~3 cm,块石宜为3~5 cm。块石缝宽超过5 cm时,应填塞小片石。

(3)卵石可采用挤浆砌筑,也可干砌后用砂浆或细砾混凝土灌缝。

(4)浆砌石板应保持砌缝密实平整,石板接缝间的不平整度不得超过1.0 cm。

4.1.4 勾缝要求

浆砌料石、块石、卵石和石板,宜在砌筑砂浆初凝前勾缝。勾缝应自上而下用砂浆充填、压实和抹光。浆砌料石、块石和石板宜勾平缝;浆砌卵石宜勾凹缝,缝面宜低于砌石面1~3 cm。

4.2 干砌卵石挂淤防渗层施工

4.2.1 砌筑顺序

(1)可按先渠底后渠坡的顺序砌筑。

(2)砌渠底时,如为平渠底,宜从渠坡脚的一边砌向另一边;若为弧形渠底,应从渠底纵向轴线开始向两边砌筑。

(3)渠坡应从下而上逐排砌筑。

(4)如设膜料垫层,应将过渡层土料铺在膜料上,边铺膜,边压土,边砌石。

4.2.2 砌筑要求

(1)卵石长边应垂直于渠底或渠坡立砌,不得前俯后仰、左右倾斜。卵石的较宽侧面应垂直于水流方向。

(2)每排卵石应厚薄相近、大头朝下、错开茬口、挤紧砌好。

(3)渠底两边和渠坡脚的第一排卵石,应比其他卵石大10~15 cm。

(4)卵石砌筑后,应先用小石填缝至缝深的一半,再用片状石块卡缝。

(5)用较大的卵石水平砌筑封顶石。

5 膜料防渗施工

5.1 膜料铺贴

(1)根据渠道大小将膜料加工成大幅备用,也可在现场边铺边连接。

(2)在验收合格的铺膜基槽上,自渠道下游向上游,由渠道一岸向另一岸铺设膜层。塑膜应留有小折皱,并平贴渠基。

(3)埋好膜层顶端,并处理好大、小膜幅间的连接缝。

(4)检查并粘补已铺膜层的破孔。粘补膜应超出破孔每边10~20 cm。

(5)填筑过渡层和保护层的施工速度,应与铺膜速度配合,避免膜层裸露时间过长。

5.2 保护层施工

(1)填筑保护层的土料,应不含石块、树根、草根等杂物。

(2)采用压实法填筑土保护层时,禁止使用羊角碾。

(3)中、小型渠道采用浸水泡实法填筑砂壤土、轻壤土和中壤土保护层时,填筑断面尺寸宜留10%~15%的沉陷量。待反复浸水沉陷稳定后,缓慢泄水,填筑裂缝,并拍实、整修成设计断面。

(4)砂砾料保护层的施工,应先铺膜面过渡层,再铺符合级配要求的砂砾料保护层,并逐层振压密实。压实度不应小于0.93。

(5)膜料铺设及过渡层、保护层施工人员应穿胶底鞋或软底鞋,谨慎施工。

6 混凝土防渗施工

6.1 现浇混凝土防渗施工

现场浇筑混凝土,宜采用分块跳仓法施工。同一浇筑块应连续浇筑。用衬砌机浇筑时,可连续施工。

浇筑混凝土前,土渠基应先洒水浸润;在岩石渠基上浇筑混凝土,或需要与早期混凝土结合时,应将基岩或早期混凝土刷洗干净,铺一层厚度为1~2 cm的砂浆。砂浆的水灰比,应较混凝土小0.03~0.05。

混凝土宜采用机械振捣,并应符合下列要求:

(1)使用表面式振动器时,振板行距宜重叠5~10 cm。振捣边坡时,应上行振动,下行不振动。

(2)使用小型插入式振捣器,或人工捣固边坡混凝土时,入仓厚度每层不应大于25 cm,并插入下层混凝土5 cm左右。

(3)使用振捣器捣固时,边角部位及钢筋预埋件周围应辅以人工捣固。

(4)机械和人工捣固的时间,应以混凝土开始泛浆时为准。

(5)衬砌机的振动时间和行进速度,宜经过试验确定。振动时间一般是混凝土工作速度的1.2~1.5倍,并不小于30 s。

6.2 预制装配式混凝土防渗施工

装配式混凝土衬护,是在预制厂制作混凝土衬护板,运至现场后进行安装,然后灌注填缝材料。混凝土预制板的尺寸应与起吊、运输设备的能力相适应,人工安装时,单块预制板的面积一般为0.4~1.0 m^2。铺砌时应将预制板四周刷净,并铺于已夯实的垫层上。砌筑时,横缝可以砌成通缝,但纵缝必须错开。装配式混凝土预制板衬护,施工受气候条件影响小,施工质量易于保证,但接缝较多,防渗、抗冻性能较差,适用于中、小型渠道工程。

6.3 喷混凝土防渗施工

采用喷射法施工时,应按下列要求和步骤进行:

(1)先送风、水,后送干料。掺有速凝剂的干拌和料的存放时间,不得超过20 min。

(2)喷头处的压力应控制在0.1 MPa左右,水压不应小于0.2 MPa。

(3)一次喷射的厚度,掺有速凝剂时,宜为7~10 cm;不掺速凝剂时,宜为5~7 cm。

(4)分层喷射时,表面一层的水灰比宜稍大。

(5)喷射每层混凝土的间隔时间,掺有速凝剂时,一般为15~20 min;不掺速凝剂时,应根据混凝土的初凝时间确定。

(6)喷射作业完毕,应先将喷射机和管道中的干料清除干净,再停水、风。因故不能继续作业时,必须及时将喷射机和管道中的积料清除干净。

混凝土伸缩缝应按设计规定施工。采用衬砌机浇筑混凝土时,可用切缝机或人工切制半缝形的伸缩缝,缝深和缝宽应符合设计要求。

7 沥青混凝土防渗施工

7.1 现浇沥青混凝土防渗层施工

现场铺筑法施工,应按下列步骤进行:

(1)有整平胶结层的防渗体,可先铺筑整平胶结层,再铺筑防渗层。

(2)铺筑防渗层,宜按选定的摊铺厚度均匀摊铺。压实系数可通过试验确定,一般采用1.2~1.5。

(3)宜采用振动碾压实沥青混合料。可先静压1~2遍,再振动压实。在压实渠道边坡时,上行振动,下行不振动。小型渠道可采用静碾或平面振动器压实。在压实过程中,应严格控制压实温度和遍数,防止漏压。

(4)防渗层与建筑物连接处和机械难以压实的部位,应辅以人工压实。

(5)沥青混凝土防渗层应连续铺筑,尽量减少冷接缝。

(6)采用双层铺筑时,结合面应干燥、洁净,并均匀涂刷一薄层热沥青或稀释沥青。其涂刷量不超过1.0 kg/m^2。上下层冷接缝的位置应错开。

(7)施工过程中,应采取适当措施,避免混合料离析与降温过大。

7.2 预制沥青混凝土防渗层施工

铺砌预制沥青混凝土防渗层,应按下列步骤和要求进行:

(1)沥青混凝土预制板宜采用钢模板预制。预制板应振压密实、尺寸准确、六面平整光滑、无缺角、无石子外露等缺陷。

(2)预制板振实后,即可拆模。降温后方可搬动、平放码垛。垛高不得高于0.5 m,严禁立放码垛。高温季节,码垛工作宜在早晚进行。

(3)预制板应按照规定砌筑,做到平整、稳固。

7.3 封闭层涂刷

在洁净、干燥的防渗层面上涂刷沥青玛琋脂。涂层应薄厚均匀。涂刷量一般为2~3 kg/m^2。涂刷时,沥青玛琋脂的温度不应低于160 ℃。涂刷后禁止人、畜、机械通行。

8 伸缩缝填充

伸缩缝填充前,应将缝内杂物、粉尘清除干净,并保持缝壁干燥。

伸缩缝宜用弹塑性止水材料,如焦油塑料胶泥填筑,或缝下部填焦油塑料胶泥,上部用沥青砂浆填筑。有特殊要求的伸缩缝,宜用高分子止水管(带)等材料。

伸缩缝填充施工中,应做到缝形整齐、尺寸合格、填充紧密、表面平整。

任务6 渠道施工案例

1 工程概况

新疆某电站一引水渠道工程,其合同范围包括桩号15+000 m~21+475.767 m和桩号22+882.269 m~31+011 m段引水渠道及沿线渠系建筑物。

桩号15+000 m~21+475.767 m止于倒虹吸进口,渠道长6.6 km,发电引水渠底板起点高程1 224.75 m,末点高程1 223.087 m。桩号22+882.269 m~31+011 m段渠道始于倒虹吸出口,止于前池进口,发电引水渠道长8.1 km,渠道底板起点高程1 220.6 m,末点高程1 218.70 m,梯形断面,纵坡1/4 000。

其中全挖方岩石段渠道底宽10.5 m,渠深6.1 m,边坡1∶0.5。采用C20F300W6现浇混凝土板人工砌护,板厚20 cm。土渠段渠道底宽4.0 m,渠深6.1 m,边坡1∶2.0。采用C20F300W6衬砌机施工的现浇混凝土板衬砌,边坡板厚10 cm,底板厚12 cm。混凝土板下为聚乙烯土工膜(150 g/0.6 mm/150 g)的防渗层,膜上、下部各设一道砂浆垫层,厚20 mm。岩石段混凝土板块尺寸为:底板4.0 m×5.0 m,边坡4.0 m×3.4 m;土渠段混凝土板块尺寸为:底板3.5 m×3.76 m,边坡3.5 m×3.5 m。缝宽20 mm,缝内嵌隔缝板,表层采用厚30 mm聚氨酯砂浆勾缝。沿渠线水流方向每98.88 m设一道现浇混凝土隔墙,隔墙宽300 mm,深500 mm。

由于部分渠段为低液限黏土和黄土等冻胀土段,为防止冻胀破坏,采用砂砾石换填,换填厚度为0.6 m;对混凝土腐蚀性渠段的抗防腐采用高抗硫酸盐水泥。沿渠线方向设有横向排水沟,横向排水沟内设ϕ200UPVC管。渠道堤顶左侧设巡渠道路宽4.5 m,碎石路面,部分巡渠道路与伴行公路结合。

渠顶以上马道间土质开挖边坡1∶1.5,边坡上每10.0 m高差设一级马道,马道宽2.0 m。渠顶以上土质边坡高度大于5.0 m的,采用铺设预制混凝土网格梁加回填植被土处理。网格梁间距1.0 m,尺寸为1 000 mm×70 mm×140 mm(长×宽×高),均匀铺设,梁间回填植被土,厚100 mm。马道间网格梁最上、最下各设一道顶梁和底梁,顶梁和底梁尺寸均为1 500 mm×140 mm×250 mm(长×宽×高);沿渠线方向每21.35 m设一道分隔梁,分隔梁尺寸同底梁。

渠顶以上马道间岩质开挖边坡1:0.5,边坡上每10.0 m高差设一级马道,马道宽2.0 m。边坡采用锚喷支护,C25喷混凝土厚5 cm,系统锚杆采用直径$\phi22$的锚杆,长2.5 m,间排距2 m;对可能发生顺层滑动的岩体采用直径$\phi25$的锚杆,长4.0 m。

2 渠道工程施工

2.1 土石方开挖

本标段土石方明挖在全年进行,共分为两个工作区施工。两个作业区段渠道同时进行施工,各公路桥基础、倒虹吸、涵洞等基础开挖时连同其上下游侧各100 m长的渠道一起开挖;各公路桥基础土石方开挖时,在其一侧预留施工通道。

土石方开挖自上而下分层进行;软岩基础采用钻孔松动爆破施工;石方水平建基面在梯段开挖时预留1.0~1.5 m的垂直保护层,用手风钻造水平孔,采用水平光爆法一次爆破成型。局部欠挖采用风镐或人工修整成型。

按自上而下的顺序分层进行开挖,用1.6 m^3挖掘机、3 m^3装载机挖装,20~25 t自卸汽车运输,有用料就近直接运到填筑点,超出部分有用料运至临时堆料场,料场安排推土机集料。

边坡修整采用1 m^3挖掘机在下部进行,每开挖下降一挖掘层即进行边坡修整。局部的不平整处由人工用风镐、铁锹、十字镐进行修整。

2.2 土石方填筑

工程开工,立即着手进行沿线地形测量和断面测量,按总进度计划分区、分段计算开挖和填筑工程量,进行详细的土方平衡规划,在土方施工过程中,严格按土方平衡规划,进行土方的调运。

填筑施工分段作业面的长度不小于100 m,基础经验收合格后,即可开始填筑施工;用25 t自卸汽车运料至施工部位卸料,推土机平整,填筑层厚30~50 cm;靠近混凝土建筑物1 m范围内,采用人工辅助摊铺,压实层厚20~30 cm。

土料采用进占法卸料,施工时要注意控制填料中土块粒径不大于15 cm。砂砾料采用后退法卸料,砂砾料或砾质土发生颗粒分离时,将其掺和均匀。砂砾料压实前根据试验结果均匀洒水,并力求达到最佳含水率。卸料时将填筑料按要求填至规定部位,严禁将砂砾料或其他透水料与黏性土混杂,并设专人清除土料中的杂质。

填土先从基础面低洼处开始,用蛙式打夯机或振动平板夯夯实。当填土厚度满足一碾压层后,用16 t振动碾碾压。靠近虹吸管侧壁及顶板约1 m范围采用蛙式打夯机夯实。虹吸管两侧同步对称下料、对称填筑,保证倒虹吸管受力均衡。

各公路桥及暗渠进、出口等建筑物部位的填筑施工与混凝土浇筑施工流水作业,自下而上分层进行。

2.3 混凝土施工

2.3.1 聚乙烯土工膜(150 g/0.6 mm/150 g)

(1)土工膜场外下料及粘接。

土工膜按坡面分块进行铺设。根据开挖方法、设计断面、规范规定的搭接尺寸及一个分块的长度来确定土工膜的下料尺寸;将剪裁好的土工膜平铺,按规范要求搭接,再采用胶水粘接成一个循环所需要的土工膜;对粘接好的土工膜进行抽样检查,合格后将一个循环的土工膜卷成筒状待用。

(2)土工膜的铺设。

铺设土工膜在铺设台架上进行。铺设台架采用结构简单的临时支架。操作程序如下:

①将土工膜铺设台架移至作业地段就位;

②将一个循环长度卷成筒状的土工膜置于支架中央,卷筒穿钢管作轴;

③人工均匀地下拉,使土工膜尽量紧贴坡面;

④相邻循环土工膜之间的搭接缝,采用15 cm宽的三合板置于坡面与前一组土工膜端头作为粘接平面,边粘边沿环向移动三合板,粘接完成后撤出三合板。

(3)施工要点及注意事项。

①土工膜铺设前,人工修整坡面使坡表面平顺,有局部渗水处,应进行处理。

②土工膜铺设的搭接宽度为10 cm,粘接宽不小于2 cm,漏粘、假粘处应补粘,若有破穿处,应用同样的土工膜粘贴覆盖或按监理工程师指示进行施工。

③在整体衬砌灌注混凝土前,检查板面和底层密贴情况,搭接、粘缝质量,填写质量检查记录,经监理工程师批准后方可继续施工。

2.3.2 混凝土施工

岩石边坡渠道底宽10.5 m,渠深6.1 m,边坡1:0.5;土质边坡渠道底宽4.0 m,渠深6.1 m,边坡1:2.0;岩石渠道混凝土底板厚30 cm,边坡厚20 cm,混凝土尺寸为:底板4.0 m×5.0 m、边坡4.0 m×3.4 m;土质渠道混凝土板块尺寸为:底板3.5 m×3.76 m,边坡3.5 m×3.5 m,缝宽20 mm,缝内嵌隔缝板,表层采用厚30 mm聚氨酯砂浆勾缝,底板衬砌厚12 cm,边坡厚10 cm。

土质边坡渠道混凝土衬砌施工前,先按要求铺设2 cm厚砂浆、聚乙烯土工膜(150 g/0.6 mm/150 g)、2 cm厚砂浆,再按设计通缝的情况分块立模浇筑,渠道衬砌采用先左右渠坡再底板的顺序,其中底板采用组合钢模板作为挡头模,振动梁滑模施工,用混凝土泵泵送入仓或溜槽入仓,分块浇筑;边坡采用CQJ-Ⅲ型滑模自振式渠道衬砌机施工,用布料机入仓。半缝采用切割机按设计要求进行切缝施工,并按设计进行填缝施工;渠道衬砌混凝土水平运输均采用6 m^3 混凝土罐车,垂直运输采用布料机。

渠道预制构件和渠坡防护工程的框格及20 t以下的构件均在混凝土预制厂提前按设计进行预制,施工时采用40 t汽车吊装载重汽车或平板车运到现场后,人工辅助汽车吊装就位。

渠坡防护工程的渠坡框格和排水沟等,按设计要求和施工需要在混凝土预制厂预制,达到设计强度后用载重汽车运到现场,采用人工进行安装。

人行道、下渠台阶等混凝土按设计要求分块,采用组合模板,人工进驻现场入仓浇筑。

3 施工进度计划

此渠道工程的主要施工内容包括开挖、填筑和混凝土衬砌等,主要施工进度计划见表2-14。

表2-14 渠道施工进度计划表

作业代码	作业说明	最早开工（年-月-日）	最早完工（年-月-日）	原定工期（d）
1	渠道开挖及填筑			
（1）	渠道开挖(15+000 m~21+475.767 m)	2010-04-16	2011-07-31	464
（2）	渠道开挖(22+882.269 m~31+011 m)	2010-04-16	2011-07-31	464
（3）	湿陷性黄土处理(15+000 m~21+475.767 m)	2010-07-15	2011-06-30	231
（4）	湿陷性黄土处理(22+882.269 m~31+011 m)	2010-07-15	2011-06-30	231
（5）	土石方筑堤(15+000 m~21+475.767 m)	2010-06-15	2011-10-20	340
（6）	土石方筑堤(22+882.269 m~31+011 m)	2010-06-15	2011-10-20	340
2	渠道混凝土及相关工程			
（1）	渠道混凝土衬砌(15+000 m~21+475.767 m)	2011-04-01	2012-05-31	306
（2）	渠道混凝土衬砌(22+882.269 m~31+011 m)	2011-04-01	2012-06-15	321
3	渠道其他工程			
（1）	边坡支护工程施工	2010-08-17	2011-08-14	243
（2）	排水工程施工	2011-08-15	2012-06-28	198
（3）	防洪工程施工	2010-05-07	2011-07-31	331
（4）	巡渠道路工程施工	2011-09-14	2012-06-28	168

项目3 梁式渡槽设计与施工

任务1 认识渡槽

子任务1 渡槽的作用与组成

渡槽是输送水流，跨越渠道、河流、道路、山冲、谷口等的架空输水建筑物。当挖方渠道与冲沟相交时，为避免山洪及泥沙入渠，还可在渠道上面修建排洪渡槽，用来排泄冲沟来水及泥沙。

渡槽由槽身、支承结构、基础及进出口建筑物等部分组成。槽身置于支承结构上，槽身重及槽中水重通过支承结构传给基础，再传至地基。

渡槽一般适用于渠道跨越深宽河谷且洪水流量较大、渠道跨越广阔滩地或洼地等情况。它比倒虹吸管水头损失小，便利通航，管理运用方便，是交叉建筑物中采用最多的一种型式。

子任务2 渡槽的类型

渡槽的类型，一般是指输水槽身及其支承结构的类型。槽身及支承结构的类型各式各样，所用材料又有不同，施工方法也各异，因而分类方式就甚多。

按施工方法分，有现浇整体式、预制装配式及预应力渡槽等。按所用材料分，有木渡槽、砖石渡槽、混凝土及钢筋混凝土渡槽等。按槽身断面型式分，有矩形槽、U形槽、梯形槽、椭圆形槽以及圆管形槽等，渡槽工程中常用的是前两种。按支承结构型式分，则有梁式、拱式（见图3-1）、桁架式、组合式（见图3-2）以及悬吊或斜拉式等，其中最为常用的是梁式渡槽和拱式渡槽，如图3-3所示。

图3-1 某拱式渡槽

图 3-2　某组合式渡槽

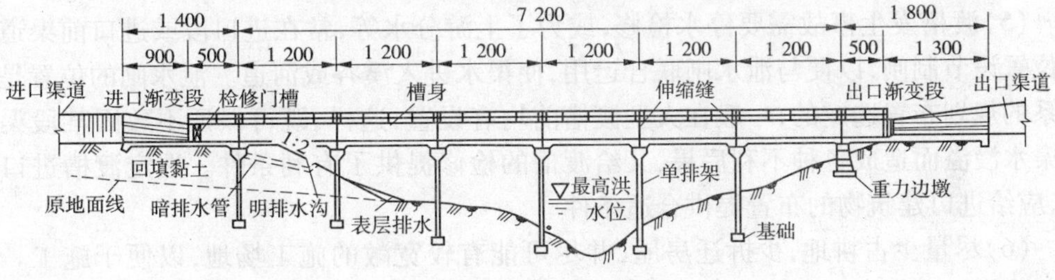

(a)梁式渡槽

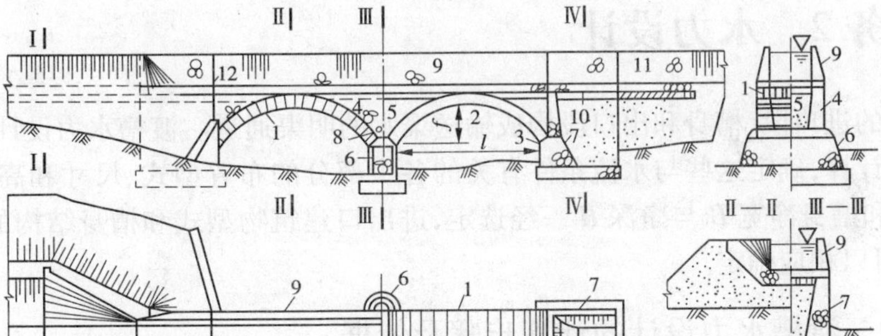

(b)石拱渡槽

1—拱圈；2—拱顶；3—拱脚；4—边墙；5—拱上填料；6—槽墩；7—槽台；
8—排水管；9—槽身；10—垫层；11—渐变段；12—伸缩缝道

图 3-3　梁式渡槽及拱式渡槽　（单位：cm）

子任务 3　渡槽的总体布置

渡槽的总体布置，一般应考虑以下几方面因素：

（1）槽址应尽量选在地质良好、地形有利和便于施工的地方，且有利于缩短渠线而又能尽量缩短槽身长度，减小基础工程量和降低槽墩及槽架的高度，进出口争取落在挖方渠道上。

(2)进出口不能落在挖方渠道上时,也可落在填方渠道上。根据经验,如取土方便,所压地面不宜于耕种;填方高度(从渠顶算起)在6~8 m时可考虑作填方渠道。但此数值仅作参考,实际工程中应结合建筑材料供应条件、当地劳动力及压废耕地情况综合考虑。

(3)跨越河流的渡槽,槽址应位于河床稳定、水流顺直的河段,避免位于河流转弯处,以免凹岸及基础受冲。渡槽轴线应尽量与水流方向正交,两端为填方渠道时,填方不能过长,以免过于束窄河床而造成壅水,使河岸下河床受到较大冲刷。对于可能冲刷的岸坡,应根据情况设置块石护坡,过陡而又不稳定的岸坡则应削除,对于通航河道,尚应满足通航流速及净空要求。

(4)渡槽进出口渠道与槽身的连接,在平面布置上应争取成一直线,不可急剧转弯。进口段急转弯,易使水流不均匀而偏离一侧,从而影响渡槽的进流条件。出口段急转弯,则易形成偏流而造成下游渠水摆动引起冲刷,对于大流量下纵坡陡的渡槽更应注意这一问题。

(5)渡槽发生事故需要停水检修,或为了上游分水等,常在进口段或进口前渠道的适宜位置设节制闸,以便与泄水闸联合运用,使渠水进入溪谷或河道。泄水闸的位置是根据渠系的规划布置选定的,一般在大型渡槽前均有设置,这样,既可保证不致因某段渠道发生渠水漫溢而造成各种不利后果,又给渡槽的检修提供了有利条件。选定渡槽进口位置时,应给进口建筑物的布置提供合适条件。

(6)尽量少占耕地,少拆迁房屋,并尽可能有较宽敞的施工场地,以便于施工。争取靠近建筑材料来源地,以便就地取材。

任务2　水力设计

渡槽的进口段、槽身和出口段构成输送渠水的明渠通道。渡槽水力设计的目的,就是通过水力计算,确定这些与水流条件有关的各个部分的布置型式、尺寸和高程。其中,槽底纵坡 i 和槽身净宽 B 与净深 H 一经选定,进出口建筑物型式和槽身结构的纵横剖面布置,也就可以相应确定。

子任务1　渡槽水力设计的计算步骤及依据

渡槽水力设计的计算步骤一般为:按通过最大流量 Q_m 来拟定槽身的纵坡 i、净宽 B 和净深 H,然后按通过设计流量 Q 计算水流通过渡槽的总水头损失值 ΔZ,如 ΔZ 等于规划给定的允许水头损失,则可最后确定 i、B 和 H 值,进而确定有关高程。

渡槽的水力设计是在槽址中心线及槽身起止点位置选择的基础上进行的,所以上下游渠道的断面尺寸,通过各级流量时的水深以及渠底高程和允许水头损失均为已知。另外,在选择渡槽轴线及槽身起止点位置时,已初步考虑了进出口建筑物及槽跨结构的型式和布置,水力设计时,应首先定出进出口渐变段和连接段的布置型式和长度。拟定槽身净宽 B 和净深 H 时应考虑槽身及槽跨结构的型式(因结构型式不同,对高宽比 H/B 的要求不同)。合理的高宽比一般应通过方案比较确定,初拟尺寸一般可取经验值:H/B 一般为0.6~1.0,其中矩形断面多用0.6~0.8,U形断面多用0.7~0.8。但当流量大或有通航要求需加大槽宽时,可不受上述经验值限制。对于跨径较大的小流量渡槽,高宽比可取

1~2,以减小槽身纵向应力。以上这些是水力设计的前提条件、依据和要求。

子任务2　槽身过水断面设计

槽身过水断面尺寸一般根据渡槽最大流量 Q_m 按水力计算确定。当槽长 l 与槽内水深 h 之比 $l/h \geqslant 15$ 时按明渠均匀流计算,否则按淹没堰流情况计算,即:

明渠均匀流时

$$Q = AC\sqrt{Ri} \tag{3-1}$$

式中　Q——槽身过流能力,m^3/s;

A——槽身过水断面面积,m^3;

R——水力半径,m;

C——谢才系数,可用曼宁公式 $C=(1/n)R^{1/6}$ 计算,其中 n 为糙率,对于混凝土及钢筋混凝土槽身可取 $n=0.013\sim0.014$,对于浆砌石槽身 $n\geqslant0.017$,根据具体情况而定;

i——槽底纵坡。

淹没堰流时

$$Q = m\varepsilon\sigma_s b\sqrt{2g}H_0^{3/2} \tag{3-2}$$

式中　m、ε、σ_s——宽顶堰流量系数、侧收缩系数、淹没系数;

H_0——堰顶总水头,m;

b——槽身宽度,m;

g——重力加速度,9.8 m/s^2。

子任务3　槽底纵坡 i 设计

确定槽底纵坡 i 时,应考虑渡槽过流能力、水头损失、冲刷、通航及工程造价等因素,一般要求在满足渠系规划的水头损失前提下尽量陡些,以提高过流能力,节省造价。通常也要求比上下游渠道的底坡稍陡些,以免槽内泥沙淤积。但槽底纵坡大,槽内流速大,水头损失也大,且易对出口渠道产生冲刷及不利通航。初拟时一般取 i 为 1/500~1/1 500,槽内流速一般控制为 1~2 m/s,最大不超过 4 m/s,有通航要求时,不超过 1.5 m/s。

子任务4　总水头损失 ΔZ 及其验算

水流经过渡槽时,由于能量转化和克服阻力而产生水头损失,其值由以下几部分组成,如图3-4所示。

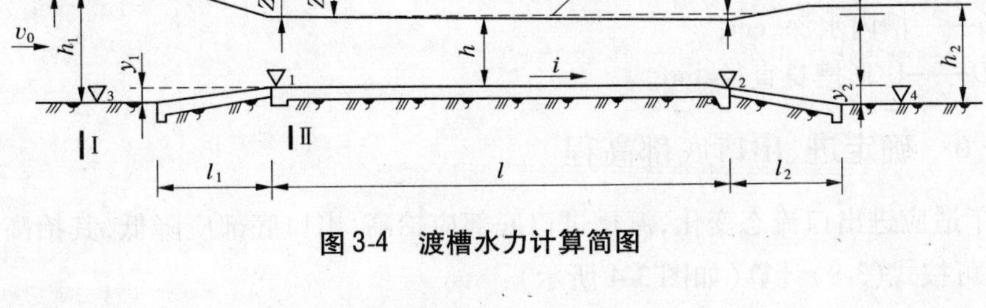

图3-4　渡槽水力计算简图

(1)进口水头损失 Z。水流经过进口段时，由于过水断面减小，流速增大，而使一部分势能转化为动能，同时因水流收缩而产生水头损失，由此水流在进口段产生水面跌落 Z，其值可由以下公式之一计算：

槽内为明流时
$$Z = (1+\xi)\frac{v^2 - v_0^2}{2g} \tag{3-3}$$

槽内为堰流时
$$Z = \frac{Q^2}{(\varepsilon\varphi\omega\sqrt{2g})^2} - \frac{v_0^2}{2g} \tag{3-4}$$

式中 Q、v_0、v——渡槽设计流量，m^3/s，以及相应的上游渠道断面平均流速和槽内断面平均流速，m/s；

ξ——进口局部水头损失系数，ξ 值与进口渐变段形式有关，采用扭曲面时取 0.1，采用八字翼墙与大圆弧翼墙时取 0.2，采用一字翼墙时取 0.4；

ε、φ——进口水流侧收缩系数和流速系数，分别可取 0.9～0.95；

ω——槽身过水断面面积，m^2。

(2)槽内水面坡降 Z_1。在槽内，水流因槽底比降而产生沿程水头损失，其值为$Z_1 = il$，其中 i 为槽底纵坡，l 为槽身长度。

(3)出口水面回升 Z_2。在水流出口处，因断面增大、流速降低，水面产生回升，同时水流因扩散产生局部水头损失，使出口水面回升值小于进口水面跌落值。综合二者，一般取 Z_2 为进口水面跌落值的 1/3，即：

$$Z_2 \approx Z/3$$

综上所述，水流经过渡槽时总水头损失 ΔZ 为

$$\Delta Z = Z + Z_1 - Z_2 \tag{3-5}$$

按运用要求，渡槽进出口总水头损失 ΔZ 应等于或接近于由渠系规划给定的水头损失值[ΔZ]，即 $\Delta Z \approx [\Delta Z]$，不满足要求时，应另设槽底纵坡及槽身断面尺寸，并重新计算 ΔZ 值，直至满足要求。

子任务5　确定槽顶超高 Δh

为保证渡槽有足够的过水能力，常要求通过设计流量时槽壁具有一定的富裕高度 Δh，其值可按下列经验公式计算：

矩形断面
$$\Delta h = \frac{h}{12} + 5 \tag{3-6}$$

U 形断面
$$\Delta h = \frac{D}{12} \tag{3-7}$$

式中 h——槽内水深，cm；

D——U 形槽身直径，cm。

子任务6　确定进、出口底部高程

为了适应进出口流态变化，渡槽进口底部应抬高，出口底部应降低，其抬高值 y_1 与降低值 y_2 可按式(3-8)计算(如图 3-4 所示)：

$$\left.\begin{aligned} y_1 &= h_1 - Z - h \\ y_2 &= h_2 - Z_2 - h \end{aligned}\right\} \tag{3-8}$$

因此，渡槽进、出口底部高程∇_1、∇_2及出口渠底高程∇_4为：

$$\left.\begin{aligned} \nabla_1 &= \nabla_3 + y_1 \\ \nabla_2 &= \nabla_1 - Z_1 \\ \nabla_4 &= \nabla_2 - y_2 \end{aligned}\right\} \tag{3-9}$$

在进行渡槽的水力设计时，如果最后确定的ΔZ值等于或略小于规划给出的允许水头损失值，则不必计算出渠底高程∇_4。

任务3　槽身结构设计

子任务1　槽身纵向支承设计

槽身纵向支承形式有简支式、双悬臂式、单悬臂式及连续梁式几种。

1　简支式

简支式是将一节槽身两端置于槽墩或槽架上，如图3-5(a)所示。其优点是分缝止水在支承墩(架)处，构造简单且工作可靠，但跨中弯矩大，且为底板受拉，对防渗、抗裂不利。其内力图如图3-6(a)所示。跨度不能太大，对于矩形断面槽身，跨度一般为8～15 m；做成窄深的肋板式箱形槽身时，跨度可达25 m；对于U形断面槽身，跨度一般为15～20 m。简支式渡槽的经济跨度为槽墩(架)高度的0.8～1.2倍。

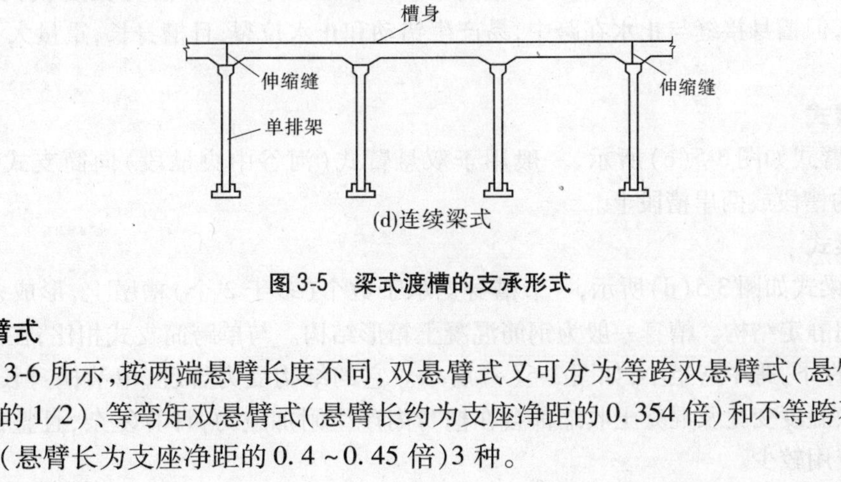

图3-5　梁式渡槽的支承形式

2　双悬臂式

如图3-6所示，按两端悬臂长度不同，双悬臂式又可分为等跨双悬臂式(悬臂长约为支座净距的1/2)、等弯矩双悬臂式(悬臂长约为支座净距的0.354倍)和不等跨不等弯矩双悬臂式(悬臂长为支座净距的0.4～0.45倍)3种。

等跨双悬臂式槽身跨中弯矩为零，支座处反弯矩最大，如图 3-6(b)所示。全节槽身底部受压，顶部受拉，对防渗、抗裂有利，且往往只需顶部配受拉钢筋，施工简单，应用较多。等弯矩双悬臂式槽身在支座处的最大负弯矩与跨中最大弯矩相等，如图 3-6(c)所示。其受力合理，但一般顶、底部均需配筋，施工复杂，且配筋量常大于等跨双悬臂式，应用不多。不等跨不等弯矩双悬臂式槽身的跨中弯矩小，对强度和抗裂易满足要求，支座处负弯矩较大，但小于等跨双悬臂式，如图 3-6(d)所示。其对槽底及支座处槽身抗裂均有利，但计算较复杂，施工不便，应用不多。

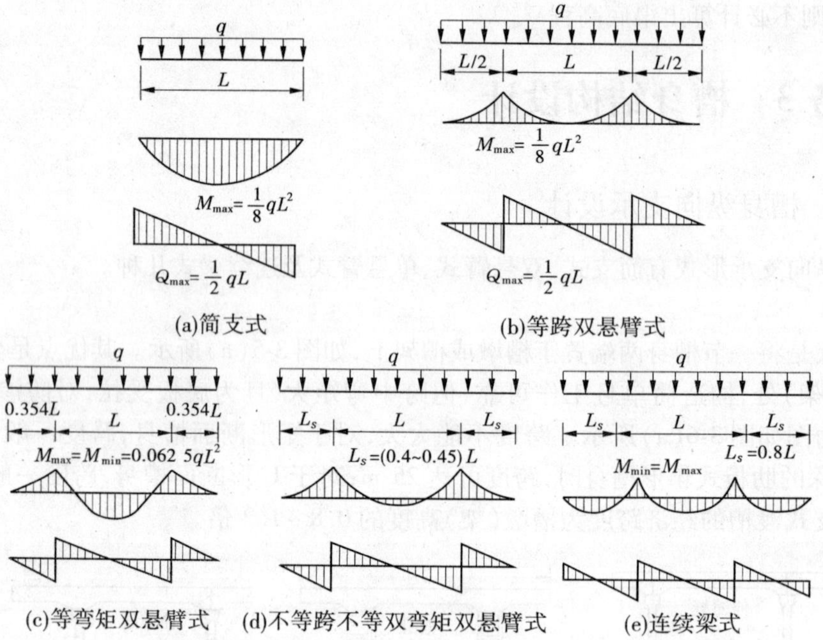

图 3-6　槽身各式支承的内力图

与简支式相比，双悬臂式支承的槽身、跨中弯矩较小，单节槽身长度较大，一般为 25 ~ 40 m，但槽身接缝与止水在跨中，易产生错动和止水拉裂，且槽身长，重量大，预制、吊装不便。

3　单悬臂式

单悬臂式如图 3-5(c)所示，一般用于双悬臂式(河谷中央槽段)向简支式(边跨槽段)过渡的槽段或两岸槽段上。

4　连续梁式

连续梁式如图 3-5(d)所示，一节槽身支承于数个(多于 2 个)槽墩上，形成多跨连续梁，属于超静定结构。槽身一般为钢筋混凝土箱形结构。与单跨简支式相比，在同样跨度与荷载条件下，跨中弯矩小，如图 3-6(e)所示。它的结构受力合理，单节槽身长度大，但支座位移、温度变化及混凝土收缩都会在槽身内产生附加应力，计算复杂，且整体施工吊装不便，应用较少。

子任务2　槽身横断面设计

槽身断面形式常用的有矩形和U形。

1　矩形断面

矩形断面常用以下几种形式：

(1)无横拉杆的悬臂侧墙式，如图3-7所示。侧墙在纵向作为梁，在横向作为固结于底板上的悬臂板计算。侧墙顶部厚度常不小于8 cm，底部厚度按纵、横向结构计算确定，一般不小于15 cm。底板厚按结构计算确定。侧墙顶部外伸短悬臂，可作为人行道板(宽0.7～1.0 m，厚6～10 cm)连接两岸。如图3-7(a)所示断面适用于有通航要求的中、小型渡槽。当通过流量较大或为满足通航要求槽宽较大时，可在底板下设数根纵梁，则成为多纵梁式，如图3-7(b)所示，以增加底板刚度或减小底板厚度。

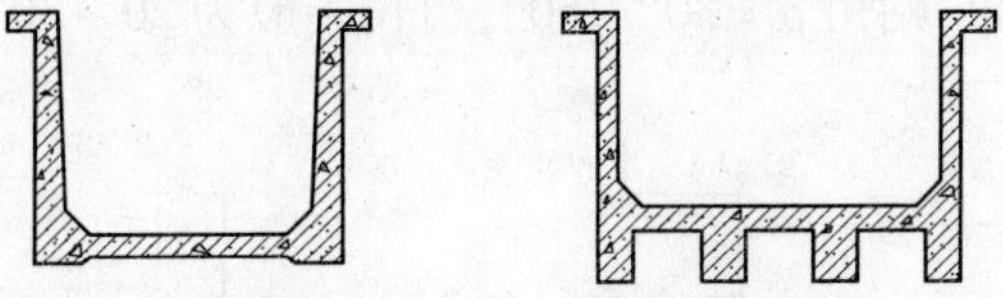

(a)无横拉杆悬臂侧墙式　　(b)多纵梁式

图3-7　悬臂侧墙式矩形槽

中、小流量渡槽有通航要求时，也可采用肋板式槽身，即在槽身两侧及底板上加设横肋，如图3-8所示。肋的间距应能使侧墙与底板成为双向受力板(长短边之比不大于1.5)，常取为墙高的0.7～1.0倍。侧墙顶部和底部局部加厚，使其厚度大于2倍板厚，刚度不小于5倍板的刚度，形成纵向的顶梁和底梁。肋宽一般为2～2.5倍侧墙厚度。

t—侧墙厚度；b—肋厚

图3-8　肋板式矩形槽

(2)横拉杆式。对于无通航要求的中、小型渡槽，为了改善侧墙受力，常在侧墙顶设横拉杆，如图3-9(a)所示。

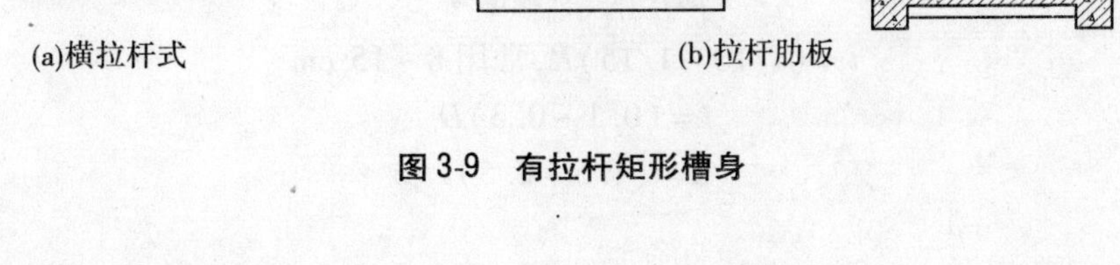

(a)横拉杆式　　(b)拉杆肋板

图3-9　有拉杆矩形槽身

一般拉杆间距为1.5～2.5 m,拉杆断面为0.2 m×0.2 m。拉杆顶上可铺板作人行道,侧墙常做成等厚。厚度一般为墙高的1/12～1/16,多用10～20 cm。当通过流量较大时,也可采用有拉杆的肋板式结构,如图3-9(b)所示。

(3)箱式。为了提高槽身的纵向承载力和整体刚度,槽身可采用封闭箱形结构,如图3-10所示。箱体顶部可用作交通。箱形槽身适用于地基良好的连续梁式支承,也可用于简支式渡槽。

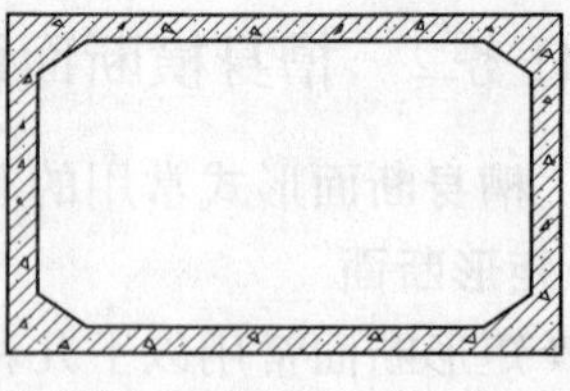

图3-10 箱形槽身

矩形断面槽身,侧墙与底板连接有两种型式,如图3-11所示。其中图3-11(a)适用于槽身纵向为双悬臂支承时,侧墙顶部受拉,底板在受压区,结构简单。图3-11(b)适用于槽身为简支时,侧墙底面低于底板底面,两者共同承担底部拉应力。为改善应力分布,侧墙与底板连接处常设贴角,贴角$\alpha=30°\sim60°$,边长一般为20～30 cm。

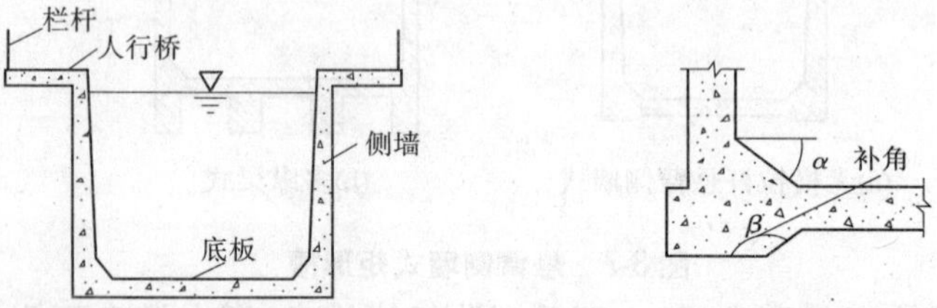

图3-11 侧墙与底板连接型式

矩形断面槽身多用于大、中、小流量的钢筋混凝土或预应力钢筋混凝土渡槽。

2 U形断面

U形断面槽身一般用于中、小流量的钢筋混凝土渡槽、预应力钢筋混凝土渡槽(跨度较大时)或钢丝网水泥槽身(小型工程)的渡槽。其水力条件好,纵向刚度大,横向内力较小,但结构复杂,计算、施工麻烦。

U形槽身断面由下部的半圆形和上部的直线段组成,常用的也有设与不设横拉杆式和肋板式几种。初拟断面尺寸时可参考以下数据,如图3-12所示:

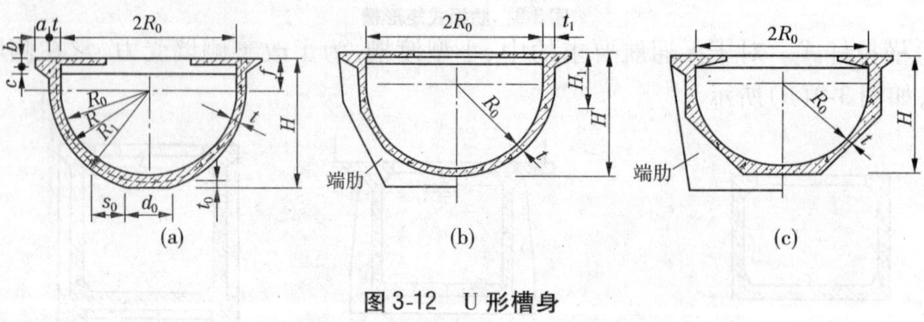

图3-12 U形槽身

槽壁厚度 $t=(1/10\sim1/15)R$,常用8～15 cm

直线段高 $f=(0.1\sim0.3)D$

顶梁尺寸 $a=(1.5\sim2.5)t$

$$c = b = (1 \sim 2)t$$

为满足槽身横向刚度，一般要求 $H/t \leqslant 20$ 且 $H/D < 1$。其中 $D = 2R_0$。

为增加槽身纵向刚度及有利于槽底抗裂，可将槽底弧段加厚，如图 3-12(a) 所示，其中：

$$t_0 = (1 \sim 1.5)t$$

$$d_0 = (0.5 \sim 0.6)R_0$$

$$s_0 = (0.35 \sim 0.4)R_0$$

为施工方便，可将槽壁外侧上部做成直线段或将槽壁外轮廓全部做成折线形，如图 3-12(b)、(c) 所示。槽壁外侧上部直线段尺寸为：

$$H_1 = (0.4 \sim 0.5)H$$

$$t_1 = (1 \sim 2)t$$

U 形槽身顶部设横拉杆时，间距一般为 1 ~ 2 m。为改善槽身纵向受力并便于安装，槽身的支承部位应设端肋，端肋外轮廓可为直线或折线形，如图 3-12(b)、(c) 所示。

钢丝网水泥 U 形槽壁厚一般为 2 ~ 3 cm，施工时先在纵横向用 1 ~ 2 层 $\phi 3 \sim \phi 6$ mm 的细钢筋做成槽身形状，再铺 2 ~ 4 层钢丝网并抹以水泥砂浆养护而成。其弹性好，抗拉强度高，但刚度小，抗冻性、耐久性较差，一般用于小型渡槽。

子任务 3　荷载计算

作用在渡槽上的荷载分为基本荷载和特殊荷载。

基本荷载包括：①结构自重；②槽内水重及水压力；③支承结构如槽墩、槽台、槽架上的土重、静土压力和动土压力、动水压力（由实地调查而定）；④槽顶交通道板上的人群荷载等；⑤风压力。

特殊荷载包括：①地震力（中小型渡槽一般不计）；②漂浮物对墩台的撞击力（其量值为 $VG/(Tg)$，V 为流速；G 为漂浮物重量；g 为重力加速度；T 为撞击时间；可取 $T \approx 1$ s）；③温度荷载及混凝土收缩引起的力；④施工、运输等引起的静、动荷载等。

1　风压力

作用于渡槽槽身、槽架、槽墩表面的风压力 W(N/m) 可按式(3-10)计算：

$$W = KK_zW_0 \tag{3-10}$$

$$W_0 = \frac{\gamma}{2g}V^2 \tag{3-11}$$

式中　V——在空旷、平坦地区，距地面 10 m 高度处，30 年一遇的 10 min 平均最大风速，m/s；

γ、$\frac{\gamma}{2g}$——空气重度，N/m³，以及风压系数，在气温 15 ℃时，$\gamma = 12$ N/m³，简化后 $\frac{\gamma}{2g} = \frac{1}{1.63}$，对我国内陆一般地区，可取 1/1.6，东南沿海地区取 1/1.75，海拔 5 000 m 以下地区取 1/1.6，海拔 3 500 m 以上的高原或高山地区取 1/2.6；

W_0——基本风压，N/m²，当有风速可靠资料时，W_0 可按式(3-11)计算，此外，对于与大风方向一致的谷口或山口地区还应乘以 1.2 ~ 1.4 的调整系数(当无风速资料时,W_0 可按《全国基本风压分布网》内插查出,并应进行实地调查核实,但取值不得小于 250 N/m^2);

K——风载体型系数,与建筑物体型、尺寸有关(对矩形槽身,满水时 $K=1.3$;空槽时 $K=1.3(1+\eta)$,对 U 形槽身,满水时 $K=1.1\sim1.2$;空槽时 $K=(1.1\sim1.2)(1+\eta)$,其中,当槽身高宽比 $H/B=0.5$ 时 $\eta=0.3$,$H/B\geqslant1.0$ 时 $\eta=0.15$,对于排架及肋拱结构,$K=1.3$),当两根肢柱间距较大时,因彼此无挡风作用,均应计入风压力;

K_Z——风压高度变化系数,可按表 3-1 选用。

表 3-1 K_Z 值

离地面高度(m)	≤2	5	10	15	20	30	40	50	60	70	80	90
K_Z	0.52	0.78	1.00	1.15	1.25	1.41	1.54	1.63	1.71	1.78	1.84	1.90

2　**温度荷载**

对于拱式渡槽的主拱圈,当为超静定拱时,需计入温度荷载,其数值可根据当地最高和最低月平均气温 T_1、T_2 与封拱温度 T_0 之差来确定,即

温升荷载:
$$\Delta T_{升}=T_1-T_0$$

温降荷载:
$$\Delta T_{降}=T_2-T_0$$

一般取封拱温度为 5 ~ 15 ℃。

3　**混凝土收缩荷载**

对于拱式渡槽中的超静定主拱圈,由于混凝土冷却收缩在拱圈内引起附加应力,故需考虑其影响。混凝土收缩荷载一般按温降考虑,对装配式混凝土拱按温降 5 ~ 10 ℃计;分段浇筑的混凝土拱或钢筋混凝土拱按 10 ~ 15 ℃计;整体现浇的钢筋混凝土拱按 15 ~ 20 ℃计;整体现浇的混凝土拱,一般地区按 20 ℃计,干燥地区按 30 ℃计。

当计算由温度变化和混凝土收缩引起的超静定拱圈应力时,还应根据实测资料,计入混凝土徐变影响。当无实测资料时,可对应力计算值乘以徐变影响系数近似考虑,即温度应力乘以 0.7,混凝土收缩应力乘以 0.45。

4　**人群荷载**

槽顶设人行道板时,人群荷载一般按 2.5 ~ 3.0 kN/m^2 计算。

子任务 4　槽身结构计算

槽身结构计算包括纵、横向内力计算,配筋计算及抗裂或裂缝开展宽度验算。这里主要讨论内力计算方法。

矩形和 U 形槽身的内力计算,工程中常近似将其简化为纵向和横向两个平面问题进行。

1　**矩形断面槽身的结构计算**

(1)纵向结构计算时,常将矩形断面假想从对称中线处切开,并沿侧墙外缘合并,从

而简化为⊥形、工字形或十形断面梁，按其承受均布荷载（槽身自重＋满槽水重＋人群重等）作用，根据不同支承形式计算梁内力。

（2）横向结构计算，按槽身构造形式不同，有如下一些方法：

①无横拉杆的矩形槽，如图3-13所示。一般沿槽长方向取1 m槽段作为计算单元。计算单元两侧截面上的不平衡剪力ΔQ（$\Delta Q = Q_1 - Q_2$）维持其平衡，简化为支承。简化时一般忽略底板上的剪力，近似认为ΔQ全部由侧墙承担。按照横力弯曲理论，由ΔQ产生的剪应力τ沿侧墙厚度均匀分布，沿墙高抛物线分布，如图3-13（b）所示。由于侧墙直立且为等厚或接近等厚，侧墙上分布的剪应力τ可合成为一个通过侧墙厚度中线的合力，将该合力滑移至墙底视作链杆支承反力考虑。同时，侧墙与底板视为刚性连接，并取出计算单元的厚度中线，即可得到如图3-14（a）所示的计算简图。

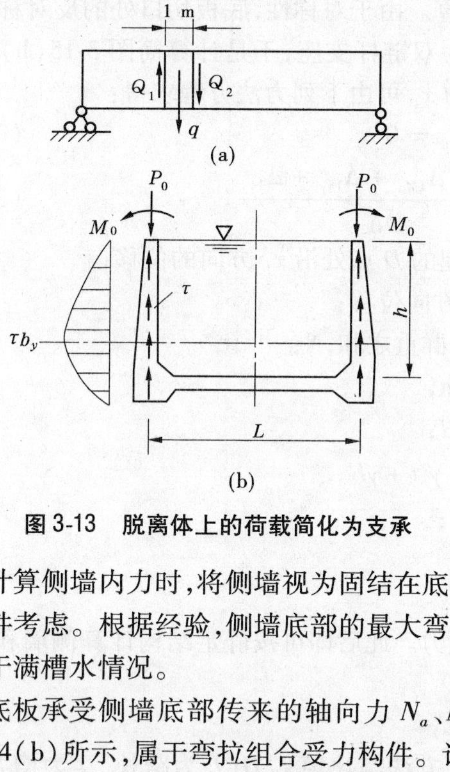

图3-13 脱离体上的荷载简化为支承

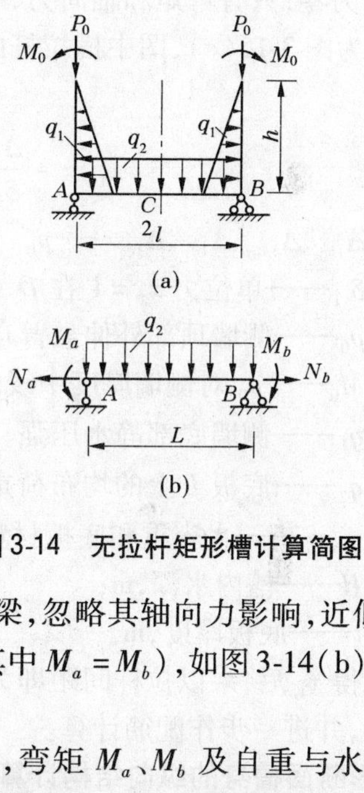

图3-14 无拉杆矩形槽计算简图

计算侧墙内力时，将侧墙视为固结在底板上的悬臂梁，忽略其轴向力影响，近似按受弯构件考虑。根据经验，侧墙底部的最大弯矩M_a、M_b（其中$M_a = M_b$），如图3-14（b）所示，发生于满槽水情况。

底板承受侧墙底部传来的轴向力N_a、N_b（$N_a = N_b$），弯矩M_a、M_b及自重与水重，如图3-14（b）所示，属于弯拉组合受力构件。计算表明，当槽内满水时，底板轴向拉力最大，此时跨中弯矩不是最大；而当槽内水深等于槽宽一半时，底板跨中弯矩最大，而板内轴向拉力较小。因此，应对上述两种情况，分别计算底板跨中内力，取其大者进行配筋。

②有横拉杆的矩形槽，如图3-15所示。首先需将拉杆均匀化。分析表明，侧墙上设横拉杆处与不设横拉杆处的横向位移相差不多，因此可近似认为拉杆均匀分布于侧墙上。这时，仍可沿槽长方向取1 m槽段，得到如图3-15（a）所示的计算单元。

拉杆与侧墙顶部的连接，施工时虽两者浇筑为一体，但因拉杆刚度远小于侧墙刚度，一般视为铰接。

据工程经验，设横拉杆时，侧墙底部和底板跨中弯矩的最大值均发生于槽内满水情况，因此计算时，槽内水重按水面与拉杆中心线齐平考虑。

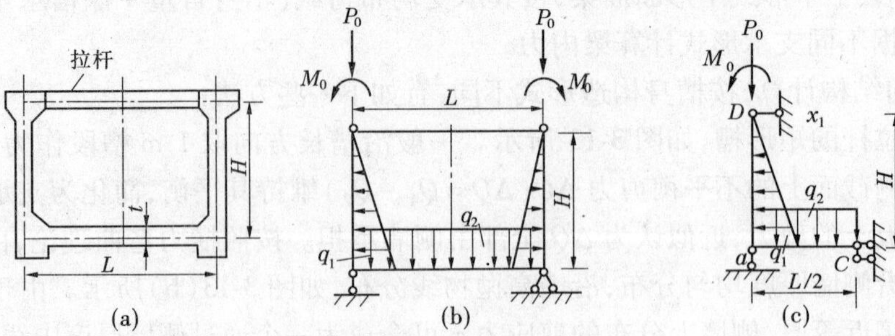

图3-15 有拉杆矩形槽计算简图

综上所述，可得到如图3-15(b)所示的计算简图。可见，此情况属于一次超静定结构，对之可沿断面对称中心线切取一半结构计算。由于对称性，底板切口处的反对称内力（剪力）为零，只有弯矩和轴向力，因此可简化为双链杆支座，于是计算简图3-15(b)进一步简化为图3-15(c)，图中横拉杆的超静定内力 x_1 可由下列力法方程求得：

$$\delta_{11}x_1 + \Delta_{1p} = 0 \tag{3-12}$$

或

$$x_1 = -\frac{\Delta_{1p}}{\delta_{11}} = -\frac{\Delta_{1p_0} + \Delta_{1M_0} + \Delta_{1q_1} + \Delta_{1q_2}}{\delta_{11}} \tag{3-13}$$

式中 Δ_{1p_0}、Δ_{1M_0}、Δ_{1q_1}、Δ_{1q_2}——p_0、M_0、q_1、q_2 引起的 D 点处沿 x_1 方向的位移；

δ_{11}——单位力 $x_1 = 1$ 在 D 点引起的 x_1 方向位移；

p_0——侧墙顶部外伸悬臂自重与其上人群重之和，N；

M_0——p_0 对侧墙厚度中线的力矩，N·m；

q_1——侧墙底部静水压强，N/m²，$q_1 = \gamma H$；

q_2——底板 L 上的均布荷重，N/m²，$q_2 = \gamma_h t + \gamma H$；

γ、γ_h——水容重和底板材料容重，N/m³；

H——槽内水深，m；

t——底板厚度，m。

求得 x_1 后，乘以拉杆间距即为拉杆实际拉力。此后即可按静定结构计算侧墙和底板的内力，并进一步作配筋计算。

2 U形断面槽身的纵向结构计算

U形断面槽属于薄壳结构，纵向内力计算方法与比值 L/D（L 为跨长，D 为槽宽）有关。不同跨径和 L/D 值的槽身宜用有限单元法计算。但水利工程中的U形渡槽，大多数的 $L/D > 3$，属于长壳结构，此时仍可按梁计算，即将其视为U形断面梁，承受由自重和满槽水重构成的均布荷载，按不同支承情况计算跨中及支座处最大内力。

U形槽身的纵向钢筋一般不按总拉力法计算，即考虑受拉区混凝土已开裂，不再能承担拉力，形心轴以下（或以上）的拉力全部由钢筋承担。

3 U形断面槽身的横向结构计算

有横拉杆时，将横拉杆均匀化后，计算单元仍为沿槽长取1 m槽段，所受荷载为槽内满水时的水压力和自重，断面上与不平衡剪力对应的剪应力 τ 仍然沿槽高呈抛物线分布，沿槽壁厚度均匀分布，但其方向是沿槽壳厚度中心线的切线方向。由于该力产生的槽身横向内力(弯矩和轴力)与水压力和自重产生的方向相反,抵消其作用,因而可使槽壁较薄。

任务4 支承结构设计

梁式渡槽的支承结构有墩、台式和排架式槽三种。

子任务1 槽墩和槽台设计

槽墩和槽台一般为重力式结构,前者用于中间槽跨,后者用于边跨与岸边连接。

1 槽墩

槽墩有实体式和空心式两种。实体槽墩如图3-16所示,一般用浆砌石或混凝土建造,常用高度为8~15 m,其构造简单,墩身强度和稳定性易满足要求,但自重大,用料多。当槽墩较高,所受竖向及水平荷载较大时,要求地基有较高的承载力;跨越河流时,实体的墩头常采用半圆形、流线形或三角形;墩顶长度应稍大于槽身宽度(每边裕度约20 cm),墩顶宽度 b 应满足槽身支承面所需宽度,常不小于0.8 m;墩顶常设置混凝土墩帽,厚0.3~0.4 m,四周向外伸出5~10 cm,墩帽设置构造钢筋并预埋支座部件;墩身四周常以20:1~30:1的坡比向下放大,以满足墩身强度和地基承载力要求,墩顶宽度 b 一般为墩高 H 的1/5~1/6。

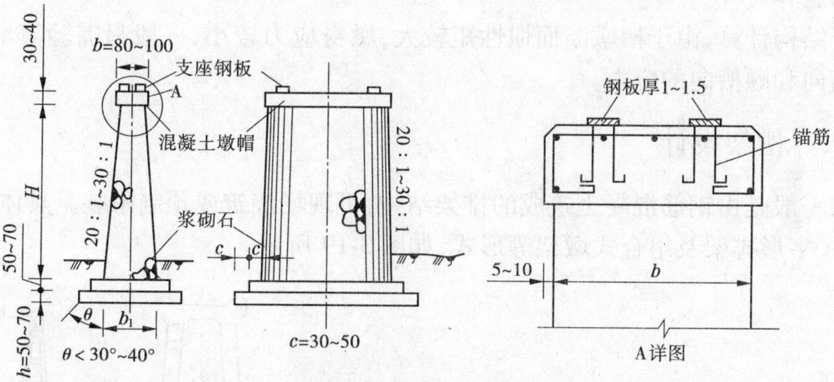

图3-16 实体槽墩 (单位:cm)

空心重力墩多为混凝土结构,如图3-17所示,其外形轮廓、尺寸与实体墩基本相同,横断面有矩形、圆矩形、双工字形、圆形几种。墩壁厚一般为15~30 cm,为加强墩整体性,沿竖向每隔2.5~4.0 m设1~2道水平横梁;墩顶、墩底处常设进人孔,以便施工与检修;墩身下部为混凝土现浇,上部为混凝土预制块砌筑,也可将墩身分段预制后现场吊装。当墩数多、墩身较高时,可采用升滑钢模施工方法整体现场浇筑。

2 槽台

槽台常采用挡土墙式实体重力墩,如图3-18所示。其作用是支承槽身和挡土;高度一般不大于5~6 m,挡土侧墙背坡度系数 m 一般为0.25~0.5;为减小墙背水压力,墙身中常设1~2排排水孔,孔径一般为5~8 cm,排水孔进口处设反滤层;槽台顶部构造与槽墩相同。

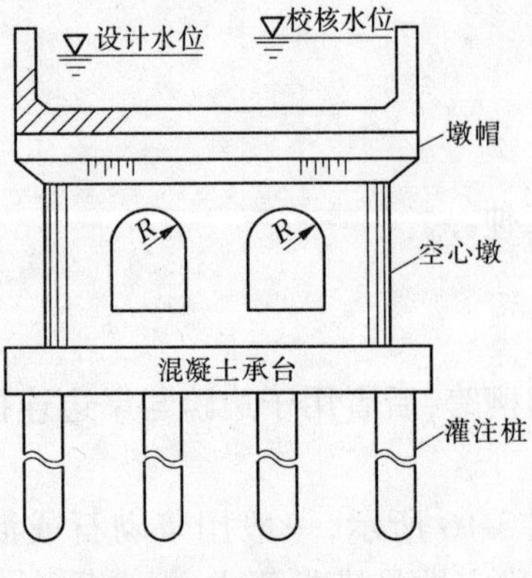

图 3-17 桩基式空心墩

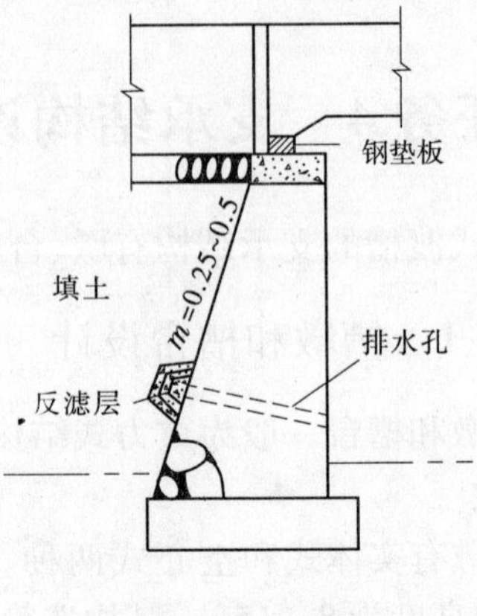

图 3-18 重力式槽台

3 墩台稳定及结构计算

槽墩与槽台一般应针对：①空槽 + 风载（必要时计入漂浮物掩击力）工况，验算横槽向抗滑、抗倾及地基应力（主要是地基应力不均匀系数）；②满槽水 + 风载及漂浮物撞击时，验算横槽向地基应力；③施工期一跨槽身已吊装完毕，另一跨槽身未吊装时，验算顺槽向地基应力。上述地基应力验算，一般按横槽、顺槽两个方向单独验算，不予叠加，按偏心受压结构验算。

至于结构计算，由于槽墩断面惯性矩较大，墩身应力较小，一般只需验算墩底及墩帽截面横槽向和顺槽向的应力。

子任务 2 槽架设计

槽架一般是由钢筋混凝土筑成的排架结构，可现场浇筑或预制吊装。具体有单排架、双排架、A 字形排架及组合式墩架等形式，如图 3-19 所示。

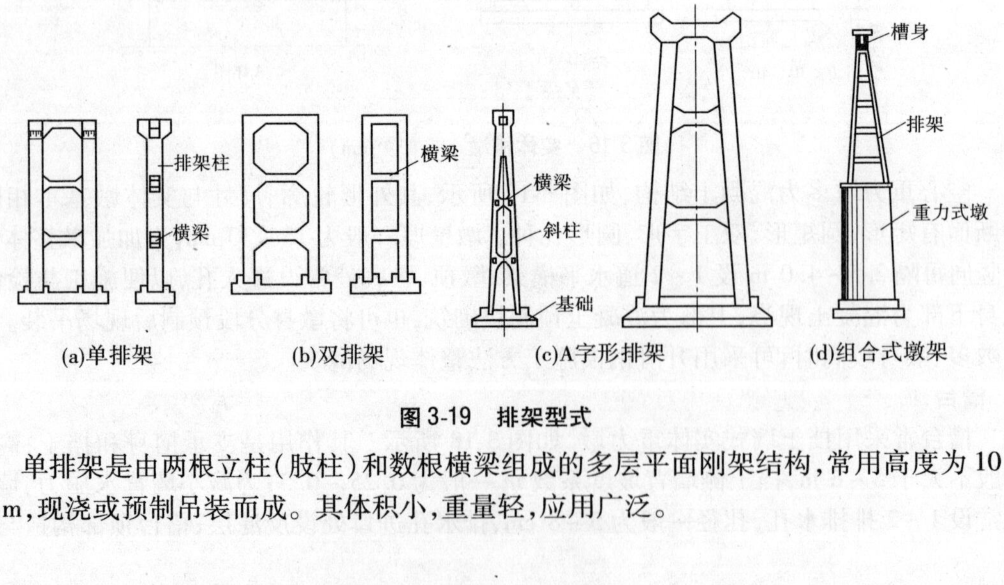

图 3-19 排架型式

单排架是由两根立柱（肢柱）和数根横梁组成的多层平面刚架结构，常用高度为 10 ~ 20 m，现浇或预制吊装而成。其体积小，重量轻，应用广泛。

双排架是由两个单排架用水平梁联结而成的空间框架结构，可承受较大的水平及竖向荷载，其强度、稳定性及地基应力较单排架易满足要求，常用高度为 15 ~25 m。

A 字形排架可沿顺槽向或横槽向布置。顺槽布置时是由两个互相平行的 A 字形排架联结成一空间框架结构，适用于流量和槽宽均较大的情况。对于小流量而受风载较大的高渡槽，可采用横槽向布置的 A 字形单排架。A 字形排架稳定性好，适应高度大，但施工较复杂，造价较高。

组合式墩架支承常用于跨越河道主槽部分时，在河道最高洪水位以下设置重力墩，以上设排架，总高度可达 30 m 以上。

任务5 基础设计

基础承担渡槽的全部荷载并传给地基，按其可否承受弯曲变形分为刚性基础和柔性基础。刚性基础设计时不考虑承受弯矩作用，而柔性基础则考虑。

子任务1 刚性基础设计

最常用的刚性基础呈台阶状向下扩大，台阶阶数以满足地基承载力要求为准。刚性基础多用作重力式槽墩和槽台的基础，一般用浆砌石或混凝土建造，台阶高度 h 一般为 0.5 ~0.7 m。为使基础不产生弯曲和剪切破坏，每一台阶伸出的悬臂长 c 与台阶高度应保持一定比值，该比值按刚性角 θ 控制，一般取 30° ~40°，当用低强度水泥砂浆砌块石时取 30°，砂浆强度 M5 以上的水泥砂浆砌石基础可取 35°，混凝土基础可取 40°。

当地基条件较好且不受水流冲刷时，为减少基础工程量，也可采用独脚无筋混凝土基础，如图 3-20 所示。它是将基础底面做成四面倾斜的棱锥形，倾角一般为 20° ~30°，利用斜面上地基反力产生的压力来减小悬臂段弯矩作用产生的拉力，改善地基受力状况。基础水平投影长度与宽度应使地基压应力不超过地基承载力，杯口底部厚度应满足抗冲剪强度要求。

子任务2 柔性基础设计

常用的柔性基础是一种钢筋混凝土梁板结构，也称整体板式基础，多用于槽架，如图 3-21所示。它可在较小的埋置深度下获得较大的基底面积，以减小地基压应力，施工方便且适应地基不均匀沉降的性能好，适用于地基承载力较低的情况。基础底板的尺寸取决于排架传来的荷载与地基承载力大小，初拟时横槽向的长度 L 和顺槽向的宽度 B 可按下式确定：

$$B \geqslant 3b_1 \tag{3-14}$$

$$L \geqslant S + 5h_1 \tag{3-15}$$

式中 S——两立柱间净距，m；

b_1、h_1——立柱横断面的长边边长及短边边长，m。

子任务3 深基础

当地基软弱或地下土层不均匀，采用浅基础沉降过大，或河床冲刷深度较大且不易精确估算时，宜采用深基础。渡槽常用的深基础有钻孔桩基础和沉井基础，如图 3-22 所示。

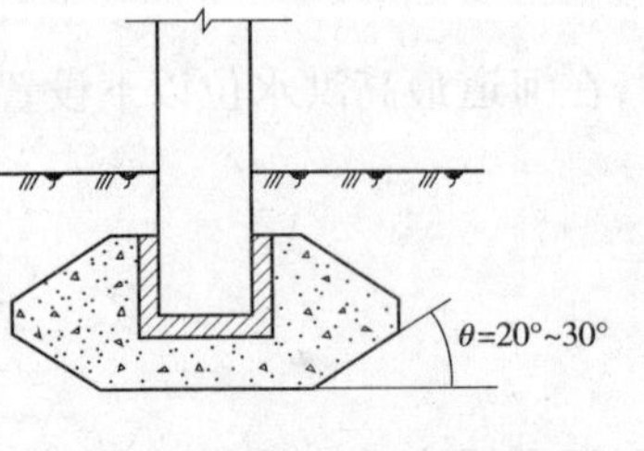

图 3-20　独脚无筋基础

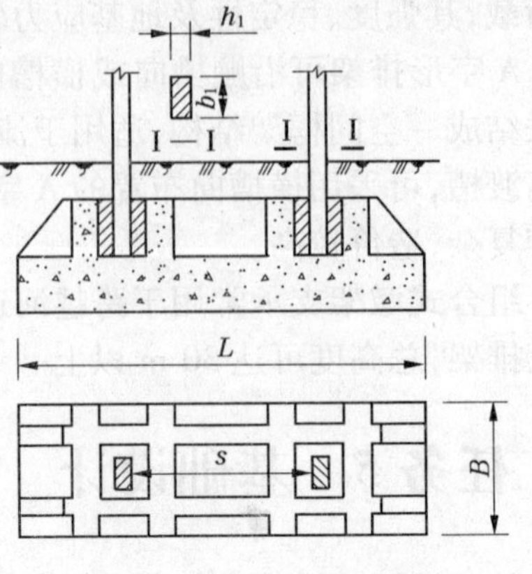

图 3-21　整体板式基础

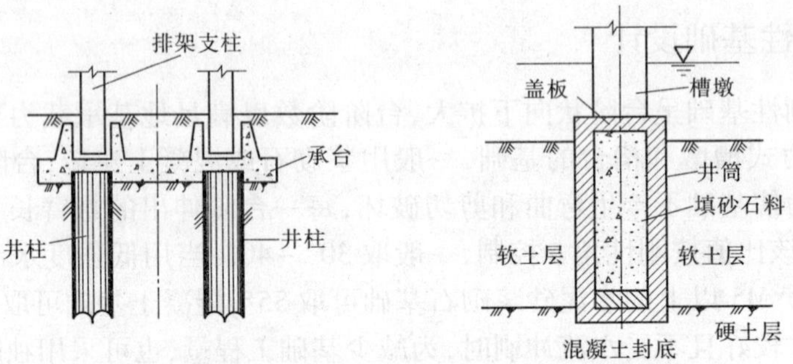

(a)钻孔桩基础　(b)沉井基础

图 3-22　渡槽常用的深基础

任务 6　细部结构设计

子任务 1　渐变段

渐变段是设于渠道端部的过渡段。由于渠道过水断面常为梯形，尺寸较大，纵坡较缓，而为降低造价，渡槽纵坡较陡，过水断面及其槽宽比渠道小。为使进出槽身的水流平顺，减少水头损失和防止冲刷，渠槽与渡槽衔接时均设渐变段，如图 3-23 所示。渐变段可采用扭曲面和八字翼墙等形式，扭曲面水流条件好，应用较多，一般采用浆砌石建造。八字翼墙可采用混凝土或浆砌石修筑，施工方便，但水流条件较差。渐变段长度常按以下经验公式确定：

$$L_a = C(B_1 - B_2) \tag{3-16}$$

式中　C——系数，进口取 1.5 ~2.0，出口取 2.5 ~3.0；

B_1、B_2——渠道和槽内水面宽度，m。

对于中、小型渡槽，渐变段长度也可取为：进口 $L_a \geqslant 4h$，出口 $L_a \geqslant 6h$，其中 h 为渠道水深,m。

对于抗冲能力较低的土渠,为防止冲刷,靠近渐变段的一段渠道,可作干砌石护砌,护砌长度约等于渐变段长度。

子任务2　槽身与渠道的连接

当渠道为挖方或填方渠道时,槽身与之连接方式不同。

1　槽身与填方渠道的连接

槽身与填方渠道连接时,通常采用斜坡式和挡土墙式两种形式。斜坡式连接如图3-23所示。它是将连接段伸入填方渠道末端的锥形土坡内,按连接段远端的支承方式不同,又分为刚性连接和柔性连接两种。

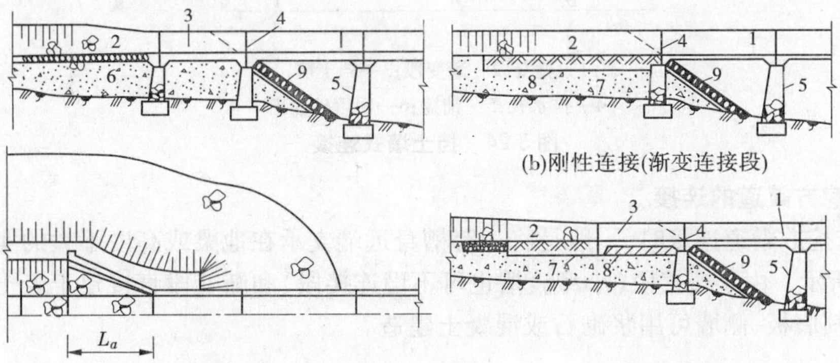

(b)刚性连接(渐变连接段)

(a)刚性连接　　(c)柔性连接

1—槽身;2—渐变段;3—连接段;4—伸缩缝;5—槽墩;
6—回填黏性土;7—回填砂性土;8—铺盖;9—砌石护坡

图3-23　斜坡式连接

(1)刚性连接:如图3-23(a)所示,是将连接段远端支承在埋置于锥形土坡内的支承墩上,支承墩建于老土基或基岩上。优点是当填方渠道沉降时,连接段不会随之下沉,变形缝止水工作可靠,因此应用较多。但填土沉降较大时,连接段常会与填土脱离而形成渗漏通道,所以连接段应做好底部防渗处理,并采取措施减少填土沉降。对小型渡槽也可不设连接段,而将渐变段直接与槽身连接,如图3-23(b)所示。

(2)柔性连接,如图3-23(c)所示,是将连接段直接修建在填方渠道上,靠近槽身的一端仍支承在支墩上,这时连接段将随填方渠道沉降而下沉,因此对填方压实质量要求严格。应根据可能产生的沉降量,对连接段预留沉降超高,并要求接缝止水能够适应沉降变形。该连接方式可节省支墩工程量,但施工技术、质量要求较高,工程中应用不多。渐变段和连接段下面的回填土宜采用砂土填筑,分层夯实,上部铺0.5~1.0 m厚的黏土作防渗铺盖。填方渠道末端的锥形坡不宜过陡,以保证边坡稳定,坡面需做砌石或草皮防护,坡脚处设反滤层和排水沟,以利防渗和排水。

(3)挡土墙式连接,如图3-24所示。它是将边跨槽身的一端支承在重力挡土墙式槽台上,槽台建于老土或基岩上,槽台两侧做成一字或八字斜降墙挡土。与边跨槽身相连的连接段和渐变段修建在填方梁道上，属柔性连接，有时也可不设连接段。挡土墙身内设置排水孔，以降低墙后水位，减小水压力的作用。挡土墙式连接常用于填方高度不大的情况。

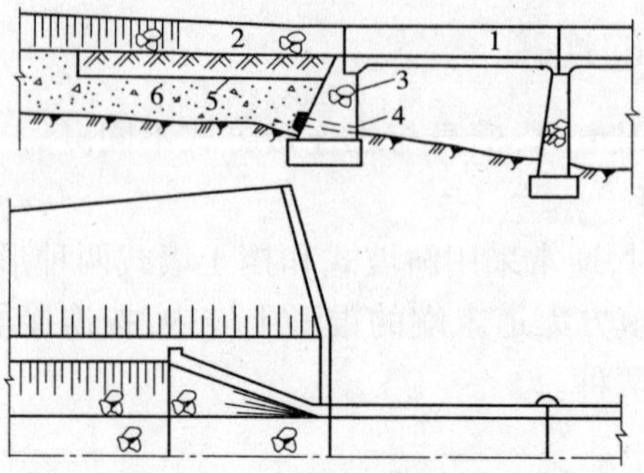

1—槽身；2—渐变段；3—挡土墙；
4—排水孔；5—铺盖；6—回填砂性土

图 3-24　挡土墙式连接

2　槽身与挖方渠道的连接

槽身与挖方渠道连接时，一般是将边跨槽身远端支承在地梁或高度不大的实体墩上，如图 3-25 所示。由于连接段（小型渡槽也可不设连接段）和渐变段直接建于老土地基上，沉降较小，其底板、侧墙可用浆砌石或混凝土建造。

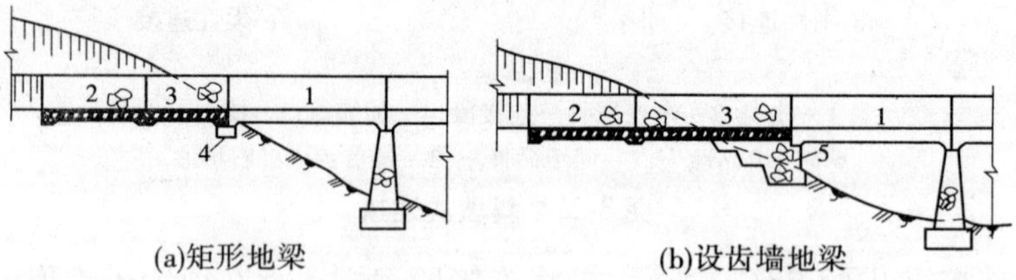

(a)矩形地梁　　(b)设齿墙地梁

1—槽身；2—渐变段；3—连接段；4—地梁；5—浆砌石底座

图 3-25　槽身与挖方渠道的连接

子任务 3　槽身接缝与止水

为适应温度变化和地基沉降，槽身与进、出口建筑物之间及各节槽身之间应设变形缝，缝宽为 3 ~ 5 cm，缝内设柔性止水。常用的有沥青止水、橡皮压板止水、粘合式止水等，分别如图 3-26(a)、(b)、(c)所示。近年来，工程中多采用如图 3-26(d)所示的定型橡皮止水，施工方便，伸缩变形性能好。

子任务 4　槽身支座

槽身与槽墩（或槽架）接触处的支座一般设置为“固定”与“活动”相间排列形式，对静定支承的槽身，一端为固定支座，另一端为滑动支座；对边跨槽身，固定支座一般设置在边墩上。

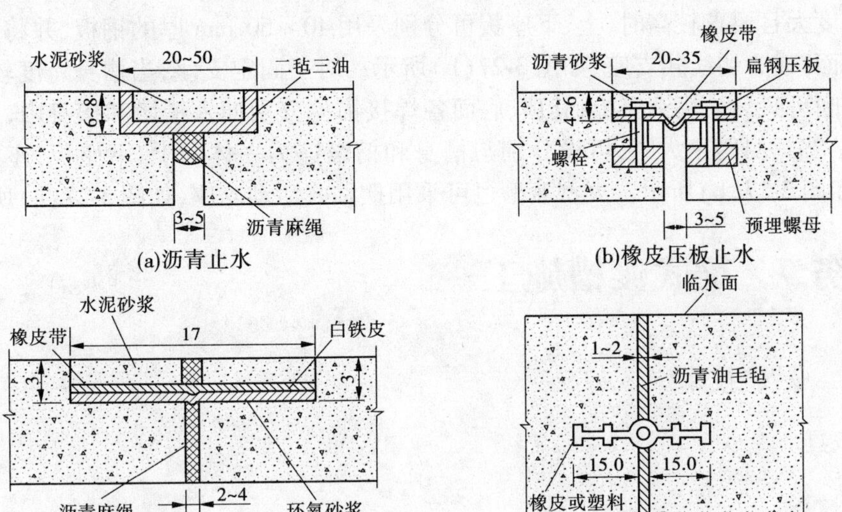

图 3-26　伸缩缝构造（单位:cm）

支座的构造型式如图 3-27 所示，活动支座一般是采用厚为 25 ~ 30 mm 的钢板分别固定地设置于槽身和槽墩上接触面位置，成为上、下座板，二板间刨光并涂以石墨粉，以减小摩阻力和防锈，这种型式称平面钢板支座，如图 3-27(a)所示，适用于跨度小于 20 m 的槽

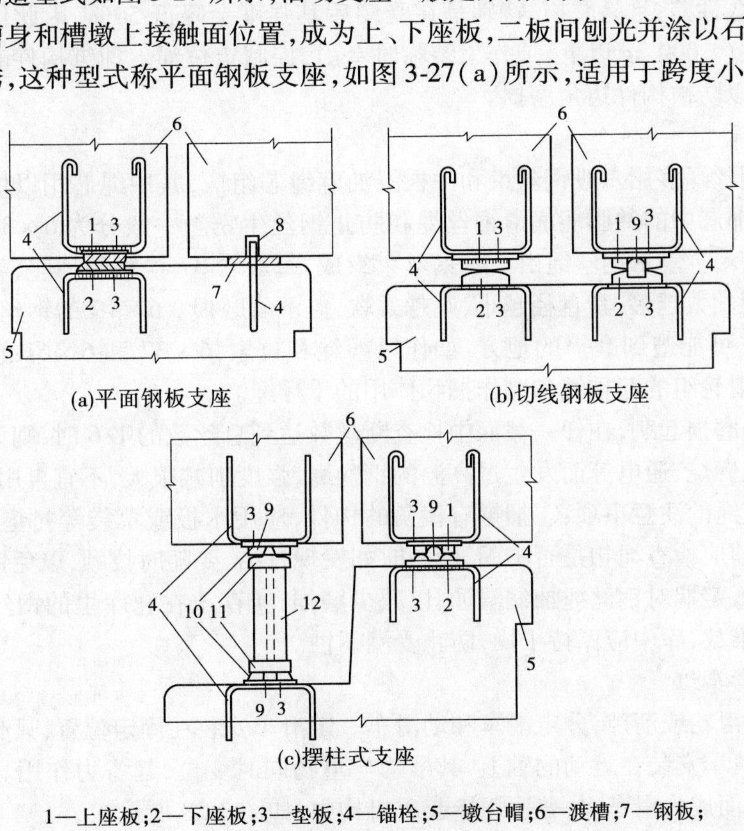

1—上座板;2—下座板;3—垫板;4—锚栓;5—墩台帽;6—渡槽;7—钢板;
8—钢套管;9—齿板;10—平面钢板;11—弧形钢板;12—摆柱

图 3-27　渡槽支座型式

身。当跨度大且要求较高时，上、下座板可分别采用40～50 mm厚的钢板，并将下座板顶面刨为弧面，成为切线式支座，如图3-27(b)所示。对于固定支座，当槽身跨度较小时，槽身与槽墩间可只设一块钢座板，其顶、底面各焊接锚栓分别伸入槽墩和槽身内，如图3-27(a)所示。当槽身跨度大时，可设分别与槽身和槽墩连为一体的上、下座板，座板间由齿板连接，如图3-27(b)所示。大型渡槽也可采用摆柱式活动支座，如图3-27(c)所示。

任务7　梁式渡槽施工

子任务1　吊装技术

1　吊装机具

1.1　绳索

常用绳索有白棕绳、尼龙绳、钢丝绳。前两者适用于起重量不大的吊装工程或作辅助性绳索，后者强度高、韧性好、耐磨，广泛应用于吊装工程中。

1.1.1　白棕绳

白棕绳是用麻纤维经机械加工制成的。白棕绳的强度只有钢丝绳的10%左右，由于其强度低，耐久性差，且易磨损，特别是在受潮后其强度会降低50%，因此仅用于手动提升的小型构件(1 000 kg以下)或作吊装临时牵引、控制定位绳。捆绑构件时应用柔软垫片包角保护，以防被构件边角磨损。

1.1.2　钢丝绳

吊装用钢丝绳多用六股钢丝束和一根浸油麻绳芯组成，其中绳芯用以增加钢丝绳的挠性和弹性，绳芯中的油脂能润滑钢丝绳和防止钢丝生锈。一般分为6×37、6×19、6×61等几种。6×37表示钢丝绳由6股钢丝束组成，每股含37根钢丝，其余类推。每股钢丝束所含的钢丝数越多，其直径越小，则越柔软，但不耐磨损。6×19的钢丝绳较硬，宜用于不受弯曲或可能遭到磨损的地方，如作风缆绳和拉索；6×37和6×61的钢丝绳较柔软，可用作穿滑轮组的起重绳和制作捆物体用的千斤绳。

当钢丝绳磨损起刺，在任一截面中检查断丝数达到总丝数的1/6时，则该钢丝绳应作报废处理。经燃烧、通电等而发生过高温的钢丝绳，强度削减很大，不宜再用作起重吊装。

使用钢丝绳的注意事项：①捆绑有棱角的构件，应用木板或草袋等衬垫，避免钢丝绳磨损；②起吊前应检查绳扣是否牢固，起吊时如发现打结，要随时拔顺，以免钢丝产生永久性扭弯变形；③定期对钢丝绳加润滑油，以减少磨损；④存放在仓库里的钢丝绳应成圈排列，避免重叠堆放，库中应保持干燥，防止受潮锈蚀。

1.2　滑车及滑车组

滑车又称滑轮或葫芦，分定滑车和动滑车。定滑车安装在固定位置，只起改变绳索方向的作用；动滑车安装在运动的轴上，其吊钩与重物同时变位，起省力作用。定滑车和动滑车联合工作而成为滑车组，普遍用于起重机构中，如图3-28所示。

1.3　链条滑车

链条滑车又称神仙葫芦、倒链、手动葫芦或差动葫芦，由钢链、蜗杆或齿轮传动装置组

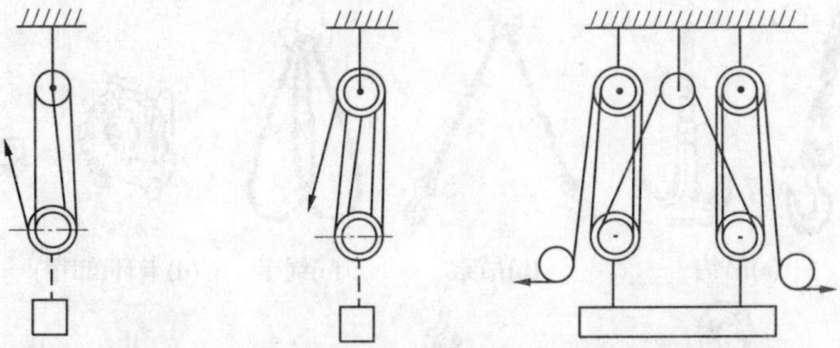

(a)跑头自动滑车引出　(b)跑头自定滑车引出　(c)双联滑车组

图 3-28　滑车组的类型

成。它装有自锁装置，能保持所吊物体不会自动下落，工作安全。其适用于吊装构件，起重量有 1 t、2 t、3 t、5 t、7 t 及 10 t 等，如图 3-29 所示。

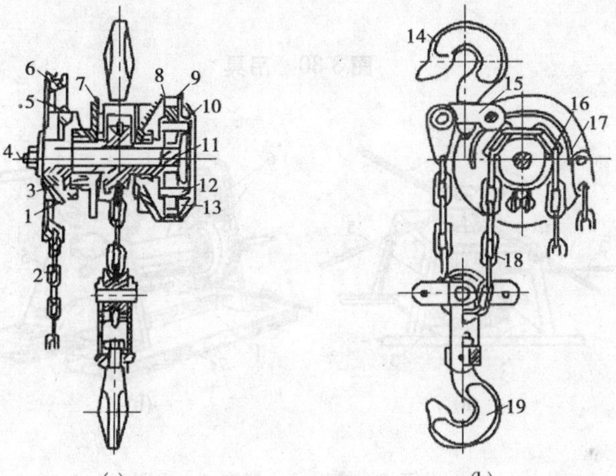

(a)　(b)

1—摩擦垫圈；2—手链；3—圆盘；4—链轮轴；5—棘轮圈；6—牵引链轮；
7—夹板；8—传动轮；9—齿圈；10—驱动装置；11—齿轮；12—轴心；
13—行星齿轮；14—挂钩；15—横梁；16—起重星轮；17—保险簧；18—起重链条；19—吊钩

图 3-29　齿轮式链条滑车

1.4　吊具

在吊装工程中最常用的吊具有吊钩、卸甲、绳卡、绳圈（鸭舌、马眼）等。为便于吊装各种构件，尽量使各种构件受力均匀和保持完好，可自制一些特制吊具，如吊梁（钢扁担）、蝴蝶铰、钢桁架、钢拉杆、钢吊轴等，如图 3-30 所示。这些吊具都要进行力学验算和试吊。

1.5　牵引设备

吊装的牵引设备有绞盘和卷扬机等，如图 3-31 所示。

绞盘又称绞磨，由一个直立卷筒转盘和推杆、机架等组成。卷筒底座设置棘钩锁定装置。起重时，先将绞盘固定在地面上，由四人或多人推动卷筒的推杆而使绳索绕在筒上而牵引重物。绞盘制作简单、搬运方便，但速度慢、牵引力小，仅适用于小型构件起重或收紧桅索、拖拉构件等。

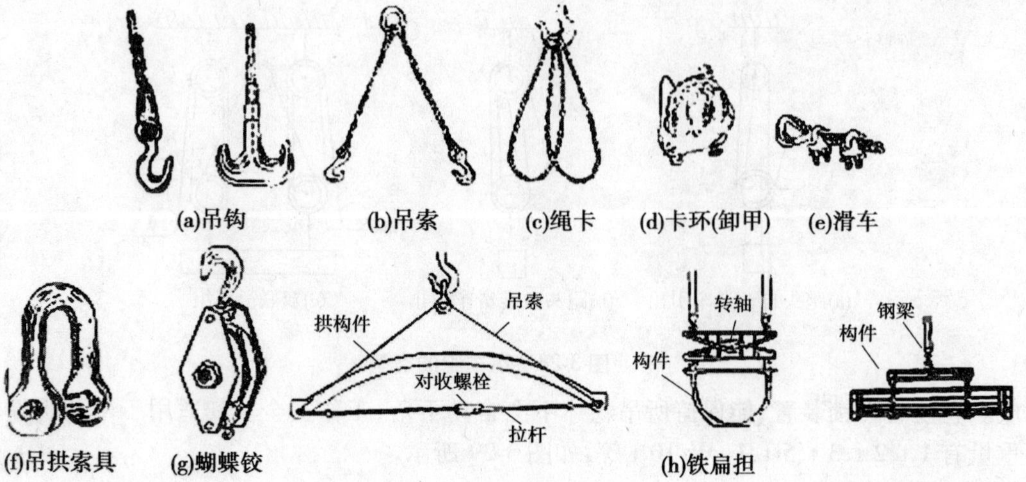

图 3-30　吊具

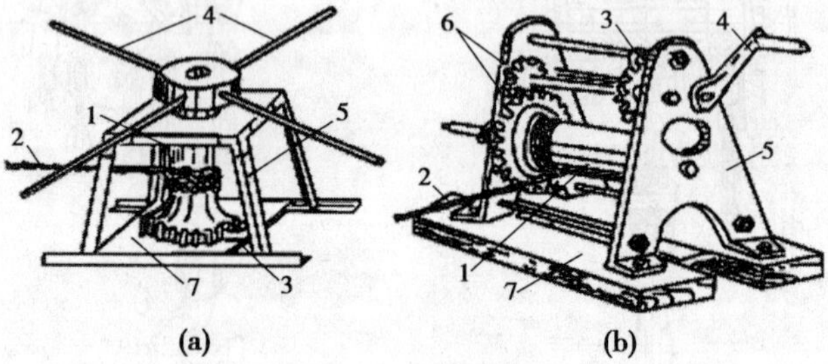

1—卷筒;2—缆绳;3—棘钩;4—摇柄;
5—机架;6—齿轮;7—底盘

图 3-31　卷扬机械

卷扬机有手摇式和电动式两种。手摇式卷扬机又称手摇绞车,是由一对机架支承横卧的卷筒,利用轮轴的机械原理,通过带摇柄的转轴上的齿轮,采用二级或多级转动推动卷筒上的齿轮,牵引钢丝绳拉动重物。电动卷扬机是利用电动机通过齿轮的传动变速机构来驱动卷筒的,并设有磁吸式或手动的制动装置。

1.6　锚碇

锚碇又称地锚或地龙,用来固定卷扬机、绞盘、缆风等,为起重机构稳定系统中的重要组成部分。常用的锚碇有桩锚及地锚,如图 3-32 所示。

2　自制简易起重机构

混凝土预制构件吊装可采用履带式、汽车式或轮胎式吊车,也可因地制宜,根据施工现场地形、地质、构件型式和重量等条件自制简易的起重机构。

2.1　独脚扒杆

独脚扒杆是用一根圆杉木、钢管或角钢焊成桁柱(桅杆或扒杆),其顶部用 4 根以上

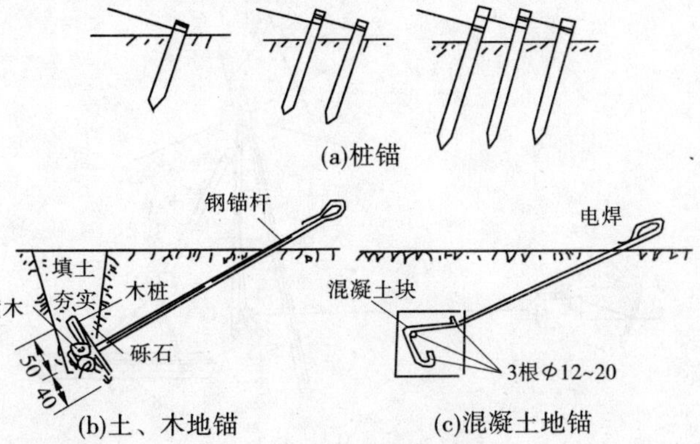

图3-32　锚碇

的桅索拉紧而竖立于地面上,杆顶挂定滑车,与钢丝绳和动滑车组成滑车组吊钩,牵引绳通过杆底的导向滑轮接入卷扬机卷筒。独脚扒杆底部用硬木或钢板做成底座。为移杆方便,底座下面还可设置跑轨的定轮或滑行的钢板,起重时底座应固定在地面上以防止滑动,如图3-33所示。

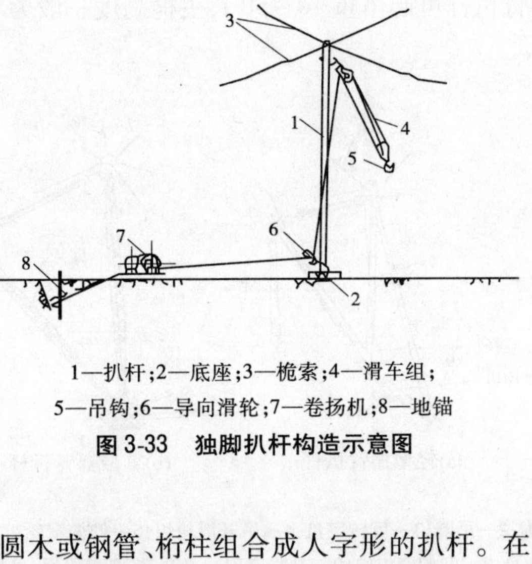

1—扒杆;2—底座;3—桅索;4—滑车组;
5—吊钩;6—导向滑轮;7—卷扬机;8—地锚

图3-33　独脚扒杆构造示意图

2.2　人字扒杆

人字扒杆是由两根圆木或钢管、桁柱组合成人字形的扒杆。在两根圆木顶部的交叉处,呈25°~35°的夹角,并用钢丝绳绑扎牢固,然后系挂起重滑车组。在人字扒杆根部前方置一横木,并与扒杆绑牢固,横木中部一侧系导向滑车,另一侧与锚碇相连,如图3-34所示。

2.3　摇臂扒杆

摇臂扒杆又称桅杆起重机。摇臂扒杆有轻型和重型两种形式。轻型摇臂扒杆是由一个人字扒杆和一根摇臂组成的,通常以圆木或钢管制作,俗称台灵架。吊装构件时,人字架固定不动,吊臂底端可通过上下、左右旋转的钢板左右摇摆,旋转范围在水平角120°以内。这种扒杆可吊10 t以内的构件,如图3-35(a)所示。

重型摇臂扒杆,多采用角钢与缀条(板)焊制,主桅与吊臂均为钢桁架方柱,摇臂以钢

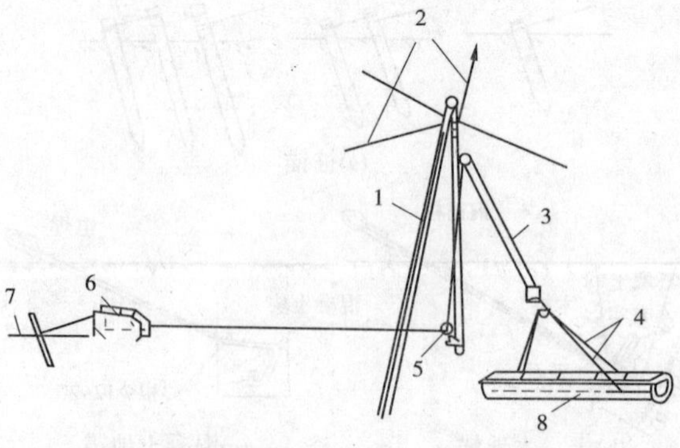

1—人字扒杆;2—桅索;3—滑轮组;4—吊索;5—导向滑车;6—卷扬机;7—地锚;8—吊斗

图 3-34 人字扒杆

铰与直立的主桅相接,通过主桅顶部的滑车组可使之仰俯。主桅顶部为一直立钢轴,套上轴承,顶盘则用6根以上的钢丝绳将桅索拉紧,通过地锚而使主桅竖立,主桅底部设转盘,以球铰滚动轴承支承于底座上,控制吊臂仰俯和重物升降的2根牵引钢丝绳,经导向滑车通过主桅中央引出接至卷扬机。吊装时,以铰车和钢丝绳牵引转盘或吊臂,整个扒杆可就地旋转360°。重型摇臂扒杆可起吊重10~50 t,主桅高度一般为10~40 m,摇臂长8~35 m,如图3-35(b)所示。

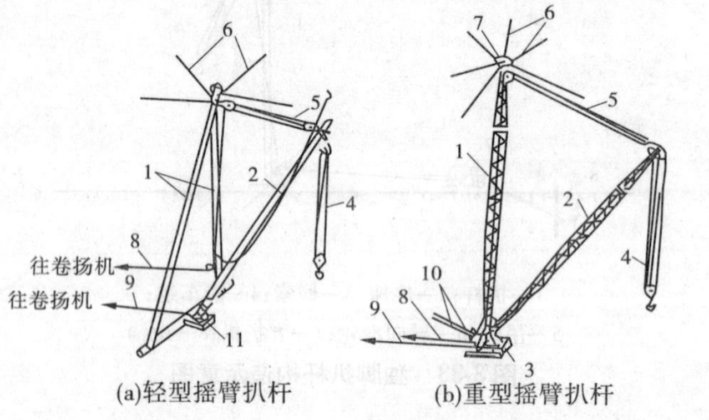

(a)轻型摇臂扒杆 (b)重型摇臂扒杆

1—主桅;2—吊臂;3—可转底盘;4—吊升滑轮组;5—仰俯滑轮组;6—桅索;
7—顶盘;8—仰俯牵引组;9—升降牵引绳;10—转盘操纵绳;11—转动铰

图 3-35 摇臂扒杆

3 吊装安全技术

吊装安全技术要求如下:

(1)吊装场地的电线、电缆要妥善处理,防止起吊机具触及。

(2)起吊构件前,应由专人检查构件的绑扎牢固程度、吊点位置等,检查合格后,先进行试吊。试吊即将构件吊离地面10~20 cm,检查起重机具的稳定性、制动可靠性及绑扎牢固程度,正常后方可继续提升。

(3)起吊构件应均匀、平稳起落,严禁骤然刹车,严禁构件在空中停留或整修,不允许出现碰撞、震击、滑脱等现象,造成构件破损、断裂和超出设计限度的变形。构件就位校正后,应立即进行有效的固定措施以防变位。

(4)吊装作业区域,禁止非工作人员入内。起吊构件下面不得站人或通行。

(5)遇六级以上大风、暴雨、打雷天气,应停止吊装作业。

(6)每天上班前及起吊过程中,必须有专人检查吊装设备、缆索、锚碇、吊钩、滑车、卡环是否有损坏和松动现象。

(7)定期对起重钢丝绳进行检查。

子任务2　装配式渡槽施工

装配式渡槽施工包括预制和吊装两个施工过程。

1　构件的预制

1.1　槽架的预制

槽架是渡槽的支承构件,为了便于吊装,一般选择靠近槽址的场地预制。制作的方式有地面立模和砖土胎模两种。

1.1.1　地面立模

在平坦夯实地面上用1∶3∶8的水泥、黏土、砂浆抹面,厚约1 cm,压抹光滑作为底模,立上侧模后就地浇制。拆模后,当强度达到70%时,即可移出存放,以便重复利用场地。

1.1.2　砖土胎模

其底模和侧模均采用砌砖或实土做成,与构件的接触面用水泥黏土砂浆抹面,并涂上脱模剂即可。使用土模时,应做好四周的排水工作。

高度在15 m以上的排架,如受起重设备能力限制,可以分段预制。吊装时,分段定位,用焊接固定接头,待槽身就位后,再浇二期混凝土。

1.2　槽身的预制

为了便于预制后直接吊装,整体槽身预制宜在两排架之间或排架一侧进行。槽身的方向可以垂直或平行于渡槽的纵向轴线,根据吊装设备和方法而定。要避免因预制位置选择不当,而在起吊时发生摆动或冲击现象。

U形薄壳梁式槽身的预制,有正置和反置两种浇筑方式。正置浇筑时槽口向上,优点是内模板拆除方便,吊装时不需翻身,但底部混凝土不易捣实,适用于大型渡槽或槽身不便翻身的工地。反置浇筑时槽口向下,优点是捣实较易,质量容易保证,且拆模快、用料少等,缺点是增加了翻身的工序。

矩形槽身的预制,可以整体预制,也可以分块预制。对中小型工程,槽身预制可采用砖土材料制模,如图3-36所示。

反置浇筑钢丝网水泥渡槽槽身木内模的构造如图3-37所示。

1.3　预应力构件的制造

在制造装配式梁、板及柱时采取预应力钢筋混凝土结构,不仅能提高混凝土的抗裂性与耐久性,减轻构件自重,还可节约钢筋20%~40%。预应力就是在构件使用前,预先加一个力,使构件产生应力,以抵消构件使用时荷载产生的相反的应力。制造预应力钢筋混凝土构件的方法很多,一般分为先张法和后张法两大类。

(a)反置土内模　(b)反置砖内模　(c)正置砖外模　(d)正置土外模

1—1:4水泥砂浆层,厚3~5 mm;2—砖砌体;3—槽身;4—填土

图3-36　砖土材料制模

2　梁式渡槽的吊装

装配式渡槽的吊装工作是渡槽施工中的主要环节,必须根据渡槽的形式、尺寸、构件重量、吊装设备能力、地形和自然条件、施工队伍的素质以及进度要求等因素,进行具体分析比较,选定快速简便、经济合理和安全可靠的吊装方案。

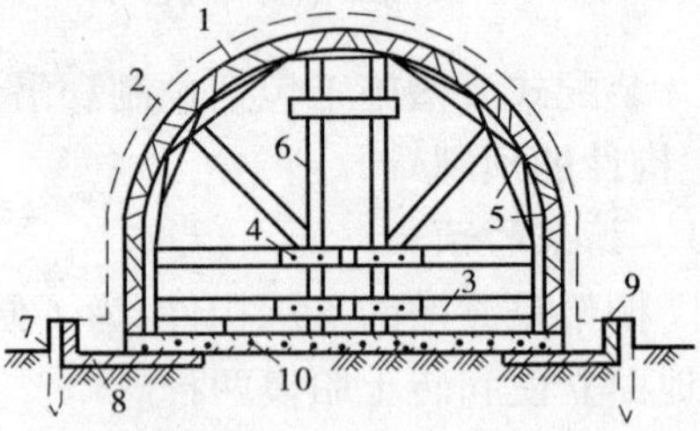

1—木内模;2—待浇槽身;3—活动横撑;4—活动销;5—内龙骨;6—内支撑;7—木桩;8—底模;9—侧模;10—预制横拉梁

图3-37　反置浇筑钢丝网水泥渡槽槽身木内模结构图

2.1　槽架的吊装

槽架下部结构有支柱、横梁和整体排架等。支柱和排架的吊装通常有垂直起吊插装和就地转起立装两种。垂直起吊插装是用起重设备将构件垂直吊离地面后,插入杯形基础。先用木楔(或钢楔)临时固定,校正标高和平面位置后,再填充混凝土作永久固定。就地转起立装法,与扒杆的竖立法相同。两支柱间的横梁,仍用起吊设备吊装。吊装次序由下而上,将横梁先放置在临时固定于支柱上的三角撑铁上。位置校正无误后,即焊接梁与柱连系钢筋,并浇二期混凝土,使支柱与横梁成为整体。待混凝土达到一定强度后,再将三角撑铁拆除。

2.2　槽身的吊装

装配式渡槽槽身的吊装,基本上可分为两类,即起重设备架立于地面上吊装及起重设备架立于槽墩或槽身上吊装。两类吊装方法的比较见表3-2。

表3-2　梁式槽身吊装方法的比较

项目	起重设备架立于地面上	起重设备架立于槽墩或槽身上
优点	1. 起重设备在地面上进行组装、拆除,比较便利; 2. 设备立足于地面,比较稳定安全	1. 起重设备架立在槽墩上或已安装好的槽身上进行吊装,不受地形的限制; 2. 起重设备的高度不大,降低了制造设备的费用
缺点	1. 起吊高度大,因而增加了起重设备的高度; 2. 易受地形的限制,特别是在跨越河床水面时,架立和移动设备更为困难	1. 起重设备的组装、拆除均为高空作业,较地面作业困难; 2. 有些吊装方法还使已架立的槽架产生很大的偏心荷载,必须加强槽架结构和基础

续表 3-2

项目	起重设备架立于地面上	起重设备架立于槽墩或槽身上
适用范围	适用于起吊高度较大和地形比较平坦的渡槽吊装工作	这类吊装方法的适用性很强，在吊装渡槽工作中广泛采用
采用的吊装起重机或起重机构	可利用扒杆成对组成扒杆抬吊，龙门扒杆吊装，摇臂扒杆或缆索起重机进行吊装。此外，履带式起重机、汽车式起重机等均可应用	在槽墩上架立T形钢塔、门形钢塔进行吊装；在槽墩上利用推拖式吊装进行整体槽身架设；在槽身上设置摇头扒杆和双人扒杆吊装等已被广泛采用

起重设备架立在地面上吊装槽身的方法，如图3-38所示。

槽身重量和起吊高度不大时，采用2台或4台独脚扒杆抬吊，如图3-38(a)所示。当槽身起吊到空中后，用副滑车组将枕头梁吊装在排架顶上。这种方法起重扒杆移行费时，吊装速度较慢。

龙门扒杆的顶部设有横梁和轨道，并装有行车，如图3-38(b)所示。操作上使4台卷扬机提升速度相同，并用带蝴蝶铰的吊具，使槽身4个吊点受力均匀，槽身平稳上升。横梁轨道顶面要有一定坡度，以便行车在自重作用下能顺坡下滑，从而使槽身平移在排架顶上降落就位。采用此法吊装渡槽者较多。

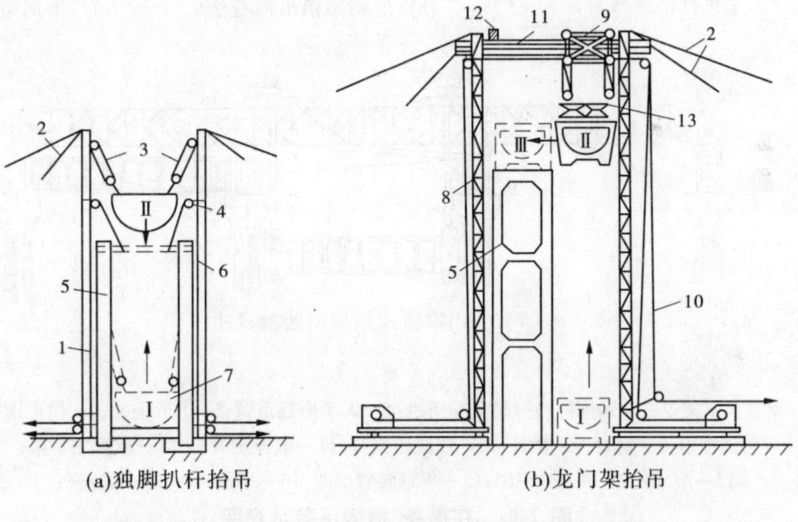

1—扒杆；2—缆风；3—主滑车组；4—副滑车组；5—排架；6—枕头木；
7—预槽身位置；8—龙门架；9—行车；10—行车控制索；11—横梁；
12—行车止动块；13—蝴蝶铰；Ⅰ、Ⅱ、Ⅲ—槽身吊装过程

图3-38　地面吊装槽身示意图

起重设备架立在槽身或槽墩上吊装槽身的方法，如图3-39所示。

双人字扒杆吊装槽身法，如图3-39(a)所示。此法不设侧身缆风，起重杆为人字形，

以增加吊装的稳定性。

图 3-39(b)所示为 T 形钢架抬吊槽梁法，为了使槽梁能平移就位，在钢架顶部设置横梁和平移小车。

图 3-39(c)所示为用四副门形钢架抬吊整体槽身。钢架用螺栓连接，以便重复使用。

图 3-39(d)所示为湖北排子河渡槽采用的推拖式钢架吊装槽身法，渡槽跨度 25 m、质量 200 t。

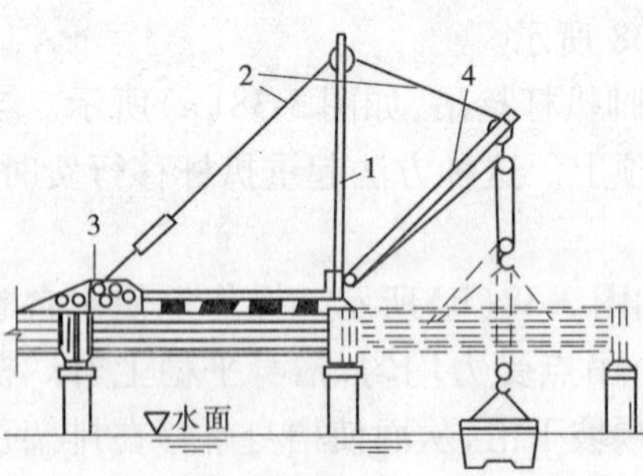

(a)双人字扒杆吊装槽身法

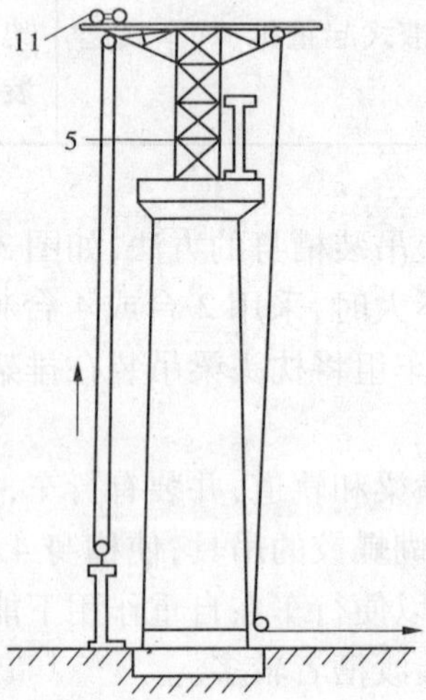

(b)T形钢架抬吊槽身法

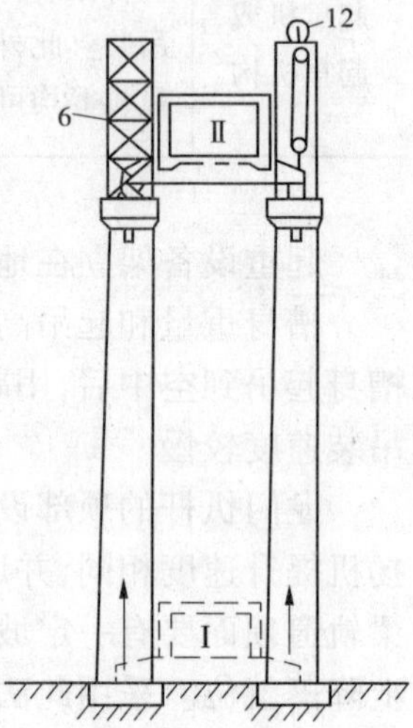

(c)门形钢架抬吊槽身法

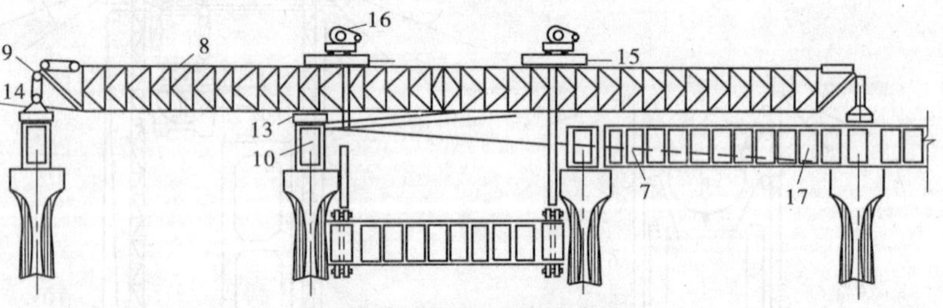

(d)推拖式钢架吊装槽身法

1—钢管人字架；2——钢拉杆；3—起重卷扬机；4—人字形起重臂；5—T 形钢架；6—门形钢架；7—推拖索；8—钢架；9—扒杆；10—现浇短槽身；11—推拖定滑车；12—承重工字架；13—滚轮托架；14—牵引绳；15—平移装置底盘；16—平移小车；17—卷扬机

图 3-39 在槽身、槽墩吊装示意图

此 K 形桁架包括前端导架、中段起重架和后端平衡架三部分。桁架首尾的摇臂扒杆用来安装和拆除行走用的滚轮托架。为了使槽身在起吊时能错开牛腿，槽身的预制位置偏离渡槽中心线一定距离，平移装置由安装在底盘上的胶木滑道和螺杆驱动装置所组成。

钢架沿临时安放在现浇短槽身顶部的滚轮向前移动，在钢架首部用牵引绳拉紧并控制前进方向，同时收紧推拖索，钢架便向前移动。

项目4　拱式渡槽设计与施工

拱式渡槽的支承结构由墩台、主拱圈和拱上结构组成。槽身荷载通过拱上结构传给主拱圈，再由主拱圈传给墩台，其中主拱圈是主要承重构件。

任务1　拱上结构设计

拱上结构位于主拱圈以上用以支承槽身，结构型式有实腹式和空腹式两种。

子任务1　实腹式拱上结构设计

实腹式拱上结构，是用圬工材料将拱上结构筑成实体，按其构造又可分为砌背式和填背式两种。

1　砌背式拱上结构

砌背式拱上结构是用浆砌石或混凝土等材料将拱上结构砌成实体，多用于槽宽不大时；当槽宽较大时，为节省材料，宜采用填背式拱上结构。

2　填背式拱上结构

填背式拱上结构是先在拱背两侧砌筑挡土边墙，再在墙内填以砂性土料并夯实而成，其上砌筑槽身的底板和侧墙。填背式拱上结构的挡土边墙，顶厚应等于槽身侧墙的底厚。墙外侧为垂直面，内侧自墙顶向下以1∶0.3～1∶0.4的边坡或以台阶状逐渐放宽，以承受侧向土压力，墙底宽一般为2/5～1/2墙高。为防止槽身渗水侵蚀主拱圈，拱背与挡土边墙内侧一般铺设一层混凝土或沥青混凝土、三合土作防水层，防水层以上的渗漏水设排水管排出墙外。排水管设于拱上结构的最低处，管进口设2～3层砂石反滤料。若采用混凝土防水层，还可起护拱作用。

实腹式拱上结构的槽身不承担纵向荷载，主要作用是抗冲、防渗和承担槽内水压力，可用混凝土或浆砌石材料筑成。断面多为矩形或梯形，底板可做得较薄，但一般不宜小于0.2 m；侧墙顶厚按构造要求确定，一般不宜小于0.3 m，底部墙厚由计算确定。对浆砌石槽身，为减小糙率和防止槽身渗水侵蚀主拱圈，侧墙与底板迎水面可抹一层1～2 cm厚的水泥砂浆或浇5～10 cm厚的混凝土。

为适应主拱圈变形及温度变化引起的纵向变形，槽身与拱上结构常在墩台顶部设置贯通的横缝，缝距一般不宜大于15 m；当跨径较大时，还可在主拱圈拱顶处再设一道横缝，缝宽2～5 cm，槽身横缝须设止水。下部挡土边墙缝，对填背式拱上结构，可在边墙内铺设反滤层，将渗水由缝渗出，也可在缝内填塞止水材料而将渗水由排水管排出。

实腹式拱上结构构造简单，施工方便，但用材多、重量大。它一般用于中小跨度的拱式渡槽，其下的主拱圈一般为板拱或双曲拱。

子任务2　空腹式拱上结构设计

当渡槽跨径较大时,为了减小拱上结构自重以降低主拱圈上的荷载,宜将拱上结构做成空腹式。空腹式拱上结构常用的有横墙空腹式和排架式两种。

1　横墙空腹式拱上结构

横墙空腹式拱上结构(见图4-1),是在实腹式拱上结构中对称地布置若干个城门洞形孔洞,孔洞之间用横墙隔开。孔洞称腹孔,顶部的拱形称腹拱,腹拱以上多做成实体,称实腹段(也可在腹拱以上再设小腹拱,不设实腹段),其上建筑槽身。槽身荷载通过腹拱以上砌体传给腹拱,腹拱支承于横墙顶部,横墙又支承于主拱圈上。主拱圈将上部荷载传给墩台,主拱圈常采用板拱或双曲拱。

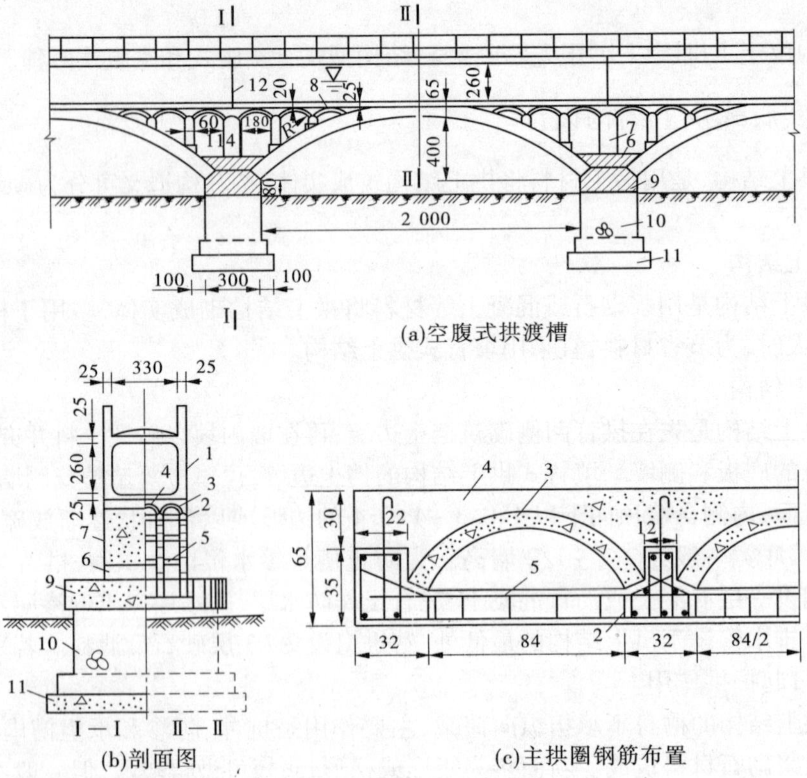

1—C20 钢筋混凝土槽身;2—C25 钢筋混凝土拱肋;3—C20 混凝土预制拱波;4—C10 混凝土填平层;
5—C20 钢筋混凝土横系梁;6—C15 混凝土护拱;7—C10 混凝土腹拱横墙;8—C15 混凝土腹拱;
9—C20 混凝土墩帽;10—M8 浆砌石槽墩;11—C10 混凝土;12—伸缩缝

图4-1　横墙空腹式双曲拱渡槽　(单位:cm)

腹拱在半拱跨内常设为3～5个,从主拱圈拱脚布置至1/3拱跨附近(主拱跨较大时,也可增大空腹范围),中间约1/3拱段常为实腹段;腹拱一般做成等厚度圆弧拱或半圆拱,净跨径可取为主拱圈跨度的1/8～1/15(主拱圈跨度大时取小值),通常采用2～5 m;腹拱厚度一般不宜小于15 cm(混凝土拱)或30 cm(浆砌石拱)。横墙可做成等厚的或以20∶1～30∶1的坡度向下加厚,其顶部墙厚不宜小于腹拱厚的2倍。拱跨较大时,为进一步减小主拱圈荷载,可在横墙上设孔洞,也可用立柱加顶横梁代替横墙支承腹拱。

为适应主拱圈变形,对靠近墩台的第一腹拱或位于槽墩顶部的腹拱(也可在墩顶设腹拱)宜做成三铰拱或二铰拱。在墩台顶部常将槽身与拱上结构设置贯通横缝,此外,当主拱圈跨度较大时,还可考虑在拱顶、1/4 拱跨或 1/3 拱跨处、空腹与实腹交接处、腹拱铰缝等处,对拱上结构或拱上结构连同槽身设置横缝,防止其因主拱圈变形而开裂,横止水布置与实腹式的相同。在这种型式中,槽身作用及构造与实腹式的相同。

2　排架式拱上结构

拱上结构由钢筋混凝土排架构成,槽身支承于排架上,排架固结在主拱圈上,主拱圈多为肋拱。

一般排架对称地布置在主拱圈上,排架间距视主拱圈跨度大小而定,主拱圈跨度较小时,可取为 1.5 ~3.0 m;主拱圈跨度较大时,可采用 3 ~6 m 或约为拱肋宽度的 15 倍。排架间距小时,槽身跨度小且主拱圈受力较均匀,但排架工程量大;反之亦然。排架与拱肋连接常采用杯口式或预留插筋、型钢、钢板等,如图 4-2 所示。

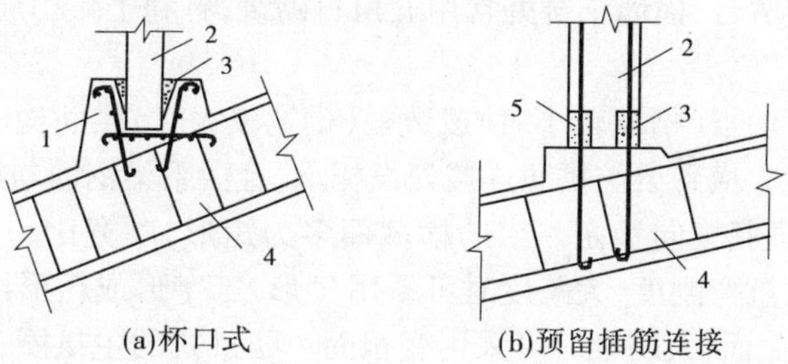

1—杯口;2—排架支柱;3—二期混凝土;4—拱肋;5—钢筋焊接接头

图 4-2　排架与拱肋连接

排架上部的槽身为梁式结构,每节槽身支承于两个排架上,支承形式可为简支式或双悬臂式。小型渡槽也可采用连续梁式,在这种型式中,槽身与排架的结构计算同梁式渡槽。

一般地,因槽身跨度较小,纵向弯矩不大,槽身可采用少筋或无筋混凝土结构。槽身断面形式可为 U 形或矩形。

排架式拱上结构轻巧美观,常用于大跨度的肋拱渡槽。

任务 2　主拱圈设计

子任务 1　主拱圈的结构型式与构造

主拱圈的结构型式常采用板拱、肋拱、双曲拱等几种。

1　板拱

板拱一般是一矩形断面的实体拱圈,多用石料、混凝土预制块或砖(小型渡槽)砌筑,也可用混凝土整体现浇而成。板拱自重较大,常用于跨度较小的渡槽,大跨度时也可采用钢筋混凝土结构。板拱构造简单,施工简易,坚固耐久,可就地取材,但用工用料多,工期长。构造上,用料石等砌筑拱圈时,沿径向应砌成通缝,如图4-3所示,以利于均匀地传递轴向力。

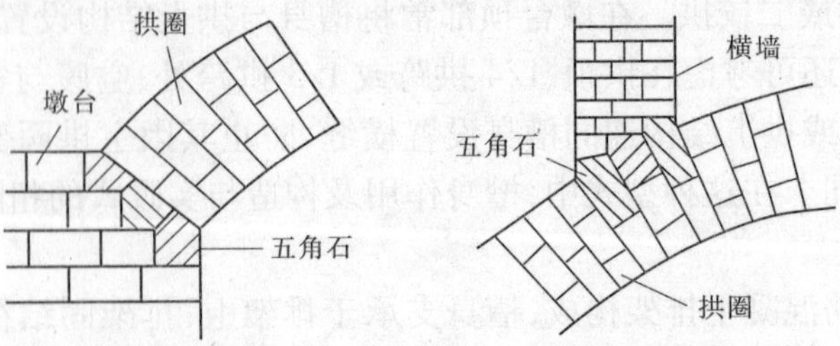

(a)拱圈与墩台的连接 (b)拱圈与横墙的连接

图4-3 拱圈与墩台和横墙的连接

较厚的拱圈需分层砌筑,各层间的切向缝应错开,错距不小于10 cm,以保证结合良好。较厚的变截面拱圈可用料石砌筑内圈,块石砌筑外圈,这样以便从拱顶至拱脚逐渐加大拱圈厚度。拱圈与墩台、横墙结合处常用五角石砌筑,有利于减小局部压力。

2 肋拱

肋拱的主拱圈由两根(槽宽较小时)或数根(槽宽较大时)拱肋构成,拱肋间等距离布置刚度较大的横系梁。横系梁与拱肋连接处设托承,且横系梁钢筋与拱肋主筋相连,以将拱肋连接为整体,保证其模向稳定。拱肋横截面多为矩形,厚宽比一般为1.5~2.5。为减轻重量或增大拱肋抗弯刚度,大跨度时可采用T形、工字形或箱形拱肋。小跨径(20~30 m)时拱肋常为等截面,大跨径时可采用变截面。肋拱式的主拱圈为钢筋混凝土结构,混凝土强度等级不宜低于C20。当主拱圈为无铰拱时,拱肋内受力钢筋伸入墩帽内的长度不小于1.5倍拱脚厚度;当主拱圈为二铰拱或三铰拱时,拱铰处构造如图4-4所示。肋拱自身重量轻,工程量小,外形轻巧美观,可分段预制吊装,也可现场浇筑,但钢筋用量较多。

3 双曲拱

双曲拱的主拱圈是由拱肋、拱波、横向连系构成的,纵横两个方向均呈拱形的结构,如图4-5所示。其中拱肋是主要承重构件,可现浇或分段预制吊装。当采用无支架施工时,分段预制吊装拼接后的拱肋可作为其余结构部分施工的支架。中肋横断面多采用⊥形、凹形或工字形,边肋多用L形。为了加强与拱波的连接,常在拱肋顶面设有齿槽并配置锚固钢筋,如图4-6所示。

拱波一般分预制和现浇两层,预制拱波位于下层,一般为圆弧形,横断面为矩形,一般厚6 cm,宽20~30 cm,每块重一般不宜过大,以便运输安装;预制拱波的一侧常做成有削角的斜面,以便与上层现浇拱波更好地结合。上层现浇拱波(也称拱板)厚度应不小于预制拱波厚度,在两波面相交的波谷处宜适当填高,一般填高至主拱圈高度 t 的0.6倍,如图4-7所示。

拱波跨径 L_0 一般为1.2~1.6 m或稍大,矢跨比为1/3~1/5。拱波个数视主拱圈宽度而定,常采用单波、双波和三波,为减少拱波与拱肋连接,增强其整体性,以采用少波为宜。

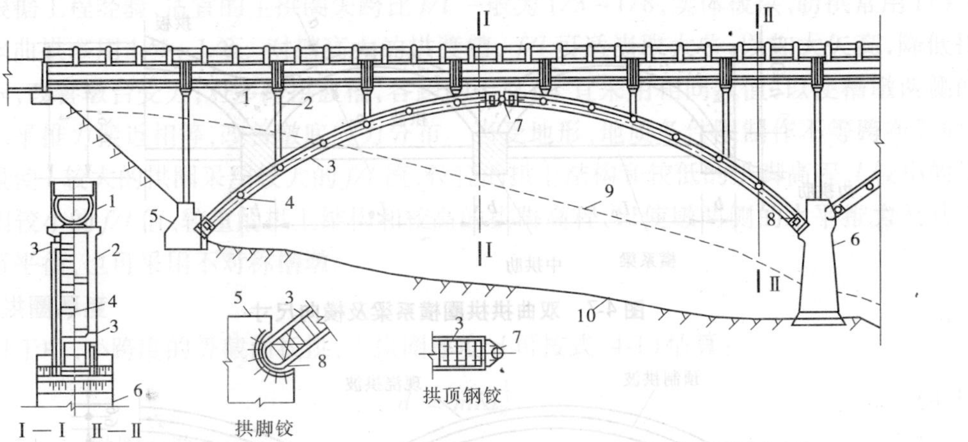

1—U形槽身；2—排架；3—肋拱；4—横系梁；5—拱座；6—槽墩；
7—拱顶钢铰；8—拱脚铰；9—原地面线；10—开挖线

图4-4 肋拱渡槽

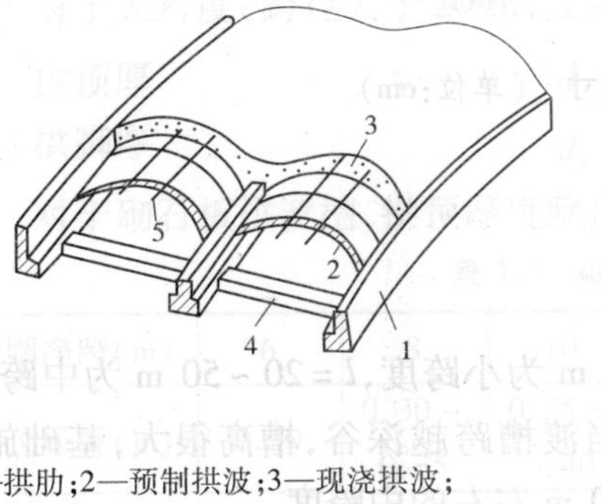

1—拱肋；2—预制拱波；3—现浇拱波；
4—横系梁；5—纵向钢筋

图4-5 双曲拱圈组成图

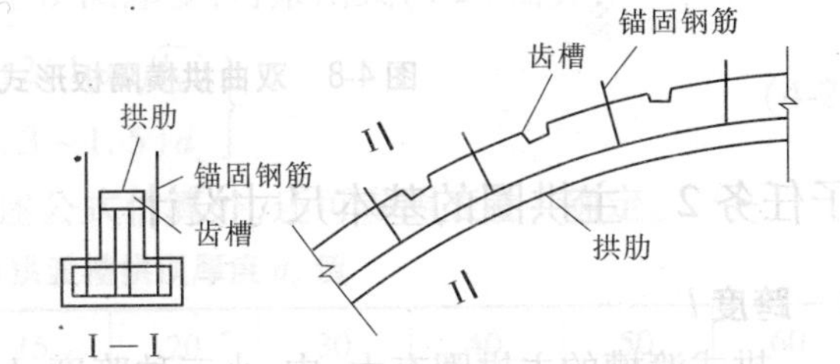

图4-6 连接齿槽及锚固钢筋

横向连系构件由横系梁（见图4-7）和横隔板（见图4-8）构成，其作用是加强主拱圈的横向整体性和稳定性。横系梁等距布置，间距为3～5 m，横断面尺寸按构造要求确定；横隔板间距不大于10 m，常布置在拱顶、1/4拱跨，拱上结构的横墙、立柱、排架下面，以及分段吊装的拱肋接头处等部位，厚度一般为20 cm。为减轻重量，有时在横隔板上布置几个圆孔，或做成变厚度的。

横向连系构件内钢筋按构造要求布置，一般采用4～6根Φ 10～Φ 16 mm的钢筋，并尽量与拱肋主筋连接。

中、小跨度的双曲拱可用砌石砌砖、无筋或少筋混凝土建造；当采用钢筋混凝土结构时，双曲拱可做成大跨度。由于双曲拱在纵横两个方向均呈拱形，可比用同样多数量的材料做成的实心板拱有更大的承载力，但其结构复杂，整体性和横向刚度较板拱稍低，易产生纵向裂缝。与肋拱相比，双曲拱较节省钢材，但其自重比肋拱大。

拱肋宽 $$b = \frac{l}{800} + 18 \tag{4-4}$$

拱肋厚 $$h = 0.4t \tag{4-5}$$

拱波厚度(预制与现浇部分总厚) $$d = \frac{l}{800} + 8 \tag{4-6}$$

式中符号意义同前。

当采用无支架施工，主拱圈起施工支架作用时，拱肋厚 h 还应不小于主拱圈跨径的0.9% ~1.2%，以保证纵向稳定。跨径不大于50 m时，应取大值，且拱肋底宽 b 不小于拱肋厚度的0.6 ~1.0倍。

5　拱脚高程

确定拱脚高程应考虑以下几点：

(1)墩台一般应有一定高度，防止拱脚埋入地面以下。

(2)槽高不大时，拱脚高程一般布置在河道最高洪水位附近。

(3)对多跨拱渡槽，因槽身有一纵坡 i，在每一跨长 l 内，槽身下降一高度 il，为此拱脚高程布置有以下三种情况：

①改变拱上结构的高度使之满足槽身纵坡 i 的要求，这时墩台受力不受 i 影响，但渡槽较长时，施工较麻烦。

②每一墩顶两侧的拱脚设一高差值 il，施工简单，但对墩身应力及基底压力分布不利。

③使各跨拱圈的两个拱脚高程相差 il，而每一槽墩两侧的拱脚高程相同。这时主拱圈成为不对称拱，对拱圈、槽墩受力均有不利影响，但因纵坡 i 值一般不大，这种影响通常很小，且施工简单，工程中应用较多。

子任务3　主拱轴线设计

为充分利用拱结构的特性，发挥材料的抗压性能，使拱圈结构设计得既安全又经济，合理的主拱圈轴线形式，应与渡槽设计工况下的荷载压力线(以截面合内力为切线的曲线)重合或接近重合。此时拱圈截面内只有轴向力 N，而没有弯矩 M 和剪力 Q。但由于在工程应用中槽内水深是变化的，加之其他因素如温变、混凝土干缩、拱圈受载后的弹性压缩等影响，实际上难以找到一条拱轴线，在各种情况下都能与拱圈的荷载压力线重合。因此，设计时通常将槽内为设计水深或满槽水时的拱圈荷载作为设计荷载来确定其压力线，以之作为主拱圈设计拱轴线。

实腹式拱渡槽的设计拱轴线是一悬链线；排架式拱上结构的设计拱轴线是一个二次抛物线，它也是 $m=1$ 的悬链线；横墙空腹式拱上结构工程中常采用“五点重合法”来设计主拱轴线，即使主拱轴线在拱顶，左、右拱脚，两个拱跨1/4点处及与设计荷载压力线重合，该5点之外主拱轴线与荷载压力线可以有偏离。

实际工程中，当跨度较大时，板拱多采用变截面悬链线拱，肋拱多用变截面悬链线拱或二次抛物线拱，双曲拱常用悬链线拱或高次抛物线拱。为施工方便，对较小跨径的主拱圈，如实体板拱跨径 $l<20$ m，肋拱 l 为20 ~30 m及中、小拱跨的双曲拱，常采用等厚圆弧

拱,中心角多为120°~130°,有时也可用180°的半圆拱,但应力条件较差。

子任务4 主拱圈的内力与稳定计算

工程设计中,计算主拱圈的内力与稳定常利用有关设计手册中的图表进行简化计算。以等厚度悬链线无铰板拱为例,不考虑弹性压缩时,即认为拱轴线在荷载作用下无缩短变形,因此在设计荷载下,拱轴线与荷载压力线重合。此时在悬链线式实腹拱、排架空腹拱的任意截面上,横墙式空腹拱在拱顶、拱脚、1/4 拱跨截面上,只承受轴向压力 N,而弯矩 M、剪力 Q 均为零。这时无铰拱成为实际上的静定三铰拱,拱圈内力可由静力平衡条件求出。当考虑弹性压缩时,拱圈在外荷载作用下,因受到轴向压力的压缩,拱轴线将缩短而变形,使荷载压力线不再与设计拱轴线重合,因此拱圈内将产生附加内力,称其为弹性压缩内力。弹性压缩内力包括附加弯矩 ΔM、附加轴向力 ΔN(剪力 ΔQ 很小,一般忽略不计),其值可用弹性中心方法求出。

求得拱圈内力后,即可按最不利情况进行荷载效应组合,按偏心受压构件进行承载力验算和配筋设计。拱式渡槽承载力验算的基本组合一般为:设计水深+恒载(结构重)情况,或设计水深+恒载+混凝土收缩情况;偶然组合一般为:恒载+温升(或温降)+混凝土收缩情况,或恒载+温升(或温降)+混凝土收缩+横向风压情况,地震区还应验算地震力影响。一般以基本组合设计拱圈截面,以偶然组合进行校核。拱圈承载力验算时,一般只需验算拱顶、拱脚、1/4 拱跨几个控制截面;对于大跨径渡槽,还应验算 1/8 拱跨与 3/8 拱跨截面;对于小跨径渡槽,可只验算拱顶与拱脚截面。

主拱圈是以受压为主的构件,当跨度大且横向尺寸较小时,受力后可能会产生较大的屈曲变形而丧失稳定,故需进行稳定验算。验算内容包括纵向稳定(屈曲后拱轴仍在原拱轴平面内,即绕横截面内水平重心轴挠曲)和横向稳定(屈曲后拱轴不在原拱轴平面内,即绕横截面内铅直重心轴挠曲)。

任务3 支承结构设计

拱式渡槽的槽墩和槽台,按受力情况不同,可分为对称墩、不对称墩、单相推力墩、加强墩等几种形式。

子任务1 对称墩设计

对于等跨布置的拱渡槽,中墩两侧受力平衡,称对称墩。对称墩只受竖向力,墩两侧水平推力和力矩平衡。对称墩与梁式渡槽的重力式中墩相似,其形式与构造也相近,墩身可为实体或空心结构。但墩帽(如图4-9所示)要求较高,常用不小于C20的混凝土建造。在墩帽与拱脚结合部位常铺设1~2层Φ 9~12@100 mm的钢筋网。无铰拱槽墩还应埋设锚固钢筋。墩帽宽度可为拱跨的1/15~1/25(混凝土墩)或1/10~1/20(浆砌石墩)或2~3倍主

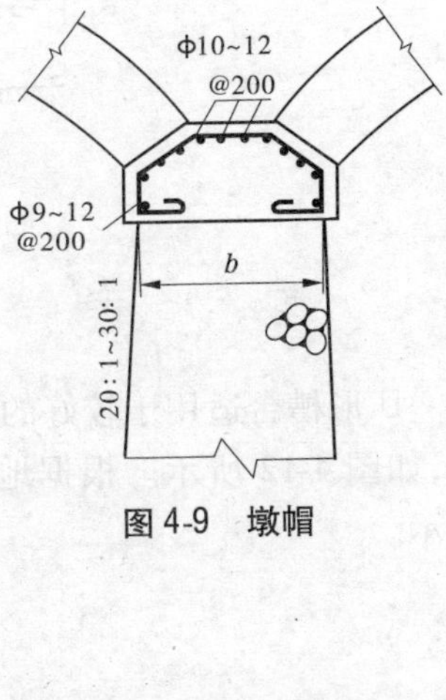

图4-9 墩帽

拱圈厚度。

子任务 2　不对称墩设计

对多跨拱渡槽，因地形地质条件等限制布置成不等跨时，须设置不对称墩，以承受两侧不等跨拱圈传来的荷载。不对称墩的结构形式与布置，应根据墩两侧拱圈的布置而定，结构尺寸应由计算确定。

子任务 3　槽台设计

槽台即拱式渡槽的边墩，也称单向推力墩或拱座。拱式渡槽槽台除承受顶部铅直荷重、台后侧向土压力（按静止土压力计）外，还承受一侧拱圈传来的拱脚内力，如图 4-10 所示。槽台的结构尺寸，应保证在上述荷载作用下有足够的稳定性，还应尽量使荷载压力线（各截面合力作用点连线）靠近槽台各水平截面的重心，使各截面及基底面承受的压力接近于均匀分布。为此，槽台的基本形状多为梯形（上窄下宽）。槽台基础底面，一般做成水平的，为提高槽台的抗滑稳定性，也可做成稍微倾斜的或底部设抗滑齿墙。

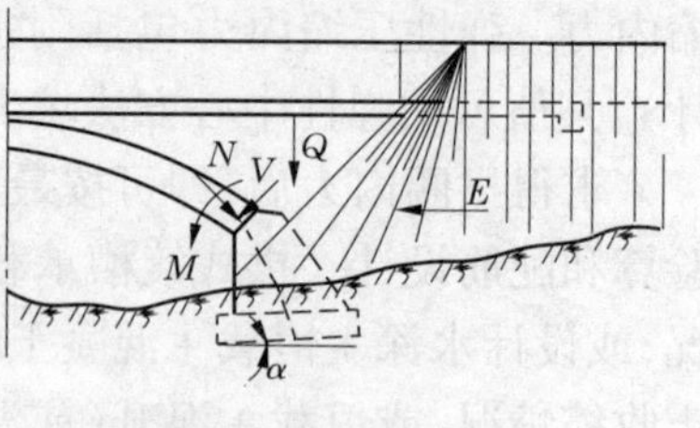

图 4-10　实心砌体槽台

槽台结构形式，当拱跨较小、槽身较窄时，可用砖、石或混凝土做成实体重力式的，否则，可采用填背式 U 形槽台，如图 4-11 所示。U 形槽台由前墙、两侧侧墙、基础底板及填料等组成，常为浆砌石结构；前墙承受拱脚作用力，支承边跨墙身，并承受墙后填料土压力；顶宽（顺槽向）应不小于 0.4 m，常用 0.6 m，任一水平截面宽度不宜小于该截面至墙顶高度的 0.4 倍；侧墙顶宽亦不宜小于 0.4 m，任一水平截面宽度不宜小于该截面至墙顶高度的 0.35 倍（砌块石、料石或混凝土墙体）或 0.4 倍（砌片石墙体）；侧墙应伸入两岸岸坡或填方渠道的锥形坡内，伸入长度视岸坡长度或锥形坡布置情况确定，保证槽身与渠道较好连接；前墙和两侧墙之间填以透水性较好的砂石料，以利排水，上部填黏土夯实以防渗；基础底板将前墙和两侧墙连成一体，组成 U 形结构，基底长度根据槽台抗滑稳定和基底应力情况确定。

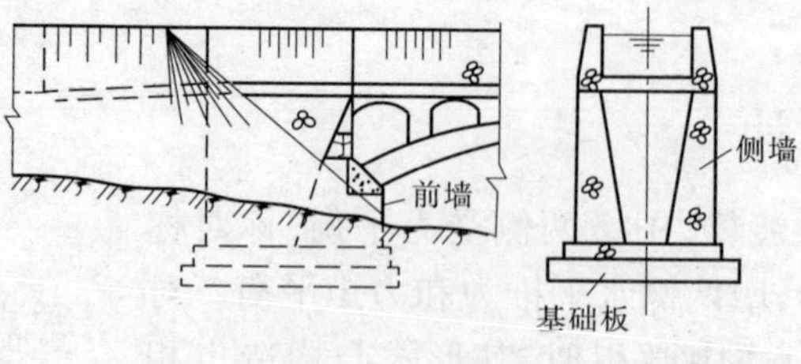

图 4-11　U 形槽台

U 形槽台适用于较好的地基。当槽台较高、地基承载力较低时，也可将槽台做成空腹式，如图 4-12 所示。根据地质条件不同，槽台还可采用桩式、曲尺式、翘尾式，如图 4-13 所示。

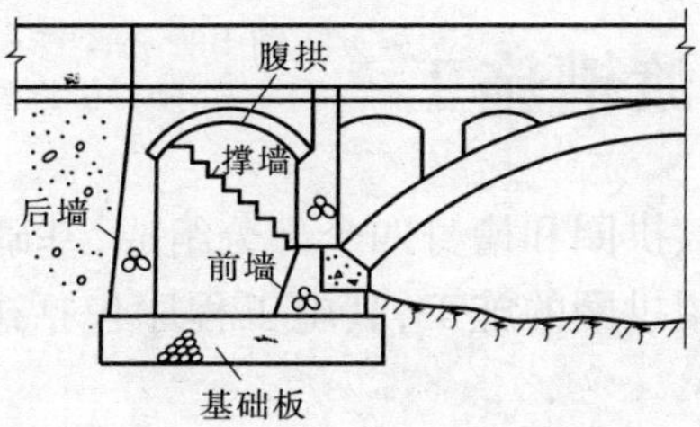

图 4-12 空腹式槽台

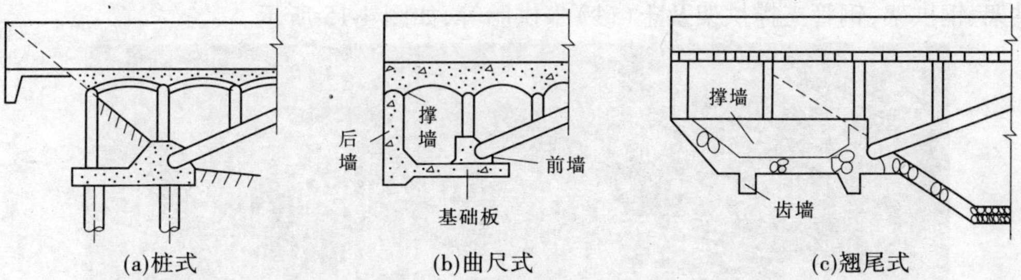

图 4-13 其他槽台形式

子任务 4 加强墩设计

对于重要的多孔拱式渡槽，为防止某一槽墩破坏时引起连锁反应，可每隔 3 ~ 5 孔设一加强墩，如图 4-14 所示。加强墩须能承受单侧拱圈传来的作用力，满足抗滑、抗倾稳定要求，基底与墩身承载力要求，墩身与墩帽接触面处及墩身内的抗剪承载力要求等。

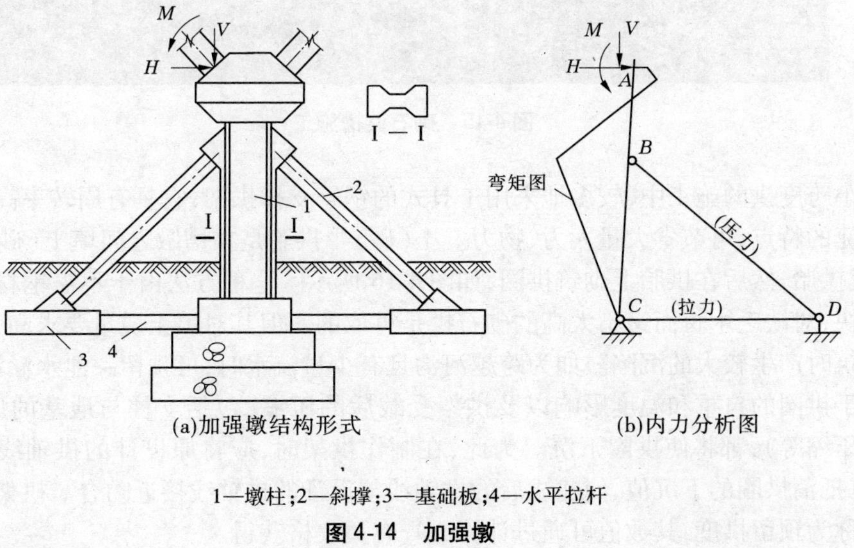

1—墩柱；2—斜撑；3—基础板；4—水平拉杆

图 4-14 加强墩

任务 4　砌石拱渡槽施工

砌石拱渡槽由基础、槽墩、拱圈和槽身四个部分组成，基础、槽墩和槽身的施工与一般圬工结构相似。下面着重介绍拱圈的施工，其施工程序包括砌筑拱座、安装拱架、砌筑拱圈及拱上建筑、拱架拆除等。

子任务 1　拱架施工

砌拱时用以支承拱圈砌体的临时结构称为拱架。拱架的形式很多，按所用材料分为木拱架、钢拱架、钢管支撑拱架及土（砂）牛拱胎等，如图 4-15 所示。

图 4-15　砌石渡槽施工

在小跨度拱的施工中，较多地采用工具式的钢管支撑拱架，它具有周转率高、损耗小、装拆简捷的特点，可节省大量人力、物力。土（砂）牛拱胎是在槽墩之间填土（砂）、层层夯实，做成拱胎，然后在拱胎上砌筑拱圈，如图 4-16 所示。这种方法由于不需钢材、木材，施工进度快，对缺乏木材而又不太高的砌石拱是可取的。但其对填土质量要求高，以防止在拱圈砌筑时产生较大的沉陷。如为跨越河沟且有少量流水时，可预留一泄水涵洞。

由于拱圈的自重和温度影响以及拱架受载后的压缩（包括支柱与地基的压缩、卸架装置的压缩等），都将使拱圈下沉。为此，在制作拱架时，应将原设计的拱轴线坐标适当提高，以抵消拱圈的下沉值，使建成后的拱轴线与设计的拱轴线接近吻合。拱架的这种预加高度称为预留拱度，其数值可通过计算或查有关表格获得。

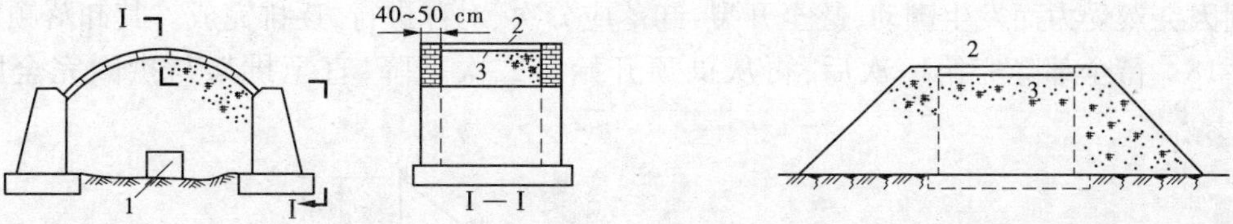

(a)上、下游砌直墙　　(b)上、下游填土

1—泄水洞;2—砂浆抹面;3—填土夯实

图4-16　土牛拱胎

子任务2　砌筑拱圈

砌筑拱圈时,应注意施工程序和方法,以免在砌筑过程中拱架变形过大而使拱圈产生裂缝。根据经验,跨度在8 m以下的拱圈,可按拱的全宽和全厚,自拱脚同时对称、连续地向拱顶砌筑。跨度在8～15 m的拱圈,最好先在拱脚留出空缝,从空缝开始砌至1/3矢高时,在跨中1/3范围内预压总数20%的拱石,以控制拱架在拱顶部分上抬。当砌体达到设计强度的70%时,可将拱脚预留的空缝用砂浆填塞。跨度大于15 m的拱圈,宜采用分环、分段砌筑。

(1)分环。当拱圈厚度较大,由2～3层拱石组成时,可将拱圈全厚分环(厚)砌筑,即砌好一环合龙后,再砌上面一环,从而减轻拱架负担。

(2)分段。若跨度较大,需将全拱分成数段,同时对称砌筑,以保持拱架受力平衡。砌筑的次序是先拱脚,后拱顶,再1/4拱跨处,最后其余各段,每段长5～8 m。分段砌筑拱圈时,须在分段处设置挡板或三角木支撑,以防砌体下滑,如图4-17所示。如拱圈斜度小于20°,也可不设支撑,仅在拱模板上钉扒钉顶住砌体。砌筑拱圈时,在同一环中应注意错缝,缝距不小于10 cm。砌缝面应呈辐射状,当用矩形石砌筑拱圈时,可调节灰缝宽度,使其呈辐射状,但灰缝上下宽差不得超过30%。

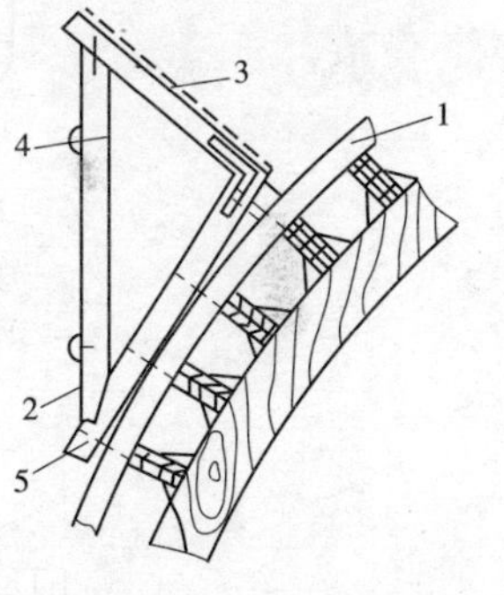

1—模板;2—三角木支撑;
3—挡板;4—拉条;5—螺栓

图4-17　三角木支撑

(3)空缝的设置。砌筑大跨度拱圈时,除在拱脚留出空缝外,还需在各段之间设置空缝,以避免拱架变形过程中使拱圈开裂。

(4)拱上建筑的砌筑。拱圈合龙后,待砂浆达到承压强度,即可进行拱上建筑的砌筑。空腹拱的腹拱圈,宜在主拱圈落架后再砌筑,以免因主拱圈下沉不均,使腹拱产生裂缝。

子任务3　拱架拆除

拆架期限,主要是根据合龙的砌筑砂浆强度能否满足静荷载的应力需要,具体日期应根据跨度大小、气温高低、砂浆性能等确定。

拱架卸落前，上部圬工的重量绝大部分由拱架承受，卸架后，转由拱圈负担。为避免拱圈因突然受力而发生颤动，甚至开裂，卸落应分次、对称进行，逐排完成。其卸落顺序见图 4-18。待全部降完第一次后，再从拱顶开始第二次下降，直至拱架与拱圈完全脱开为止。

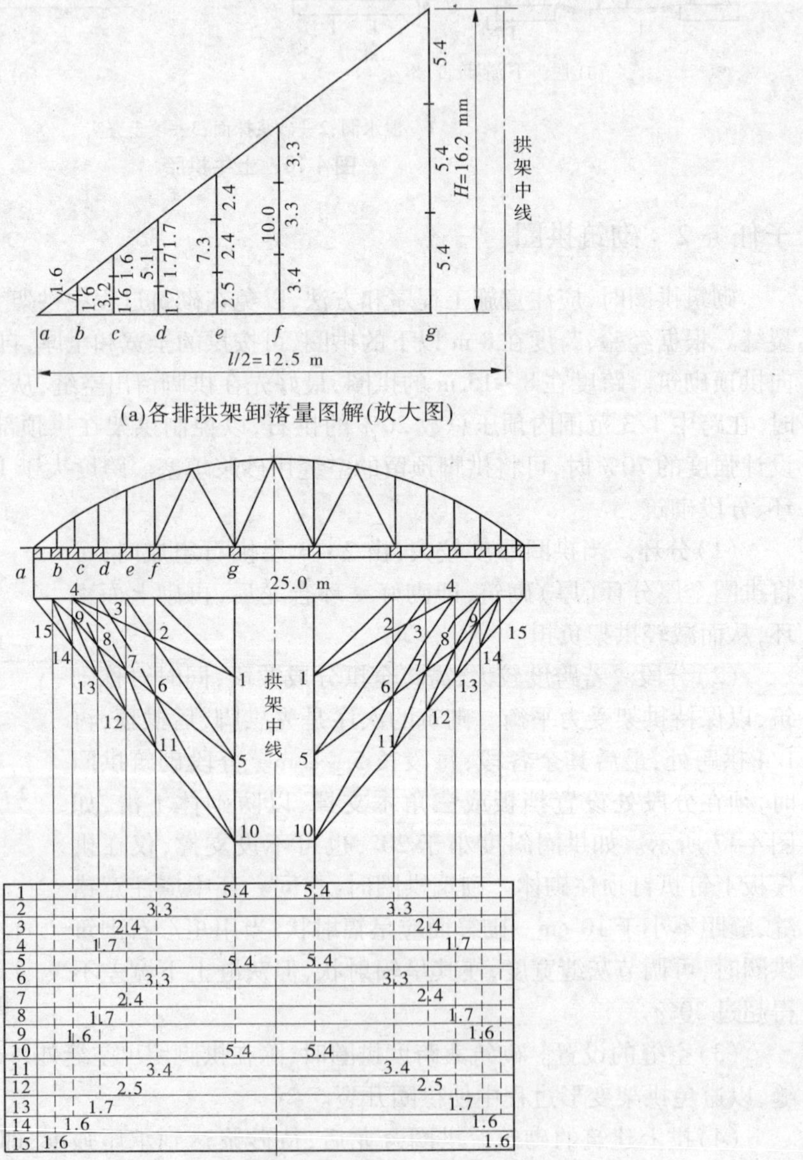

(a)各排拱架卸落量图解(放大图)

(b)卸落步骤

图 4-18　拱架分层卸落(纵横比例不同)

项目5 倒虹吸管设计与施工

任务1 倒虹吸管的构造

子任务1 倒虹吸管的适用条件和特点

倒虹吸管是长距离输水工程中通过山谷、河流、洼地、道路或者其他渠道的压力输水管道，是一种渠道交叉建筑物，是输水及灌溉渠系工程中的重要建筑物之一，如图5-1所示。

(a) (b)

图5-1 倒虹吸管

输水工程与山谷、河流或其他渠道相交时，可用倒虹吸管、渡槽、填方渠道下的涵洞等交叉建筑物。这些建筑物各有适用条件，选用时必须因地制宜，全面考虑。

一般在以下情况可考虑采用倒虹吸管。

(1)当输水河渠与河流、山谷、洼地、道路等障碍物或其他渠道交叉，且高差较小，建渡槽或挖方渠道及涵洞均不能满足洪水宣泄，或者有碍船只、车辆通行时，应修建倒虹吸管从障碍物底部通过。

(2)在山区，渠道沿山边绕行，若沿线基岩破碎，裂隙发育，易漏水，而为减少水量损失，采用防渗工程量又很大时，可将渠线取直，用倒虹吸管或渡槽跨越深谷。

倒虹吸管具有工程量小、施工方便、节约劳动力及造价低，有的可以工厂化生产等优点。但是，倒虹吸管在输水时水头损失较大，因此在水头宝贵的灌区工程中，它的使用受到了一定的限制。此外，通航渠道上亦不能采用倒虹吸管。由于承受高压水头，倒虹吸管在运用和管理方面亦不及渡槽等建筑物方便。

子任务 2　倒虹吸管的分类

倒虹吸管的分类有多种方法，按制作方法分类，可分为现浇钢筋混凝土管和预制管；按埋设布置方式分类，可分为上埋式、沟埋式和架空式等；按断面形状分类，有圆形、箱形、城门洞形等；按建筑材料分类，有现浇钢筋混凝土、预应力钢筋混凝土、钢筒预应力混凝土、球墨铸铁和钢板及玻璃钢、聚乙烯等多种。选择什么样的断面形式和材料，要根据地形和地质情况、管道流量大小、压力水头高低、建筑材料来源、施工设备能力、交通条件和经济指标来考虑。其中流量大小和水头高低是决定的主要因素。

根据地形条件、流量大小、水头高低和支承形式等情况，分为竖井式、斜管式、曲线式和桥式四种类型，下面一一介绍。

1　竖井式倒虹吸管

竖井式倒虹吸管是由进出口竖井和中间平洞组成的，如图 5-2 所示。它一般适用于流量不大、压力水头小于 3 ~5 m 的穿越道路的情况。竖井的砌筑，一般采用砖、石或者混凝土。为了改善平洞的受力条件，管顶应埋设在路面以下 1.0 m 左右。

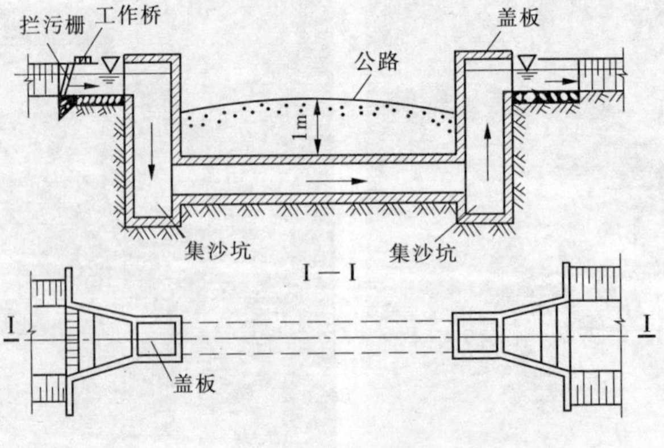

图 5-2　竖井式倒虹吸管

竖井的断面为矩形或者圆形，其尺寸稍大于平洞，并在底部设置深约 0.5 m 的集沙坑，以便于清除泥沙及检修管路时排水。

平洞的断面一般为矩形、圆形或者拱形。

这种形式的倒虹吸管，构造简单、管路较短、占地较少、施工较容易，但水力条件较差，通常用于工程规模较小的情况。

2　斜管式倒虹吸管

斜管式倒虹吸管的管道，进出口为斜卧段，而中间为平直段，如图 5-3 所示。它一般用于穿越渠道、河流而两者高差不大，且压力水头较小、两岸坡地较平缓的情况。

斜管式倒虹吸管与竖井式的相比，水流畅通、水头损失小、构造简单，实际工程中采用较多。但是，斜管式的施工较为不便。

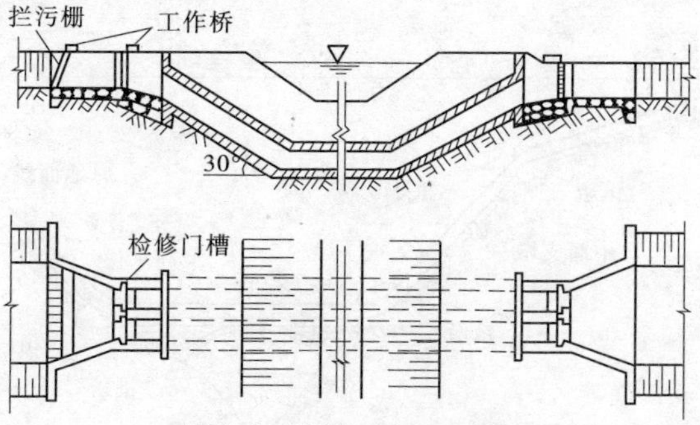

图5-3 斜管式倒虹吸管

3 曲线式倒虹吸管

曲线式倒虹吸管一般沿着坡面的起伏爬行铺设,而成为曲线形,如图5-4所示。它主要适用于跨越河谷或者山沟,而且两者高差较大的情况。为了保证管道的稳定性,并减少施工的开挖量,铺设管道的岸坡应比较平缓,对于土坡 $m \geqslant 1.5 \sim 2.0$,对于岩石坡 $m \geqslant 1.0$。

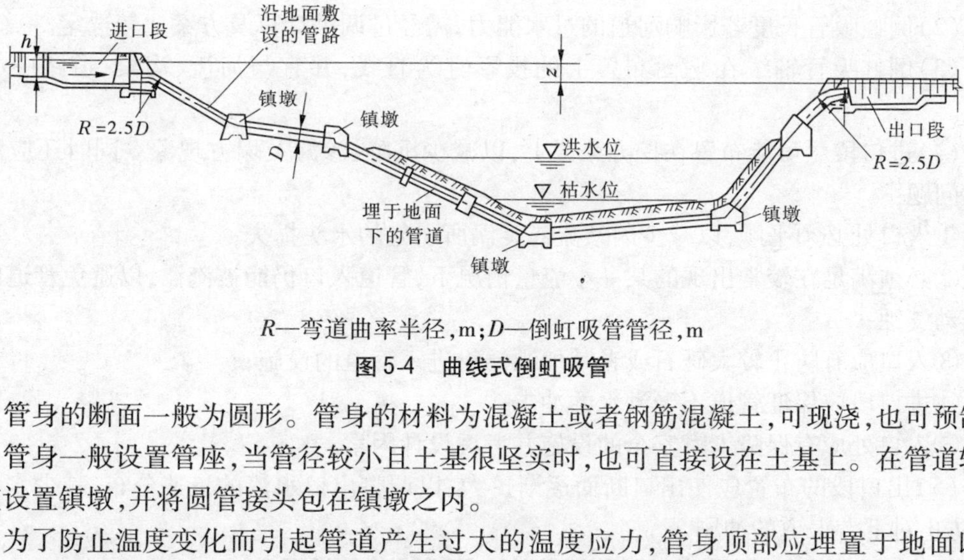

R—弯道曲率半径,m;D—倒虹吸管管径,m

图5-4 曲线式倒虹吸管

管身的断面一般为圆形。管身的材料为混凝土或者钢筋混凝土,可现浇,也可预制安装。管身一般设置管座,当管径较小且土基很坚实时,也可直接设在土基上。在管道转弯处应设置镇墩,并将圆管接头包在镇墩之内。

为了防止温度变化而引起管道产生过大的温度应力,管身顶部应埋置于地面以下0.5~0.8 m。为了减小工程量,埋置深度也不宜过大。在寒冷地区,管道应埋置于冻土层以下0.5 m。通过河道水流冲刷部位的管道,管顶应埋设在冲刷线以下0.5 m。

4 桥式倒虹吸管

桥式倒虹吸管与曲线式倒虹吸管相似,在沿坡面爬行铺设曲线形管段的基础上,在深槽部位建桥,管道铺设在桥面上或者支承在桥墩等支承结构上,如图5-5所示。

这种形式多用于渠道与较深的复式断面或者河谷交叉的情况。其主要特点是可以降低管道承受的压力水头,减少水头损失,缩短管身长度,并可避免在深槽中进行管道施工的困难。

桥下应有足够的净宽高度,以满足泄洪要求。在通航的河道上,还应该满足通航要求。

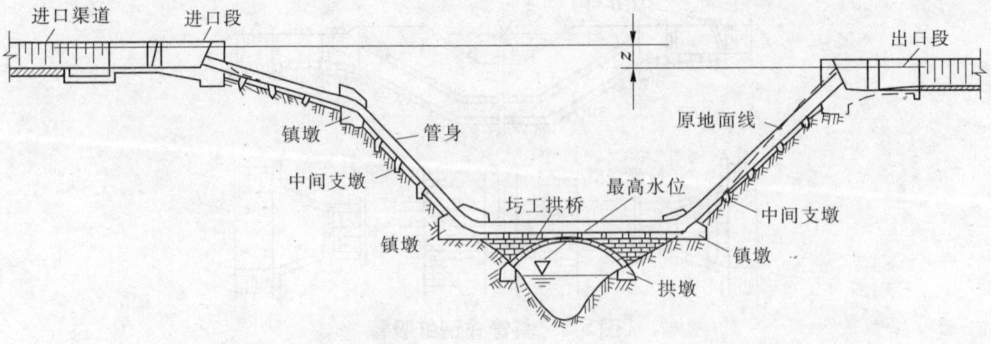

图 5-5　桥式倒虹吸管

子任务 3　倒虹吸管的布置原则

倒虹吸管由进口段、管道段及出口段三部分组成,其总体布置应满足以下原则:

(1)倒虹吸管宜设在地形、地质较好的地段,以减小设计和施工难度。

(2)倒虹吸管长度若影响河道的过水能力,需经过调洪计算及方案比较选定。

(3)倒虹吸管轴线在平面布置上的投影宜为直线,并宜与河流、沟渠、道路中心线正交。

(4)进口段尽可能布置在挖方渠段上,以减少沉陷、渗漏及塌方现象。同时还应注意下述问题:

①入口处必须平顺,以减少因紊流或旋涡所引起的水头损失;

②必须满足在较常出现的某一小流量情况下,管道入口仍能被淹没,以避免管道内发生振动气蚀;

③入口应有防止较大砾石或者其他漂浮物进入管道的设施;

④进口段应保证管道不受洪水的冲击;

⑤入口处应有保障人畜安全的设施并考虑设计因素;

(5)出口段的布置应使出口断面逐渐扩大,以调整出口水流的流速分布,减少水头损失,防止对下游渠道的冲刷。

(6)布置管线时,要注意考虑冲沙及放空管道设备的设置。

(7)管线布置时,在立面内应力求避免上凸形拱翘布置,以求水流顺畅。工程量大时,是采用挖除凸起段还是填筑凹下段,应作方案比较后确定。实在不能避免时,管顶部应设真空破坏装置,如通气阀之类。

某倒虹吸管总体布置如图 5-6 所示。

子任务 4　进口段布置和构造

1　进口段的组成

进口段主要由渐变段、进水口、拦污栅、闸门、工作桥、沉沙池及退水闸等部分组成,如图 5-7 所示。各组成部分视具体情况按需要设置。

图 5-6　某倒虹吸管总体布置

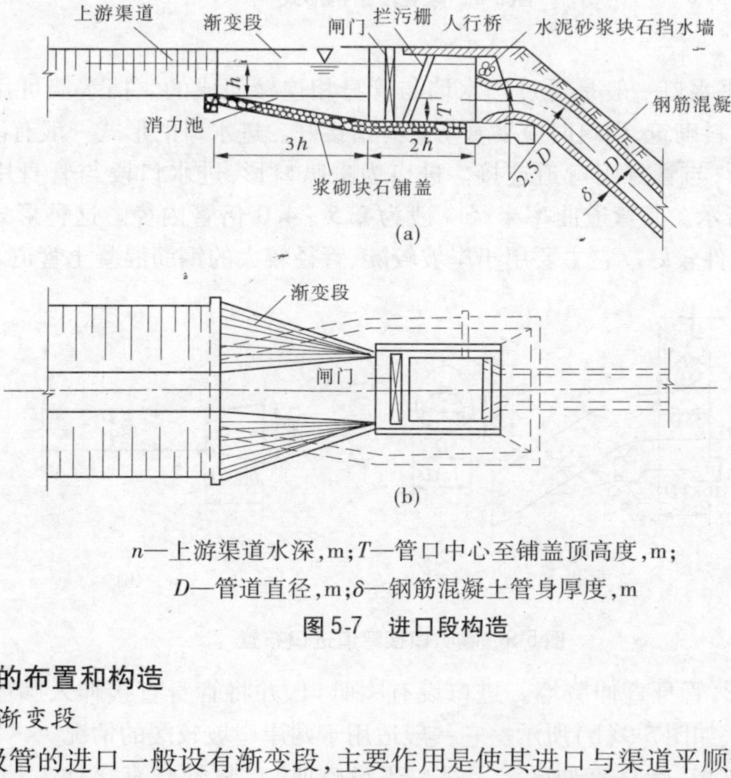

n—上游渠道水深，m；T—管口中心至铺盖顶高度，m；
D—管道直径，m；δ—钢筋混凝土管身厚度，m

图 5-7　进口段构造

2　进口段的布置和构造

2.1　进口渐变段

倒虹吸管的进口一般设有渐变段，主要作用是使其进口与渠道平顺连接，以减少水头损失。渐变段长度一般采用 3～5 倍的渠道设计水深。渐变段形式一般有扭曲面（见图 5-8(a)）、直立八字墙（见图 5-8(b)）、圆锥式（见图 5-8(c)），应根据渠道流量及水头大小选用。如水头富裕，渠道流量不大，可用直立八字墙式渐变段，施工简易；若水头宝贵,宜采用扭曲面渐变段,水头损失较小,但施工放样复杂一些。

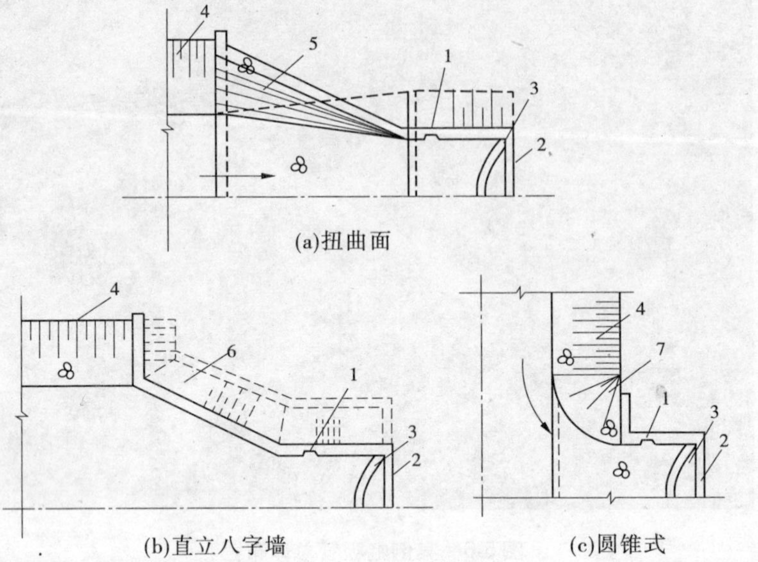

1—闸门槽;2—挡水胸墙;3—管道进口;4—上游渠道;5—扭曲面;6—直立八字墙;7—圆锥体

图 5-8　渐变段结构形式

2.2　进水口

倒虹吸管的进水口一般是通过挡水墙与管身相连接而成的。挡水墙可用混凝土浇筑,也可用圬工材料砌筑,砌筑时应妥善与管身衔接好。进水口的形式一般有以下三种:

(1)喇叭口形,与管身用弯道连接。进口为喇叭口形,进水口段与管身用弯道相连接,如图 5-9(a)所示。其弯道曲率半径一般为 2.5 ~ 4.0 倍管内径。这种形式的构造较为复杂,但水流条件较好。它主要用于岸坡较陡、管径较大的钢筋混凝土管道。

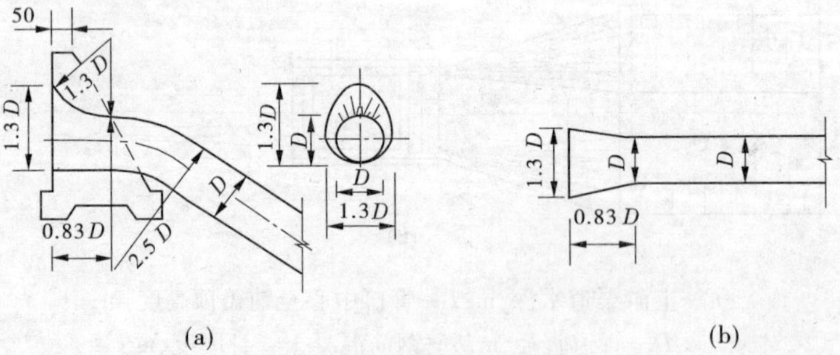

图 5-9　喇叭口接弯道进口布置

(2)喇叭口形,管身直伸胸墙。进口设有喇叭口,并将管身直接伸入胸墙 0.5 ~ 1.0 m,与喇叭口连接,如图 5-9(b)所示。它一般适用于两岸岸坡较缓的情况。

(3)无喇叭口形,管身直伸胸墙。进口不设喇叭口,将管身直接伸入挡水墙内,如图 5-10 所示。它的主要特点是构造简单、施工方便,但水流条件较差。它一般用于小型倒虹吸管。

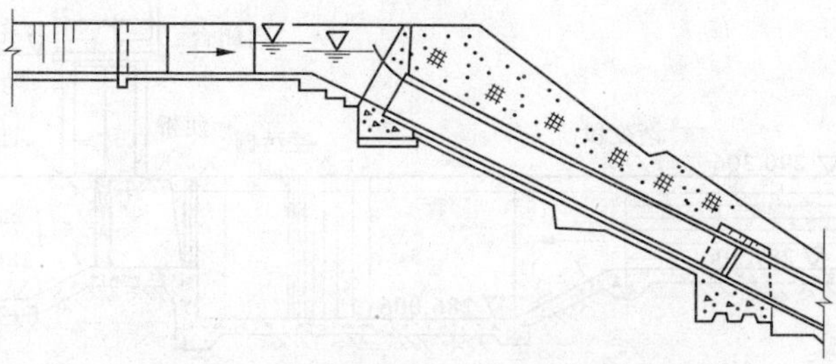

图5-10　无喇叭口接直管道进口布置

2.3　拦污栅

拦污栅是拦截渠道内较大的砾石或漂浮物的设施，并可保障人畜安全。它一般布置在管道进口的工作闸门前；拦污栅不宜太靠近管口，否则清污效果不好，且易冲坏栅条。

拦污栅有活动的，也有固定的。活动式拦污栅设在闸槽内，清污时可向上提起栅体；固定式拦污栅边框固定于预埋件上，用齿耙或清污机清理。栅条与水平面夹角以70°~80°为宜，如图5-7所示，栅条间距一般为5~15 cm，栅条可采用Φ8~Φ16圆钢或5~8 mm厚的扁钢焊成。栅片亦可采用低合金钢制作，防锈性能好。

2.4　闸门

双管或多管倒虹吸，在其进口应设置闸门，如图5-11所示。当过流量较小时，可用一根管或几根管道输水，以防止进口水位跌落，同时可增加管内流速，防止管道淤积。

对于单管倒虹吸，其进口一般可不设置闸门，有时仅在侧墙留闸门槽，以便在检修和清淤时使用，需要时临时安装插板挡水。

闸门的形式，可用平板闸门或叠梁闸门。

2.5　工作桥

为了启闭闸门或进行清污，有条件情况下，可设置工作桥或启闭台，如图5-11所示。为了便于运用和检修，工作桥或启闭台面应高出闸墩顶足够的高度，通常为闸门高再加1.0~1.5 m。工作桥的构造及设计，可参考水闸有关部分。

2.6　沉沙池

对于多泥沙的渠道，在进水口之前，一般应设置沉沙池，如图5-11所示。其主要作用是拦截渠道水流挟带的粗颗粒泥沙和杂物，以防止造成管壁磨损、淤积堵塞，甚至影响倒虹吸管道的输水能力。对于悬移质为主的平原地区渠道，也可不设沉沙池。

对沉沙池内的泥沙，要根据沉积数量及清淤周期的要求，在停水期间，进行人工清淤；也可结合进口退水冲沙闸，进行水力冲沙。

山丘地区的绕山渠道，沉沙池应适当加深，以防止泥沙入渠，造成倒虹吸管的磨损。

2.7　退水冲沙闸

沉沙池下游侧需设置冲沙闸，此闸亦可兼作泄水闸用。当倒虹吸管发生事故时，为确保工程的安全，可关闭倒虹吸管前的闸门，将渠水从退水闸安全泄出。冲沙闸冲沙泄洪时需与进口节制闸配合使用，如图5-11所示。对于含沙量不大的较小型倒虹吸管，可在管道最低部位设置冲沙孔，定时冲淤。

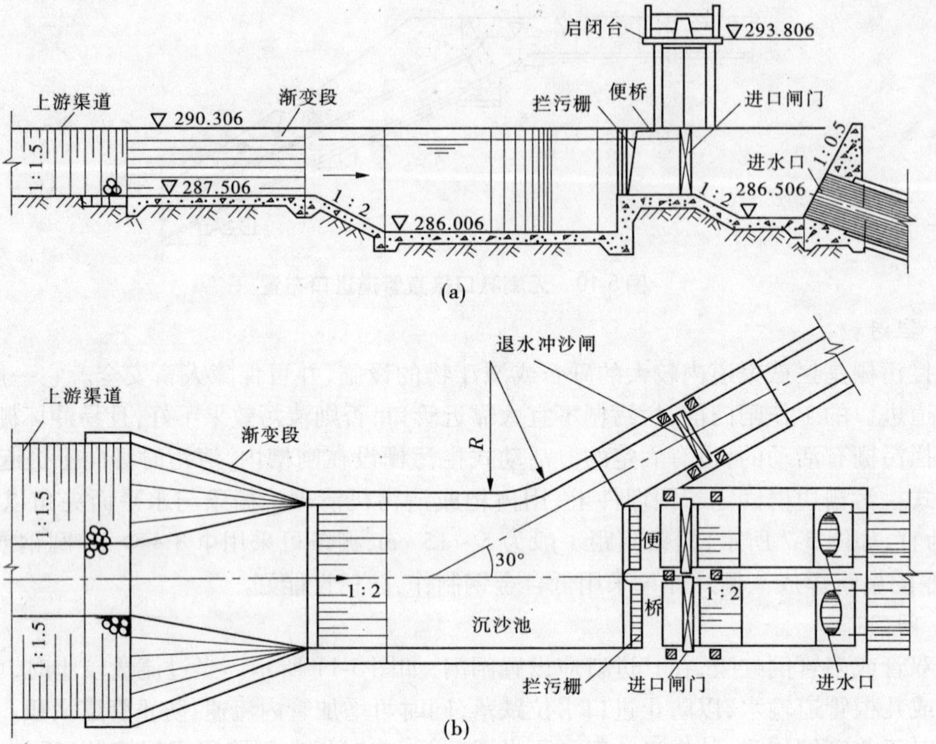

图 5-11　双管倒虹吸管进出口布置

子任务 5　出口段的布置和构造

出口段包括出水口、闸门、消力池、渐变段等。其布置型式与进口段相似。

1　闸门

为了便于运行管理,在双管或多管倒虹吸的出口,应设置闸门或预留检门槽。

2　消力池

消力池一般设置在渐变段的底部,主要用于调整出口流速分布,以使水流平稳地进入下游渠道,防止造成下游渠道的冲刷。

倒虹吸管出口水流流速一般较小,消力池的尺寸,可按以下经验公式进行估算。

池长　$L \geqslant (3 \sim 4)h$　(5-1)

池深　$T \geqslant 0.5D + \delta + 30$　(5-2)

式中　h——渠道的设计水深,m;

D、δ——管道内径与管壁厚度,mm。

3　渐变段

出口一般设有渐变段,以使出口与下游渠道平顺连接,其长度一般为 4 ~6 倍的渠道设计水深。

为了防止水流对下游渠道的冲刷,应在渐变段下游 3 ~5 m 的范围内进行渠道的护砌保护。

实际工程中,出口渐变段的长度一般与消力池同长。对于小型工程,出口渠道的连接,也可不用渐变段的型式,如用复式渠道与下游渠道按照相同边坡直接相连,如图5-12所示。

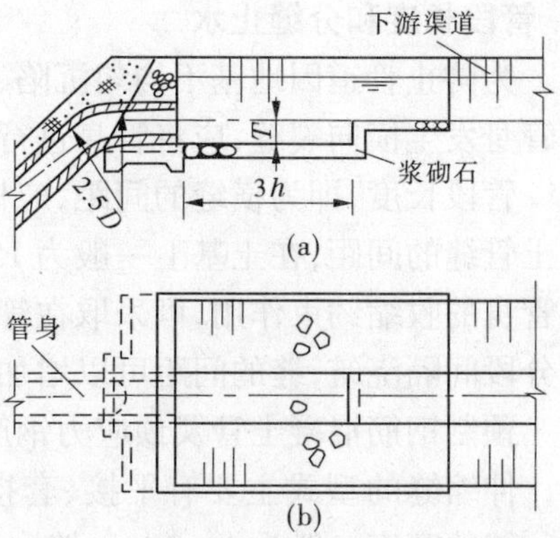

图5-12 复式渠道与下游渠道的连接

子任务6 管路布置和构造

管路的布置和构造,主要内容包括管身断面、材料选择,管壁厚度、管段长度确定,分缝止水、泄水冲沙孔、进人孔以及支承结构布置等。应根据流量大小、水头高低、运用要求、管路埋设情况、高差的大小及经济效益等因素,综合进行考虑。

1 管身断面

倒虹吸管的管身断面一般为圆形,其水力条件和受力条件较好,对于低水头的管道,也可使用矩形或城门洞形断面。

2 管身材料和壁厚

倒虹吸管的材料应根据压力大小及流量的多少、就地取材、施工方便、经久耐用等原则综合分析选择。常用的材料主要有混凝土、钢筋混凝土、预应力钢筋混凝土、铸铁和钢材等。

对于水头小于3 m的矩形或城门洞形小型管道,也可采用砖、石等材料砌筑。

(1)混凝土管。它适用于水头较低、流量较小的情况,一般用于水头为4~6 m,有时也可达10余m。为了防止管身裂缝以及接缝处严重漏水现象经常发生,应严格把握材料强度、施工技术及质量等因素。

(2)钢筋混凝土管。它适用于较高水头,一般为30 m左右,最高可达50~60 m,管径通常不大于3 m。管壁厚度的初步拟定,可根据管径和作用水头而定。

(3)预应力钢筋混凝土管。它适用于高水头,与钢筋混凝土管相比,具有弹性较好、不透水性和抗裂性好,能够充分发挥材料的性能等特点。管壁厚度比钢筋混凝土管稍薄,初步拟定时可参考表5-1确定。预应力钢筋混凝土管与金属管相比,可以节省钢材用量80%~90%。

表5-1 预应力钢筋混凝土管的管径及管壁厚度 (单位:mm)

管径	600	800	1 000	1 200	1 400	2 000
管壁厚度 δ	55	60	70	80	90	130

(4)铸铁管与钢管。它多用于高水头(60 m以上)地段,为了增强管道的刚度,可在管身的外壁每隔一定的距离设置加劲环和支承环。由于这种型式耗用金属材料较多,所以在应用上受到了较大限制。

3 管段长度和分缝止水

为防止管道因地基不均匀沉陷、温度变化以及混凝土的干缩而产生过大的纵向应力，使管身发生横向裂缝，应将管身进行分段，设置沉陷缝或者伸缩缝，并在缝内设置止水。

管段长度，即为横缝的间距，应根据地基、管材、施工、气温等条件确定。现浇钢筋混凝土管缝的间距，在土基上一般为15～20 m；在岩基上一般为10～15 m。为了减小岩基对管身的收缩约束作用，可采取在管身与岩基之间设置油毛毡垫层等措施。这时，管身采用分段间隔浇筑，缝的间距可以增加到30 m。

预制钢筋混凝土管及预应力钢筋混凝土管，管节长度可达5～8 m。

伸缩缝的型式主要有平接、套接、企口接以及预制管的承插式接头等，如图5-13所示。缝的宽度一般为1～2 cm，缝中堵塞沥青麻绒、沥青麻绳、柏油杉板或胶泥等。

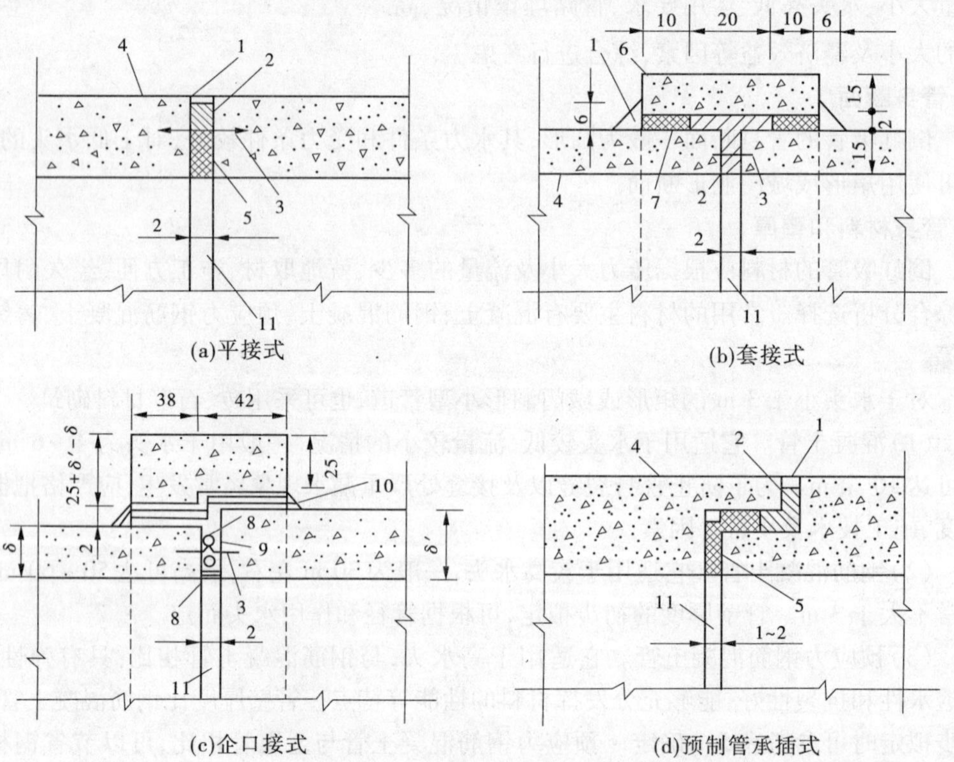

1—水泥砂浆封口；2—沥青麻绒；3—金属止水片；4—管壁；5—沥青麻绳；6—套管；7—石棉水泥；
8—柏油杉板；9—沥青石棉；10—油毛毡；11—伸缩缝

图5-13 管身伸缩缝型式 （单位：cm）

现浇管一般采用平接或套接，缝间止水多采用金属止水片。此外，止水的型式还有塑料止水、环氧基液贴橡皮止水等。

预制管、预应力钢筋混凝土管的接头处即为伸缩缝。接头型式有平口式和承插式。承插式安装方便，密封性好，具有较大的柔性，目前大多采用这种型式，如图5-14所示。

4 泄水冲沙孔、进人孔

为了泄空管内积水、清除管内淤积泥沙以及便于检查维护，一般要在管身设置泄水冲

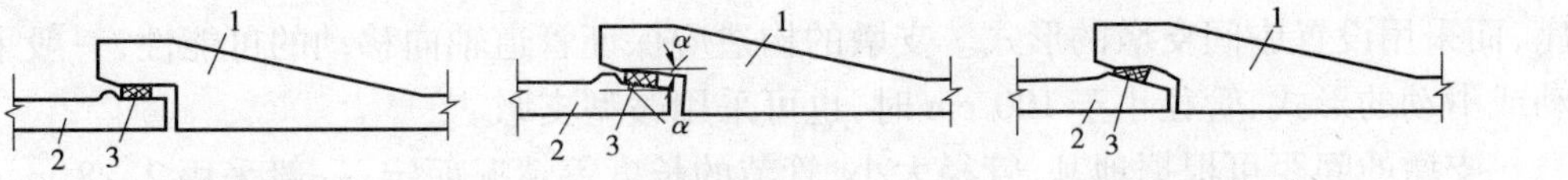

(a)平直型　(b)双楔型　(c)"63"型

1—承口;2—插口;3—橡皮圈;

α—倾斜面与水平方向夹角

图5-14　钢筋混凝土管承插式接头

沙孔,其底部标高应与河道枯水位齐平。对于桥式倒虹吸管道,泄水冲沙孔可设在管道的最低部位。

对于大型倒虹吸管,为了便于观察检修,应设置进人孔。通常进人孔与泄水冲沙孔结合布置,并尽可能布置在镇墩上,进人孔的孔径不应小于60 cm。

5　**支承结构**

倒虹吸管的支承结构,按其构造和受力特征可分为管床、管座、支墩及镇墩等形式。

(1)管床和管座。对于小型钢筋混凝土倒虹吸管,若地基条件较好,可采用弧形土基管床、三合土床或分层夯实的矿石管床,如图5-15(a)、(b)所示。

对于大、中型的倒虹吸管,应采用砌石或混凝土刚性管座,以增加管身的抗滑稳定性,并改善地基的受力条件,如图5-15(c)所示。

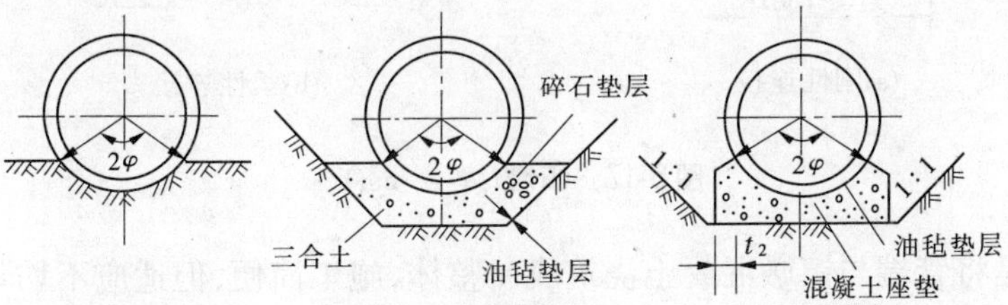

(a)弧形土基　(b)碎石三合土垫层　(c)刚性管座

图5-15　管床、管座构造

在岩石地基上修建倒虹吸管时,可以在岩石中直接开槽,将管身直接浇筑在岩基上,也可在槽内浇混凝土垫层,然后再铺设管道,如图5-16所示。

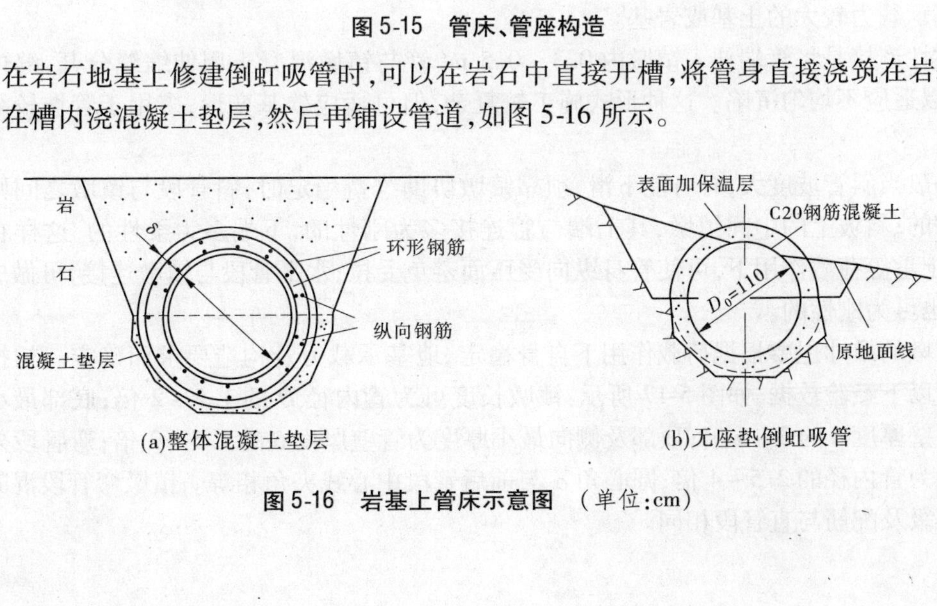

(a)整体混凝土垫层　(b)无座垫倒虹吸管

图5-16　岩基上管床示意图　(单位:cm)

(2)支墩。在承载力较大的地基上铺设中、小型倒虹吸管道时,可以不设连续式的管座,而采用设置中间支墩的形式。支墩的构造应保证管道轴向移动的可能性,一般采用摆动或滑动的形式,管径小于 100 cm 时,也可采用鞍型支墩。

支墩的间距可根据地基、管径大小、管节的长度等情况而定,一般采用 2 ~ 8 m。包角 2φ 一般为 90° ~ 135°,管身与支墩间铺沥青油毛毡。

(3)镇墩。镇墩是为了连接和固定管道而专门设置的支承结构。设置镇墩的位置,一般在倒虹吸管的变坡处、转弯处、不同管壁厚度的连接处、管身分段处或管坡较陡、长度较大的斜管中部。设置个数应结合地形、地质条件而定。按对管道固定方式的不同,有封闭式和开敞式镇墩。除钢管外,各种类型的钢筋混凝土管大多采用前者。

①封闭式镇墩。封闭式镇墩的环向包围管身。镇墩上、下游端与管的连接有刚性连接和柔性连接两种,如图 5-17 所示。

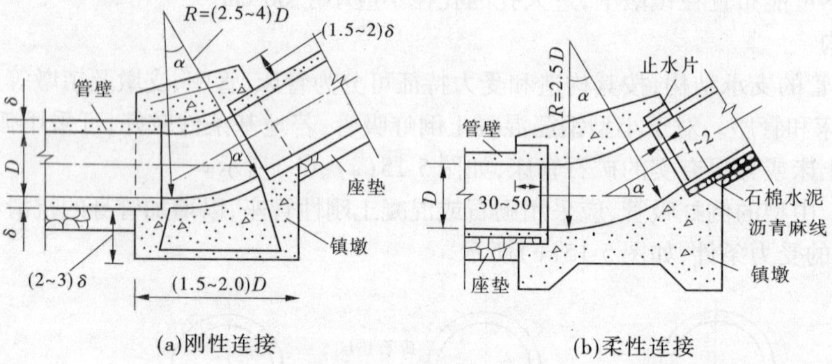

图 5-17 镇墩(单位:cm)

刚性连接是将管端与镇墩混凝土浇筑成一整体,施工简便,但适应不均匀沉陷的能力较差,地基条件较差时有可能由于不均匀沉陷而使管身横向折裂。它常用于斜管坡度陡且地基承载力较大的土基或岩基。

柔性连接是将管端伸入镇墩内 0.3 ~ 0.5 m,管与镇墩混凝土用伸缩缝分开,缝内设止水,以适应不均匀沉陷。这种形式施工较复杂,但可适应软基变形,多用于管坡较缓的土基。

一般当斜管坡度大,有可能下滑,须靠镇墩协助维持稳定时,斜管段与镇墩之间则做成刚性的;斜坡上的中间镇墩,其上端与管连接多为刚性的,下端多为柔性的,这样在自重、填土重等荷载作用下,可使管身纵向受压面避免受拉;水平管段与镇墩连接,可做成柔性的,也可为刚性的。

镇墩的尺寸主要根据荷载作用下自身稳定、地基承载力及构造要求而确定。初拟时可参考以下经验数据,如图 5-17 所示:镇墩长度可为管内径 D 的 1.5 ~ 2 倍;底部最小厚度为管壁厚度 δ 的 2 ~ 3 倍;顶部及侧向最小厚度为管壁厚度 δ 的 1.5 ~ 2 倍;弯管段外半径一般为管内径的 2.5 ~ 4 倍;圆心角 α 与前后管段中心线夹角相等。镇墩弯管段混凝土强度等级及配筋与直管段相同。

岩基上的镇墩,可用锚杆与基础连接,以提高其稳定性;软基上的镇墩,应使基底伸入冻土层以下0.3~0.5 m。砌石镇墩,可在管周围包一层混凝土,厚度满足施工和构造要求。

②开敞式镇墩。开敞式镇墩的弯管顶部不被混凝土包围,而是用锚筋将管身锚固在镇墩上,如图5-18(a)所示,当弯管下凸时,如图5-18(b)所示,一般不需要钢筋锚固,只将管段搁置在镇墩上。开敞式镇墩多用于固定薄壁管,主要是钢管。开敞式镇墩的管上无压重,对薄壁管的外压弹性稳定有利,也便于维修。

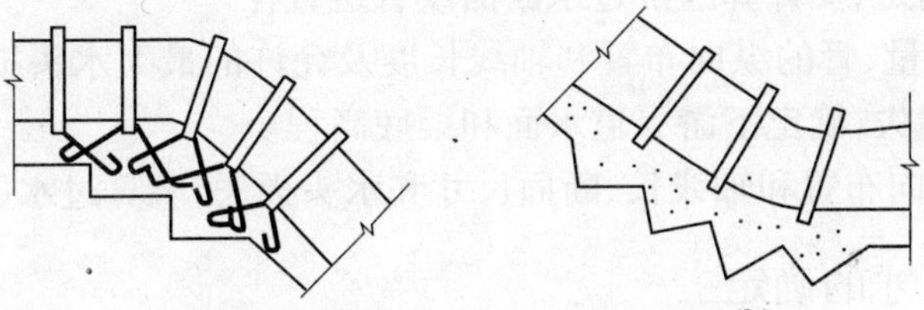

图5-18 开敞式镇墩布置示意图

任务2 倒虹吸管的水力设计

倒虹吸管水力计算的任务,主要是根据上游渠底高程、水位、流量和允许的水头损失,确定倒虹吸管的断面尺寸、水头损失、下游渠底高程及进出口的水面衔接型式。

子任务1 基本公式及计算任务

倒虹吸管内的水流为压力管流,过水能力可按压力管流公式计算:

$$Q = \mu\omega\sqrt{2gz} \tag{5-3}$$

其中

$$z = h_f + h_j = (\zeta_f + \sum\zeta_j)\frac{v^2}{2g} \tag{5-4}$$

$$\mu = \frac{1}{\sqrt{\zeta_f + \sum\zeta_j}} = \frac{1}{\sqrt{\lambda\frac{L}{D_0} + \sum\zeta_j}} \tag{5-5}$$

式中 Q——倒虹吸管设计流量,m^3/s;

ω——过水断面面积,m^2;

z——上下游水位差,即总水头损失,m;

μ——流量系数,无因次;

$\sum\zeta_j$——局部阻力系数之和;

L——管道全长,m;

D_0——圆管内径,m;

h_f——沿程水头损失,m;

h_j——局部水头损失,m;

λ——能量损失系数,$\lambda = 8g/C^2$;

C——谢才系数，$m^{1/2}/s$，可用曼宁公式 $C=\frac{1}{n}R^{1/6}$ 计算，其中 R 为水力半径，m。

倒虹吸管的流量和允许的水头损失值一般在灌区初步设计中已确定，管道的布置及其长度和结构型式等，通过总体布置和管道布置也基本拟定。因此，倒虹吸管水力计算的任务是，根据式(5-3)～式(5-5)选择合适的流速与经济过水断面，计算管道的实际水头损失及进出口的水面衔接情况。通常会遇到以下三种情况：

(1)已知设计流量及管的纵向布置和轴线长度，且由于地形条件限制或灌区高程的要求，上、下游水位已定，要计算经济过水断面或管道直径。

(2)已知设计流量、管的纵向布置和轴线长度及允许的最大水头损失，要计算所需断面尺寸及实际水头损失，确定下游渠道水面和渠底高程。

(3)已知管的纵向布置和轴线长、断面尺寸和水头损失，验算过水能力。

子任务2　断面尺寸的确定

从式(5-3)看出，当管道断面和长度一定时，倒虹吸管进、出口水位差越大，能通过的流量越大。但水位差越大时，下游渠道水位则越低，能灌溉的土地面积便越小；相反，如流量一定时，加大管径，即加大过水断面，则管内流速减小，水头损失也减小，这样下游渠道水位较高，能灌溉的面积便增多，但管径加大，工程量和造价也增加了。因此，倒虹吸管过水断面设计，应根据自然条件和用水高程的要求，从技术上的可能性和经济上的合理性进行比较。考虑问题的指导原则，应该是尽可能地减少水头损失和扩大灌溉面积。如平原和河网化地区，地势平坦，倒虹吸管所经过的河道或道路两侧地形高差小，水头有限，如果倒虹吸管水头损失大了，即进、出口水位差大了，则下游灌溉面积将减少。因此，在平原和河网化地区，控制和减少倒虹吸管的进、出口水位差，是水力计算的主要矛盾。

断面尺寸与管内流速有关。若流速选得过小，不仅管径偏大，管内还将发生淤积现象；若流速选得过大，尽管可以减小管径，但是水头损失将会增大，并且易造成出口的冲刷。因此，管内流速的确定应综合考虑技术经济和不淤条件。不淤流速根据各地土壤中泥沙粒径大小和含量的不同而异，可按式(5-6)挟沙流速公式确定：

$$v_{挟沙}=\left(\omega_0^6\sqrt{\rho}\sqrt[4]{\frac{4Q}{\pi d_{75}^2}}\right)^{\frac{1}{1.25}} \tag{5-6}$$

式中　ω_0——泥沙沉降速度，mm/s；

ρ——挟沙水流中泥沙含量；

d_{75}——挟沙的粒径(小于该粒径的沙占75%)，mm，可由渠道泥沙级配曲线查得。

至于管内最大流速，在平原和河网化地区，管内流速不宜过大，以免增加水头损失，从而减少自流灌溉面积及增加管道出口防冲工程量，管内适宜流速为1.5～3.0 m/s，最大不超过4 m/s。在山丘区，对水头比较丰裕的长倒虹吸管，当加大管内流速并不影响自流灌溉面积，出口防冲工程量增加也不多时，可充分利用水头，减小管道过水断面，以节约管道工程量，管内流速可不受此限制。倒虹吸管的管径，根据初选流速按以下公式确定：

$$D=\sqrt{\frac{4Q}{\pi v}} \tag{5-7}$$

式中 D——倒虹吸管的管径,m;

v——初选流速,m/s。

子任务3 水头损失计算

倒虹吸管在输水过程中,因克服阻力而消耗了能量,损失了水头,使管道出口处水面高程恢复不到进口处水面高程。因此,进、出口水位差的大小,取决于倒虹吸管内的水头损失。

管道的水头损失,根据引起的原因不同,可分为沿程水头损失和局部水头损失两类。按照有压管流的流量公式演算倒虹吸管的过水能力。倒虹吸管的水力计算公式见式(5-3)。

(1)当通过加大流量时,倒虹吸管进、出口需要有一个相应较大的水头值 z,该水头 z 恰好等于通过该流量时倒虹吸管进、出口产生的总水头损失值 z_0 时,倒虹吸管进口不会发生水面壅高或者跌落现象,而当 $z < z_0$ 时,如图5-19所示,倒虹吸管进口水面壅高,壅高水位 = 下游水位 + z_0。在实际应用中一般要求:通过加大流量时的进口最大壅高水面,相对于通过设计流量时的水面不宜超过0.5 m,且进口段闸墙、渠堤、胸墙等的顶部高出最大壅高水面一定超高,由此可验算,初设中选定的进口建筑物顶部高程是否满足要求。

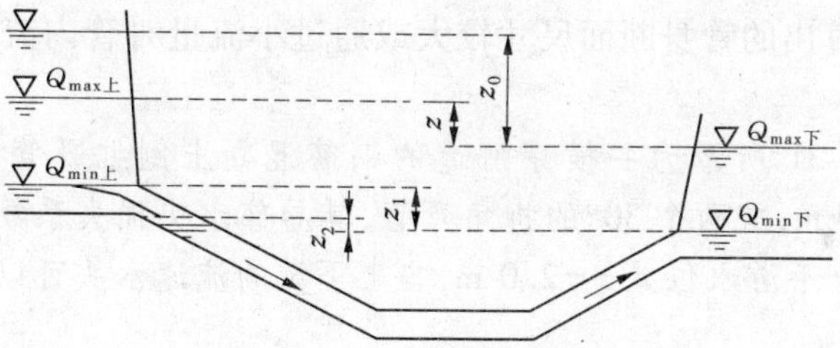

图5-19 倒虹吸管水力计算

(2)当通过小流量时,应验算上、下游渠道实际水位差 z_1 是否大于计算得出的水头损失值 z_2,若 $z_1 > z_2$,说明实有的水头大于所需水头,即管道进口处的水位低于上游水位,故进口水面将会产生跌落,从而在管道内产生水跃衔接,如图5-19所示。水跃的脉动和掺气将引起管身的振动,影响管道正常输水,严重时会导致管身破裂。为避免这种现象发生,可根据倒虹吸管总水头的大小,采取以下不同的进口结构布置型式:

①当 $z_1 - z_2$ 值较大时,可适当降低管身的进口高程,并在进口前设置消力池,池中的水跃应为进口处水面所淹没,如图5-20(a)所示。

②当 $z_1 - z_2$ 值不大时,可略降低管身的进口高程,并在进口前设置斜坡段,使渠道的水面与管口水面在斜坡段衔接,如图5-20(b)所示。

③当 $z_1 - z_2$ 值很大时,如在进口设置消力池不便于布置或不经济,可考虑在出口处设置闸门,以抬高出口水位,使倒虹吸管进口淹没,消除管内水跃现象。此时,应加强运行管理,以保证倒虹吸管正常工作。

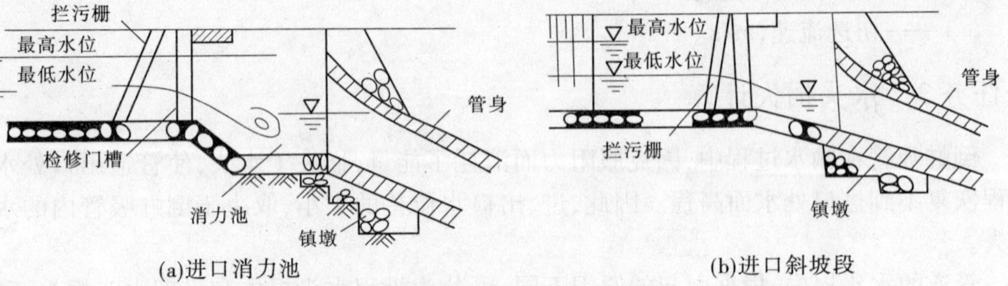

图5-20 倒虹吸管进口水面衔接

子任务4 下游渠底高程及进出口水面衔接

下游渠底高程的确定及进出口水面衔接，应在上游渠底高程确定的基础上，通过各种特征流量时的水头损失计算成果，以综合分析选定适当的水头损失值 z 作为依据。

上游水面高程 = 上游渠底高程 + 渠道水深

下游水面高程 = 上游水面高程 − 水头损失值 z

下游渠底高程 = 下游水面高程 − 渠道水深

倒虹吸管的断面尺寸和上下游渠道底部高程确定后，应当核算通过最小流量时是否满足不淤要求。若计算出的管身断面尺寸较大或通过小流量时管内流速过小，可考虑布设双管或多管。

【例5-1】 如图5-21所示为一横穿河道的钢筋混凝土倒虹吸管，管中通过的流量 $Q=4\ m^3/s$，管长 $l=50$ m，有两个30°的折角弯管，其局部水头损失系数 $\zeta_{弯}=0.2$ m，沿程阻力系数 $\lambda=0.025$，上下游水位差 $z=2.0$ m，当上下游的流速水头可以忽略不计时，求管道管径 D。

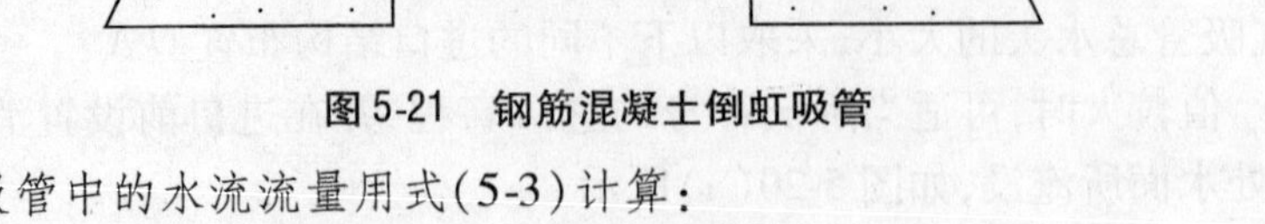

图5-21 钢筋混凝土倒虹吸管

解 倒虹吸管中的水流流量用式(5-3)计算：

$$Q=\mu\omega\sqrt{2gz}$$

$$Q=\mu\frac{\pi D^2}{4}\sqrt{2gz}$$

将上式中包含管径 D 的 μD^2 移至等式一侧，则有：

$$\mu D^2=\frac{4Q}{\pi\sqrt{2gz}}=\frac{4\times4}{3.14\times\sqrt{2\times9.8\times2}}=0.81$$

流量系数的计算式为:

$$\mu = \frac{1}{\sqrt{\lambda \frac{l}{D} + \sum \zeta_j}} = \frac{1}{\sqrt{0.025 \times \frac{50}{D} + 0.5 + 2 \times 0.2 + 1}} = \frac{1}{\sqrt{\frac{1.25}{D} + 1.9}}$$

根据上述计算得:

$$\frac{D^2}{\sqrt{\frac{1.25}{D} + 1.9}} = 0.81$$

将上式改成迭代式,即: $D = \sqrt{0.81 \times \sqrt{\frac{1.25}{D} + 1.9}}$

其迭代的过程为:取 $D_1 = 0.5$ m,代入上式右边的 D 中,算出 $D_2 = 1.303$ m;又用 D_2 代入上式右边的 D 中,算出 $D_3 = 1.170\ 3$ m;再将 D_3 代入上式右边的 D 中,算出 $D_4 = 1.181$ m;重复上述过程,算出 $D_5 = 1.180\ 3$ m,取 $D = 1.18$ m 为其所求直径。

任务3　倒虹吸管的结构设计

子任务1　作用于管身的荷载及其组合

1　荷载计算

作用于倒虹吸管上的荷载,主要有自重、管内水重、垂直与水平填土压力、内水压力、外水压力、地面荷载、温度荷载、地基反力、地震荷载等。此处仅讨论以下几种荷载计算,其余荷载的计算与土石坝下埋管基本相同。

(1)地面荷载。穿越道路的倒虹吸管会受到地面荷载(包括静载和活载)的作用。

地面静载是指路面石渣、路轨等的作用,均布时,其强度 q 可换算为填土高度 $h = q/\gamma_s$ (γ_s 为填土容重)的填土来计算,如图5-22所示。

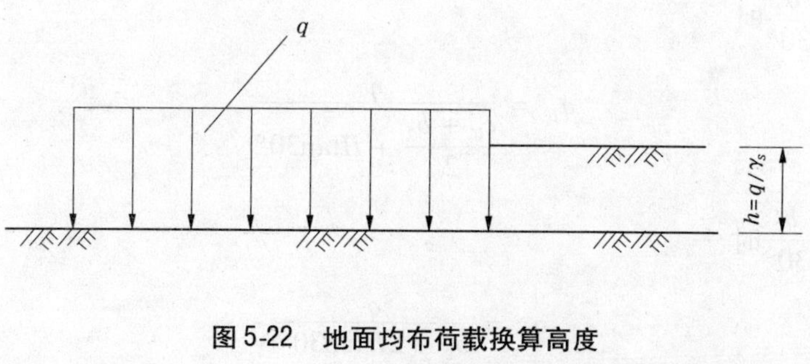

图5-22　地面均布荷载换算高度

地面活载是指车辆荷载,其作用可分为静力作用和动力作用两部分。静力作用是将车辆的轮压 P 按30°压力角扩散,传至管身产生的压力,如图5-23所示,压力分布强度计算如下:

当 $H<\dfrac{c_1-b_2}{2\tan 30^\circ}$时

$$q_B=\frac{P}{(a_2+2H\tan 30^\circ)(b_2+2H\tan 30^\circ)} \tag{5-8}$$

当 $H\geqslant\dfrac{c_1-b_2}{2\tan 30^\circ}$时

$$q_B=\frac{P}{(a_2+2H\tan 30^\circ)(\dfrac{b_2+c_1}{2}+2H\tan 30^\circ)} \tag{5-9}$$

式中 H——管顶以上覆土高度，m；

a_2、b_2——汽车轮胎分别在行车方向及其垂直方向的着地长度，m；

c_1——两轮中心距，m。

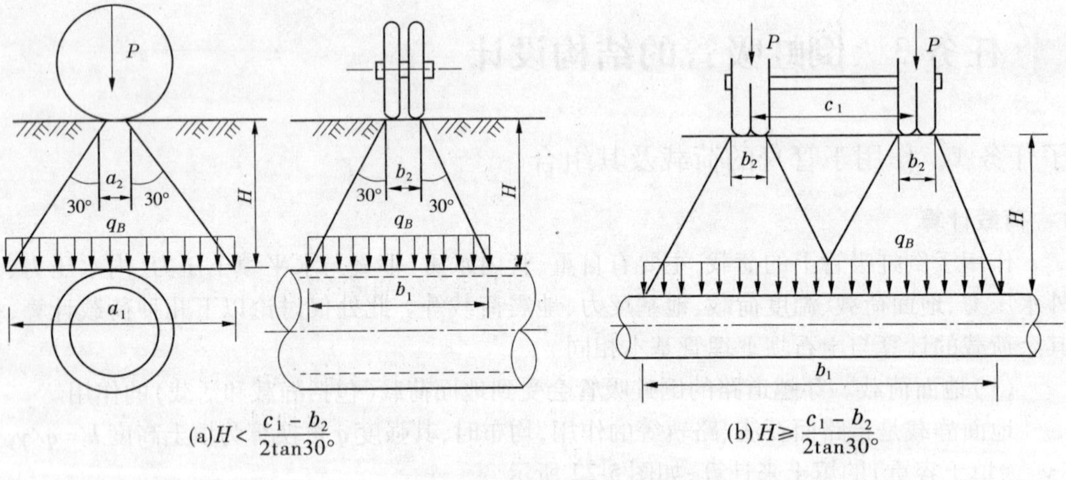

图 5-23 汽车轮压在土中的分布

对于履带拖拉机，管身所受压力的分布强度如图 5-24 所示，计算公式如下：

当 $H>\dfrac{c_0-b_2}{2\tan 30^\circ}$时

$$q_B=\frac{q}{\dfrac{c_0+b_2}{2}+H\tan 30^\circ} \tag{5-10}$$

当 $H\leqslant\dfrac{c_0-b_2}{2\tan 30^\circ}$时

$$q_B=\frac{q}{b_2+2H\tan 30^\circ} \tag{5-11}$$

式中 q——履带单位长度上的压力，kN/m；

c_0、b_2——两履带中心和履带宽度，m。

当管顶覆土深度 $H\geqslant 1.0$ m 时，地面活载可不计动力作用；考虑动力作用时，一般是将静力作用乘以冲击系数$(1+\mu)$，其值见表 5-2。

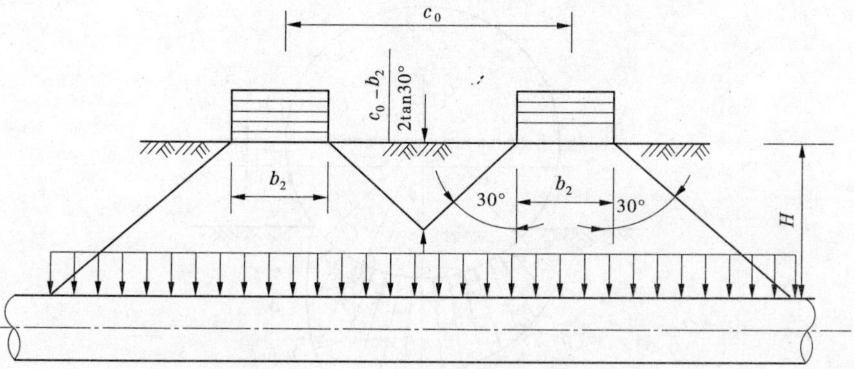

图5-24 履带拖拉机压力在土中的分布

表5-2 埋管的活载冲击系数 $1+\mu$ 值

覆土深度(m)	≤0.4	0.5	0.6	0.7	0.8	0.9	1.0
$1+\mu$	1.30	1.25	1.20	1.15	1.10	1.05	1.00

(2)温度荷载。管身上的温度荷载,包括管身均匀温差 t 和管内外壁温差 Δt。t 是指管身接缝时温度与运用期最低温度之差,它是引起管身纵向应力和环向裂缝的主要原因,其数值应根据具体情况确定。

对浅埋式暗管,一般不计 Δt,但重要工程应计入,这时 Δt 沿环向均布,其数值等于管内外壁混凝土温度之差;无实测资料时,一般采用 $\Delta t=\pm(3\sim5)$ ℃;对外露式明管,温度应力数值有时会很大,但目前尚无成熟计算方法,工程中宜尽量采用浅埋式暗管或采取保温措施,以减小温度应力影响。

(3)地基反力。管身上的全部荷载由地基反力来平衡。地基反力的分布规律与管身敷设方式有关,对平基上铺管,近似假定地基反力为一作用于管底的铅直集中力;对弧形地基和刚性管座基础,通常将地基视为半无限弹性体,利用文克尔假定确定地基反力沿弧面的分布强度 p,如图5-25所示,其分析结果如下:

弧形土基:

$$p=\frac{3G(\cos\theta-\cos\alpha)\cos\theta}{r(3\sin\alpha+\sin^3\alpha-3\alpha\cos\alpha)} \tag{5-12}$$

刚性管座:

$$p=\frac{2G\cos\theta}{r(\sin2\alpha+2\alpha)} \tag{5-13}$$

式中 G——管身单位长度上总荷重,kN/m;

r——管外半径,m;

其余符号意义同前。

对刚性管座,基础底面的反力分布呈如图5-26所示曲线,基础边缘处最大,中心点最小,其数值与地基土质情况有关。对砂质黏土地基,中心点反力 $P_{中}=0.81G/l$,边缘反力

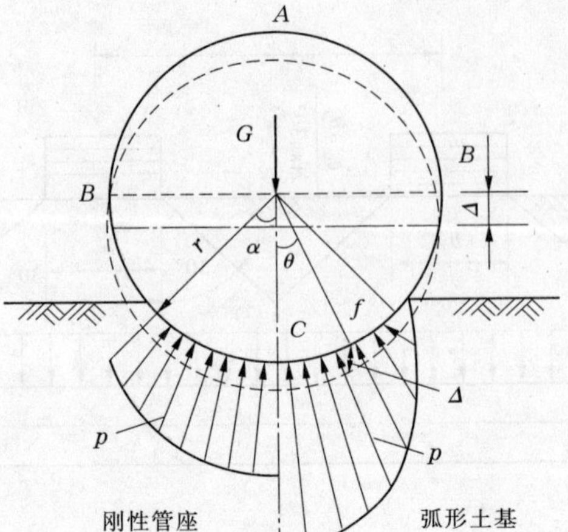

图 5-25 管的支承反力分布图

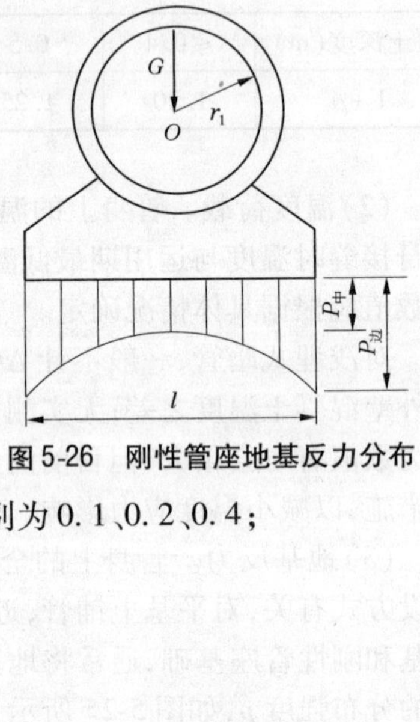

图 5-26 刚性管座地基反力分布

$P_{边}=1.37G/l$；对黏土地基，$P_{中}=0.75G/l$，$P_{边}=1.56G/l$；对砂基，可认为反力沿地基底宽均匀分布，即 $P_{中}=P_{边}=G/l$。

(4)地震荷载。工程中一般只对 7 度以上地震区的大型倒虹吸管考虑地震影响。地震荷载包括管身、管内水体、管上填土等的地震惯性力，通常只考虑水平地震影响，但包括垂直管轴和顺管轴两个方向。水平地震惯性力的计算公式为：

$$P_l = K_H C_Z \alpha_i W_i \tag{5-14}$$

式中 P_l——水平向地震惯性力，kN；

K_H——水平向地震系数，对设计烈度 7、8、9 度分别为 0.1、0.2、0.4；

C_Z——综合影响系数，取 0.25；

α_i——地震加速度分布系数，按图 5-27 采用；

W_i——集中在质点 i 处的重力，kN。

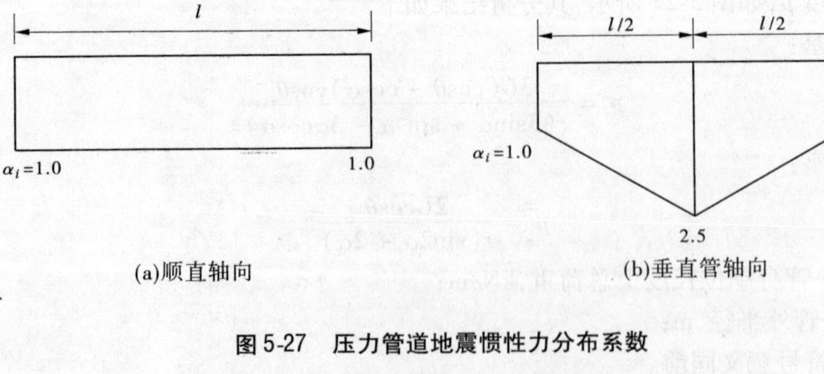

图 5-27 压力管道地震惯性力分布系数

2 荷载效应组合

倒虹吸管在施工、运用期间可能出现的不利荷载效应组合有以下几种。

(1)穿越河流的倒虹吸,管内正常输水,河流处于枯水位或断流时,应计算如下荷载的效应组合:管身自重、管内水重、土压力、内水压力、相应于河流水位的外水压力、管内外温差(外露管段)、地基反力等。

(2)洪水期,河流出现洪水位,而管内无水时。应计算如下荷载的效应组合:管自重、相应于河流洪水位的外水压力、土压力、管内外温差(外露管段)、地基反力等。

(3)竣工试水试验或外露式明管输水时。应计算如下荷载的效应组合:管自重、管内水重、内水压力、管内外温差、地基反力等。

在上述组合中,(1)、(3)为满水情况,管壁处于偏心受拉状态,常起控制作用,可作为设计条件;(2)为空水情况,管壁处于偏心受压状态,可作为校核条件。

子任务2 结构计算

1 计算分段

对管道较长、水头较高的倒虹吸管,计算时一般根据地形条件,将其按高程差 10 m(水头小于 50 m 的管段)或 5 m(水头大于 50 m 的管段)分成若干管段,每段取最大水头处断面验算管壁厚度和计算配筋。对中小型工程,若斜管段不长且荷载变化不大,也可不分段,只取受力最不利断面进行计算。

管身结构计算包括横向计算和纵向计算。

2 横向计算

管身横向计算时,通常取 1 m 长管段作为计算单元,按弹性中心法计算各种荷载单独作用时管段不同截面处的内力(圆管可查表计算,见《水工建筑物》坝下埋管部分或其他文献),然后进行叠加,据此进行配筋计算。

3 纵向计算

倒虹吸管的纵向计算,目的是求出纵向拉力和纵向弯矩,以进行强度和抗裂验算。

(1)倒虹吸管纵向拉力由以下几部分组成:

①内水压力引起的拉力:

$$N_{内} = 2\pi\mu r_c r_i p_B \tag{5-15}$$

式中 μ——混凝土泊松比;

r_c、r_i——管内半径、平均半径,m;

p_B——管内水压力强度,N/m²。

②温降引起的拉力:

$$N_{温} = A\alpha_t E t_m \tag{5-16}$$

$$A = 2\pi r_c \delta$$

式中 A——管壁断面面积,m²;

t_m——管身均匀温度变化值,等于管身浇筑温度与运用期最低温度之差,℃;

δ——管壁厚度,m;

α_t——混凝土线性膨胀系数,$\alpha_t = 1\times10^{-5}$;

E——混凝土弹性模量,N/m²;

其余符号意义同前。

③现浇管混凝土收缩引起的拉力,一般按温降15 ℃考虑,由式(5-16)计算。

(2)管身纵向弯矩,计算方法与其支承方式有关。对支墩式支承的圆管,按圆环形成截面梁计算;对连续式弧形土基或刚性管座支承的圆管,常按圆环形截面弹性地基梁计算。对中小型工程,管身中的最大纵向弯矩 M 也可按式(5-17)估算:

$$M = CGl^2 \tag{5-17}$$

式中 G——1 m长管段上总荷重,kN;

l——管柔性接头间距,m;

C——挠曲系数,砂性土取1/100,高压缩性黏土取1/50,中等土质可取其中间值。

求出纵向轴拉力和纵向弯矩后,可按偏心受拉构件进行承载力即配筋计算及抗裂验算。

任务4 倒虹吸管的施工工艺

本任务以竖井式倒虹吸管为例,简要介绍其施工工艺。

1 作业内容

预制混凝土管节;管节安装;混凝土竖井。

2 质量标准及检验方法

(1)倒虹吸管的内模管采用预制钢筋混凝土圆管时,圆管质量应符合表5-3的规定。具体规定为:

表5-3 预制管节允许偏差

序号	项目	允许偏差(mm)
1	内径	±10
2	壁厚	+10 -5
3	管节长度	0 -10

①管节端面应平直,正交管端面应与管节轴线垂直,斜交管端面与管节轴线斜交角度应符合设计要求。

②管节内外壁混凝土表面应坚实、光洁、圆顺,无蜂窝、麻面,钢筋保护层厚度符合设计要求。

③管节混凝土强度符合设计要求。

(2)内模管管节接缝严密、坚实、不漏水。竖井井身竖直,混凝土表面平整、坚实,无蜂窝、麻面,铁脚蹬牢固、适用,符合设计要求。倒虹吸管的各部位偏差应符合表5-4的规定。

(3)竖井与上、下游沟、槽连接顺适,流水顺畅,施工缝、沉降缝和砌体砌缝填塞紧密,表面整洁,无破损、渗漏现象。

(4)倒虹吸管混凝土和砂浆强度应符合设计要求。

(5)倒虹吸管出入口端分别与既有槽梁和重建槽梁相接,为使其密贴、吻合,在拆除既有渡槽前,应在接头处做好临时支护槽墩,确保渡槽的安全性,而后将出口端衔接处既有槽梁按设计要求凿除2.0 m,以利于与竖井相接,其支护级凿除数量已计列。

表5-4 倒虹吸管各部位允许偏差

序号	项目	允许偏差(mm)
1	轴线位置	20
2	水平管流水面高程	±20
3	水平管长度	+100 -50
4	水平管内壁侧面及底面管节错台	3
5	竖井尺寸	±20
6	竖井顶面高程	±20

(6)倒虹吸管竖井内设检查铁梯,铁梯每梯高差25 cm。

(7)倒虹吸管竖井、水平管两侧基坑采用级配碎石回填。

(8)倒虹吸管的各部分施工,均应严格遵照有关施工规程、规范及参考图要求。施工用水及混凝土粗细骨料均应按要求做理化检验。不得采用侵蚀性水及具有侵蚀性的骨料。混凝土材料应满足相关规范和规定的各项指标要求,施工工艺应严格按相关规范和规定的要求,使结构满足耐久性要求。

(9)浇筑混凝土前要检查所有预埋件是否齐全,位置是否正确,如有移动应及时校正。钢筋接长时,接头应采用闪光对焊,并须进行纵向打磨加工。

3 施工准备

施工准备必须根据工程的特点、进度要求,且摸清施工的客观条件,编制施工组织设计、施工工艺设计和工序质量控制设计,合理安排施工力量,从技术、物资、人力和组织等方面为路基施工创造条件。

熟悉、核对施工图。接到施工图后应组织技术人员全面熟悉、核对,充分了解设计标准,核对基床底层预埋管线的设置及路基与相邻结构物的关系,作好核对记录,需办理变更手续的,应按有关规定及时办理。

4 施工机械及工艺装备

主要机具有挖掘机、水准仪、经纬仪等,其中,挖掘机用于填料挖装,配置1台斗容量不小于2 m^3 的;水准仪、经纬仪各1套。

5 工艺及质量控制流程

工艺及质量控制流程见图5-28。

6 工艺步序说明

6.1 施工准备

(1)竖井基坑放样。根据桩位坐标测量出该倒虹吸管中心及轴线位置,由现场技术人员依据轴线位置及中心桩号放出基坑边线,并在附近设置控制桩,以便及时校验各部分尺寸及标高控制。

(2)竖井基坑开挖。基坑开挖前做好南半幅路基边坡支护工作,以防止南半幅路基边沿塌方,破坏南半幅路基路面稳定。基坑开挖采用人工配合挖掘机进行施工,根据开挖深度,按 1∶0.3 ~ 1∶0.5 坡度放出开挖边线,在开挖过程中控制好基底高程,机械开挖到距离基坑底 15 cm 时采用人工开挖清底,以免造成基底原状土松动。

根据图纸设计的承载力要求进行承载力试验,同时进行基坑的几何尺寸及标高自检工作,自检合格后,报监理工程师检查验收,符合要求后进行下一道工序的施工。

6.2　基底处理

砂砾换填。按照设计图纸要求及有关规定,砂砾换填应分层填筑,松铺厚度不得超过 20 cm,采用电夯夯实,压实度用沉降观测法控制。夯实后进行沉降观测,复压 3 遍后观测数据应小于 3 mm,自检合格后报监理工程师检查验收,符合要求后方可进行下道工序的施工。

6.3　模板制作

基础模板制作。砂砾换填结束后找平,放出基础边线,确定立模位置。模板制作采用 1 m × 1.5 m 大块钢模板,模板安装前首先检查模板质量(检查模板对角线、平面尺寸、变形现象),不符合要求的模板不准使用。对符合要求能够使用的模板(经监理工程师检验认可),出示模板准用证。然后进行模板安装,模板安装应牢固,拼缝前模板接缝中间位置粘贴双面胶带,防止漏浆发生,模板拼装结束后检查平整度,用 2 m 直尺查两块模板之间错台,控制在规范偏差 2 mm 内。模板加固采用钢管架做支撑,支撑应牢固,使模板形成一体。模板安装制作完成后将模板表面清刷干净,做抛光处理,清除基坑内杂物,涂刷脱模剂,无脱模剂可使用新机油。然后检查结构尺寸与检测标高,自检合格,报监理工程师检验认可后进行下道工序。

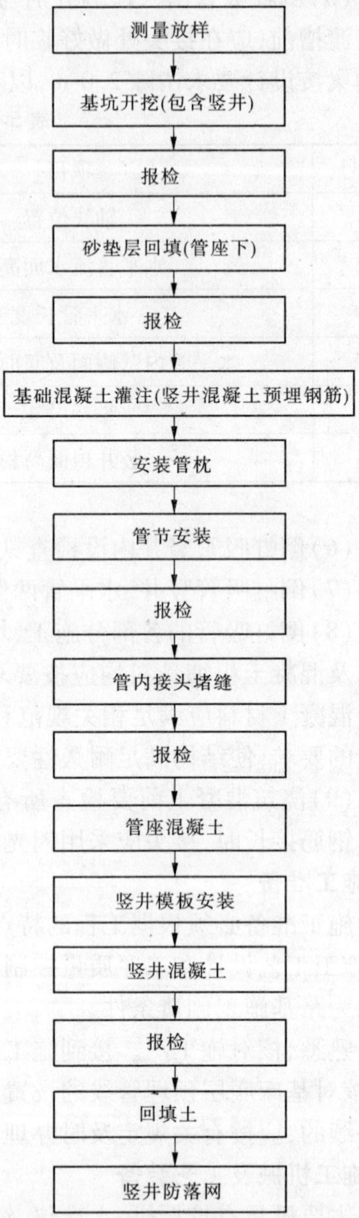

图 5-28　工艺及质量控制流程

6.4　混凝土浇注

(1)混凝土搅拌。混凝土采用集中拌和,选用 JS 500 强制拌和机严格按配合比标准拌制混凝土。混凝土拌和站设专职试验员一名,严格按照施工技术规范要求控制配合比,随时抽检混凝土坍落度,作好混凝土坍落度记录。现场抽取混凝土强度试块,控制混凝土质量,严禁增减水泥及各种原材料用量,严格控制不合格原材料进场,对进场的每一批原材料,填报进场材料报验单,通知试验室对原材料进行试验,合格后方可进行混凝土的施工。

(2)混凝土的运输。混凝土采用混凝土搅拌车运送到施工现场,混凝土运输要及时、连续,避免因时间过长使混凝土初凝,影响混凝土质量。混凝土运送到施工地点后应及时使用,确保混凝土的和易性和规定的坍落度。

(3)混凝土浇筑。浇筑混凝土前应检查全部模板、支架是否牢固,清除模板内杂物及施工碎屑和其他附着物。混凝土运送到施工现场后采用溜槽使混凝土入模(落料高差控制在2 m内),保证混凝土均匀,避免发生离析。混凝土开始浇筑时应连续进行,分层浇筑,浇筑厚度为30 cm一层。使用插入式振动棒振捣密实,使之形成密实、均匀的整体,在操作过程中工地上应配备足够数量的处于良好状态的振动棒,以便可随时替补。混凝土振捣插入或拔出时速度要慢,以免产生空洞,振动棒要垂直地插入混凝土内,并要插至前一层混凝土内,以保证新浇混凝土与先浇混凝土结合良好,插入先浇混凝土的深度一般在5~10 cm内。在施工过程中应保证混凝土表面平滑,不能在模板内利用振动棒使混凝土长距离流动或运送混凝土,以致引起离析过振现象。混凝土振捣密实的程度是使混凝土停止下沉、不冒气泡,且混凝土浆表面平坦。以上浇筑混凝土过程中,应随时校验模板,防止跑模变形,以免影响混凝土的结构尺寸及外观质量。

6.5 竖井

竖井施工模板安装及混凝土浇筑同其基础模板施工及浇筑。

6.6 混凝土养护

(1)混凝土浇筑完成后,在收浆后尽快覆盖和洒水养护。覆盖时,不得损伤或污染混凝土的表面,以确保混凝土的表面质量。

(2)当气温低于5 ℃时,应覆盖保温,不得向混凝土面上洒水。

(3)混凝土养护用水的条件与拌和用水相同。

6.7 管节的预制安装

(1)管节的预制。

管节的预制用专用设备在工厂内完成。成品管节应做到端面平整、管壁内外侧表面平顺圆滑,不得有蜂窝、麻面及露筋现象。管节的混凝土及钢筋应符合设计要求。

(2)管节的安装。

管节的安装采用人工配合吊车进行,顺序为从下游向上游进行。安装结束后应对圆管进行调整,使其纵向中心线与南半幅已完部分相符,然后按照图纸的要求对管节接缝进行处理。在安装过程中应根据每道涵洞的长度及斜度,合理安排端头节的长度及斜度,管节接缝的宽度都不大于2 cm,禁止用加大接缝宽度的办法来满足涵洞长度。管节接头的处理应用沥青麻絮填塞密实,不得有空鼓、漏水现象。管内用13号水泥砂浆勾缝,管外围裹涂满沥青,三油夹二毡,不设沉降缝处,设15号水泥砂浆箍。

(3)浇筑护管混凝土。

涵管安装完成并报监理工程师验收后,应立即在现场浇筑护管混凝土,并进行养护。

7 施工安全及环境保护

7.1 施工安全

(1)机械操作人员持证上岗,严禁酒后操作。

(2)起重设备就位后应先试吊,吊离地面100 mm左右时,检查管节、设备有无问题,确认安全后方可起吊。

(3)管节吊装作业时,必须有专人指挥,吊车臂回转半径及吊起的管节下严禁站人。

(4)在竖井周边设施工标志和安全防护设施。

7.2 环境保护

(1)施工的废水不得直接排放,应设沉淀池处理后排放。

(2)建筑垃圾应集中处理。

项目6 涵洞设计与施工

任务1 涵洞的型式与构造

涵洞是指渠道与道路、溪沟、谷地等相交时，为了输送渠道水流或排泄溪谷中的来水，而在道路或填方渠道下面修建的交叉建筑物，如图6-1和图6-2所示。这种输水涵洞与排水涵洞一般不设闸门。涵洞与涵洞式水闸（亦简称涵闸或涵管）的根本区别就在于是否设置闸门。

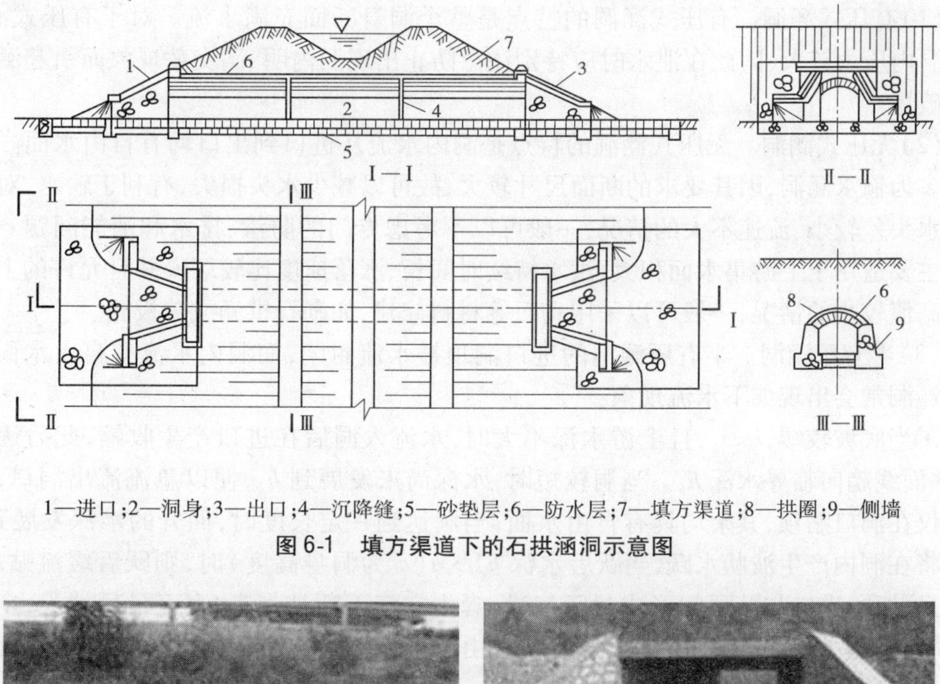

1—进口；2—洞身；3—出口；4—沉降缝；5—砂垫层；6—防水层；7—填方渠道；8—拱圈；9—侧墙

图6-1 填方渠道下的石拱涵洞示意图

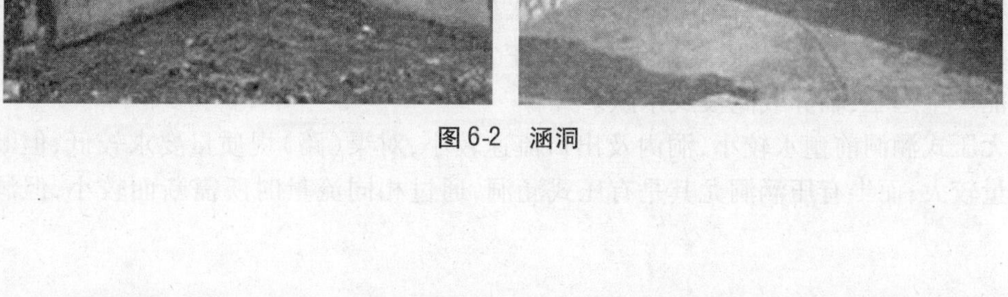

图6-2 涵洞

子任务1 涵洞的类型

涵洞的类型较多，一般可按涵洞的作用、洞内水流条件、断面形式、建筑材料等将其分为不同的类型。

1 按作用分类

(1)当渠道与道路或另一渠道交叉且低于该道路或渠道时，可在道路或渠下修建涵洞，连接上下游渠道，这种连接渠道的涵洞称渠涵。

(2)当渠道与道路交叉但高于道路时，可在填方渠道下方修建涵洞以连接交通，这种用于交通的涵洞称路涵。

(3)当渠道与沟溪谷地交叉且采用填方渠道输水时，为了宣泄溪谷洪水以免冲毁渠道，常须在填方渠道下设置涵洞用以泄洪，这种涵洞称排洪涵。

本章主要讨论作为输水建筑物的渠涵和排洪涵。

2 按水流条件分类

(1)有压式涵洞。有压式涵洞的特点是整个洞身断面充满水流。对于有压式涵洞，由于洞内压力较大，因此在泄水时应特别注意防止出现洞内明、满交替现象而引起涵洞的振动破坏。

(2)无压式涵洞。无压式涵洞的特点是洞内水流从进口到出口均有自由水面。这种涵洞多为输水涵洞，因其要求的断面尺寸较大，故可以减少水头损失，有利于输水，对于上下游水头差较小、流速不大的情况，一般可以不考虑专门的防渗、排水和消能问题。这种涵洞主要适用于上游集水面积大、洪水持续时间长、涨落速度比较缓慢并且允许的上游水面壅高值较小的情况，一般可以采用砌石等材料修建，如砌石拱涵或盖板涵。

(3)半有压涵洞。半有压涵洞的进口洞顶被水流封闭，而洞内水流有自由水面。半有压涵洞常会出现如下水流现象：

①当底坡较缓，$i<i_k$，且上游水深不大时，水流入洞后在进口产生收缩，此后逐渐回升，水面线趋向临界水深 h_k。当洞较短时，水深尚未发展到 h_k，便以急流流出洞口，这时水流仅在洞口贴顶，其余均具有自由水面；当洞达到一定长度时，回升的水深发展到 h_k，这时将在洞内产生波状水跃，当跃后水深 $h_c'>a$（a 为洞身高度）时，则跃后缓流贴顶，水流一旦贴顶，进口与贴顶间形成封闭气囊，囊中空气不断被带走，直至最后消失，全部贴顶，从而使洞中仅出口附近少部分具有自由水面，此种半有压流的过流能力与有压流相近。

②当底坡较陡，$i>i_k$，且涵洞上游水深不大时，在进口收缩断面后，水面曲线回升趋向正常水深 h_0。当水深达到洞高时，便产生贴顶，当洞较长时，将发生不稳定流态，洞内出现时而无压、时而有压的现象，对结构不利，设计中应尽量避免这种流态发生。半有压流态还将随下游影响而变化，当 $i<i_k$ 且下游水位淹没洞顶时，半有压流变为有压流；当 $i>i_k$ 时，水流在进口收缩后，以急流状态趋向正常水深而流向出口，这时根据下游水深的高低可能产生远驱、临界或淹没式水跃。

无压式涵洞前壅水较小，洞内及出口流速较小，对渠（路）堤质量要求较低，但断面及工程量较大；而半有压涵洞尤其是有压式涵洞，通过相同流量时所需断面较小，但洞前壅水较大,对渠(路)堤质量要求高,出口流速大,常须设消能设施。

为了减小水头损失,且因洞内流速较小(一般约2 m/s),渠涵常设计为无压的。而对于排洪涵,当涵洞前地形较陡,壅水不会对上游造成较大淹没损失时,或渠(路)堤质量较好,不会因内水外渗使其丧失稳定时,也可采用有压和半有压的。

3 按其他方法分类

此外,按照断面形式,涵洞可分为圆管涵、盖板涵、拱涵和箱形涵等几种;按照涵洞的建筑材料,又可分为钢筋混凝土涵、混凝土涵、石涵和砖涵等。

子任务2 涵洞的布置

渠涵、排洪涵的位置一般是由灌排渠系总体规划确定的,其布置的主要任务是,根据涵址附近的地形、地质、水流条件等选择涵洞轴线位置、洞底高程及纵坡等。布置时一般应考虑以下一些基本要求:

(1)地形地质条件。涵洞的线路应选择在地基均匀且承载能力较大的地段,防止产生不均匀沉陷而使得洞身断裂。若受地形情况限制,必须建在软弱地基上,应采取相应的加固措施。

(2)涵洞轴线的方向。涵洞的轴线应尽量与洞顶渠道或道路正交,以缩短洞身的长度,为了保证水流的顺畅,还应注意洞轴线与来水方向一致。

(3)洞顶高程。位于填方渠道下面的涵洞,洞顶高程至少应低于渠底0.6~0.7 m,以防止渠道的渗水沿洞身周围产生集中渗流,从而引起工程的破坏。

(4)洞底高程及纵坡。对于排洪涵洞,洞底高程应尽量等于或接近原渠底的高程。纵坡应等于或陡于天然溪沟的底坡,一般采用1%~3%;对于渠涵,其进、出口底部高程及纵坡确定与渡槽基本相同,应满足通过设计流量时的进出口水头损失接近于渠系规划给定的允许值,并由水力计算确定,工程中一般采用1/1 500~1/500。对于纵坡过陡的涵洞,可以设置齿形基础或在出口设置镇墩,如图6-3所示,以增加洞身的稳定性。

图6-3 纵坡过陡的涵洞布置示意图

子任务3 涵洞的组成及构造

涵洞一般由三部分所组成,即进口段、洞身段和出口段。

1 进、出口段

进、出口段是洞身与渠道和沟溪的连接部分,主要作用是确保水流平顺地进、出洞身,以减少水头损失，防止水流的冲刷。进、出口段的形式主要有一字墙式、斜降八字墙式、反翼墙走廊式、八字墙式及进口加高式等，如图6-4所示。

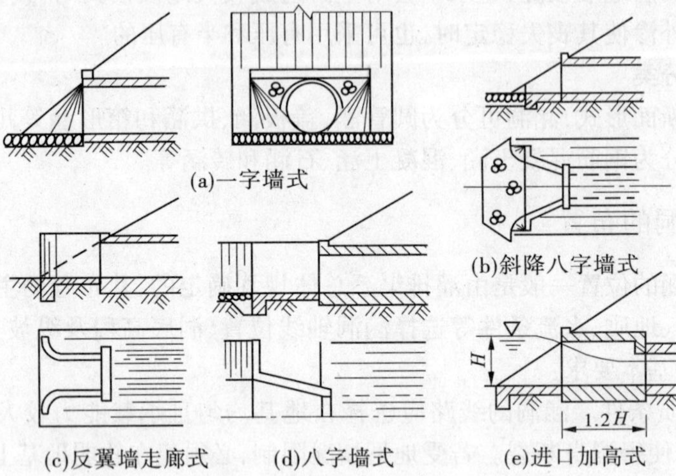

图6-4　涵洞进、出口段的形式

(1)一字墙式，又称圆锥护坡式。涵洞的进、出口设置圆锥形护坡与堤外边坡相连接，构造较为简单，但水力条件较差，多用于中小型涵洞或出口处。

(2)斜降八字墙式。翼墙的高度沿程变化，在平面上呈八字形，一般扩散角为20°~40°，其水力条件较好。

(3)反翼墙走廊式。进口两侧翼墙的高度沿程不变，从而形成廊道，水面在该段跌落后进入洞内，可以降低洞身的高度，但将增加工程量。

(4)八字墙式。翼墙沿程等高，在平面上为八字形，墙体伸出填土边坡以外，其作用同反翼墙走廊式，有时为了改善水流条件，可以改造成扭曲面式。

(5)进口加高式。将涵洞的进口抬高，使水流不封闭洞顶，水面在1.2H(H为上游水深)范围内跌落，可以改善进流条件，因其构造较为简单，故常被采用。

进、出口段挡土墙的高度，应根据上、下游设计水位确定。在进、出口一定范围内的渠道、沟床等处，应进行护砌以防止冲刷破坏，护砌的长度一般为3~5 m。对于出口流速较大的情况，还应采取适当的消能防冲措施。

2　洞身段

2.1　结构形式

工程中常用的洞身结构形式有圆管形、箱形、盖板式和拱形等几种，如图6-5所示。

(1)圆管形洞身。这是一种常用形式，它能承受较大的填土压力及内水压力，且具有较好的水力条件，设计施工简单，工程量小，多采用钢筋混凝土制造，预制管应用最多，管径多为0.8~2.5 m，管壁厚为内径的1/15~1/10。当流量大时，可采用双管和多管。

(2)箱形洞身。箱形洞身是四边封闭的钢筋混凝土整体结构，对地基不均匀沉降的适应性好，泄流能力可随水深增加而增加较快。其经济高宽比一般为1∶1~1∶1.5。小跨径时一般都做成单孔，当跨径大于2 m时常做成双孔或多孔。单孔箱涵壁厚一般为其跨

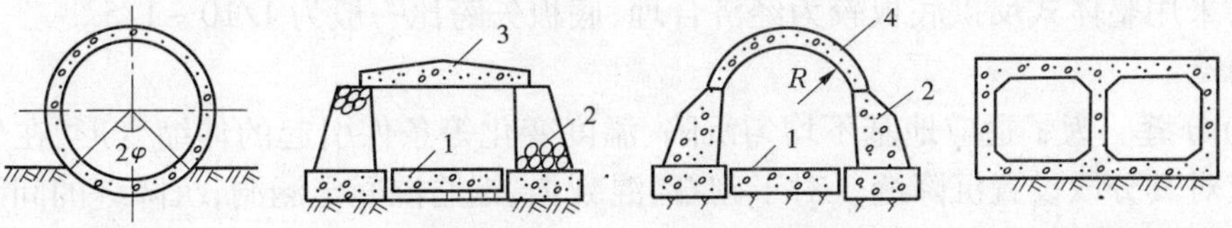

(a)圆管形　(b)盖板式　(c)拱形　(d)箱形

1—底板;2—侧墙;3—盖板;4—拱圈;R—拱圈半径

图6-5　涵洞的断面形式

径的1/12~1/8,双孔箱涵顶板厚度为其跨径的1/10~1/9,侧墙厚为其高度的1/13~1/12,隔墙可稍薄。小跨径的箱涵可分段预制,现场安装。

(3)盖板式洞身,如图6-6所示。洞身由两侧墙、底板和盖板组成,断面可为矩形或方形。视地质条件,底板可做成分离式或整体式。对分离式侧墙,常采用重力式挡土墙结构,也可采用支承在顶盖板和底板上的板梁结构,即轻型桥台式侧墙,顶板可视为铰支于两侧墙上的钢筋混凝土板。盖板式结构适用于铅直荷载较小或跨度不大的无压式涵洞。

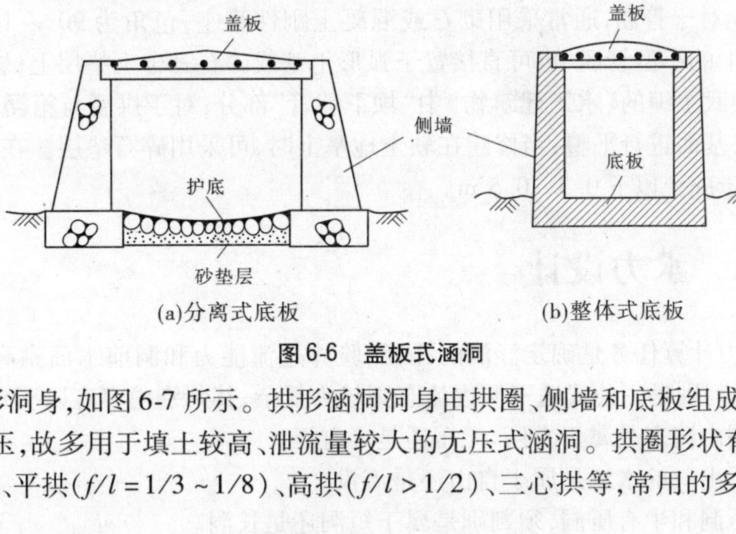

(a)分离式底板　(b)整体式底板

图6-6　盖板式涵洞

(4)拱形洞身,如图6-7所示。拱形涵洞洞身由拱圈、侧墙和底板组成。因拱圈能承受较大的外压,故多用于填土较高、泄流量较大的无压式涵洞。拱圈形状有半圆拱(矢跨比$f/l=1/2$)、平拱($f/l=1/3\sim1/8$)、高拱($f/l>1/2$)、三心拱等,常用的多为半圆拱和平拱。

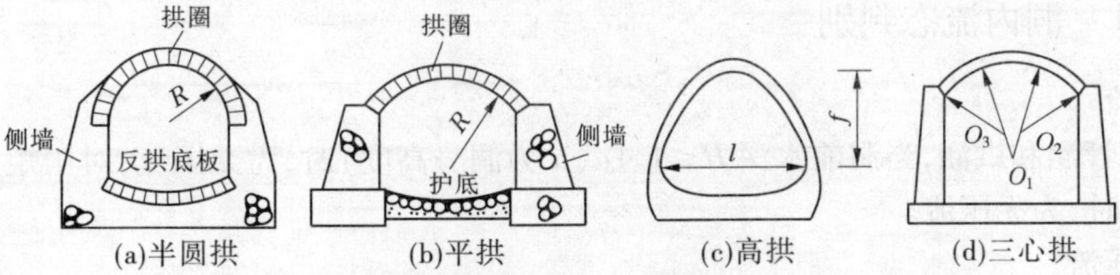

(a)半圆拱　(b)平拱　(c)高拱　(d)三心拱

图6-7　拱形涵洞

拱圈可采用等厚或变厚的。混凝土拱厚一般不小于20 cm,砌石拱厚不小于30 cm。作为拱座的侧墙,以往多采用重力式,近年来也有采用轻型桥台式的。拱形涵洞的基础最好采用整体式,即底板与侧墙连成整体,但地基较好或跨径较小时,也可采用分离式。在软基中,采用整体式反拱底板较为经济合理,底板矢跨比一般为1/10~1/5。

2.2 构造

(1)分缝。为了适应地基不均匀沉陷、温度变化等条件引起的伸缩变形,在软基上的涵洞,应对其分段设置沉降缝。对于砌石、混凝土、钢筋混凝土涵洞,沉降缝的间距应不大于10 m,并且小于2~3倍的洞高。沉降缝的位置,通常设在进出口与洞身连接处,或外荷载变化较大的地方。对于预制涵管,管节接头处即为分缝。上述缝内均应设置止水,接缝构造可见本书“倒虹吸管”部分。

(2)防渗设施。对渠涵或渠下涵洞,为防止洞顶及两侧渗漏,可在洞外填筑一层厚度为0.5~1.0 m的黏土;当洞外渗水有腐蚀性时,可在洞身外壁涂刷沥青层;对于排洪涵洞,因泄洪时间一般较短,可根据具体情况考虑是否需要设置防渗设施。

(3)洞内净空。对无压式涵洞,洞内水面以上应有足够的净空,管涵与拱涵的净空高度应不小于1/4洞高;对箱涵,洞内净空高度应不小于1/6洞高;洞内自由水面以上的净空面积应不小于涵洞断面积的10%~30%。

(4)洞顶填土。为了保证洞身有较好的工作条件,涵洞顶部的填土厚度应不小于1 m,当为渠下涵且洞顶以上的渠道有衬砌时,应不小于0.5 m。

(5)基础。对于管涵,通常采用砌石或混凝土刚性管座,包角为90°~135°。对于压缩性小的土基上的小型管涵,也可直接置于弧形土基或碎石三合土垫层上;岩基上的管涵基础,可见田明武主编的《水工建筑物》中“坝下埋管”部分;对于拱涵与箱涵,当修建在岩基上时,只需将基面进行平整;当修建在软土地基上时,可采用碎石垫层。在寒冷地区,涵管基底应埋置于冻土以下0.3~0.5 m。

任务2 水力设计

涵洞的水力计算任务是确定涵洞的孔径、验算过流能力和洞前水面壅高等。计算公式较为简单,但判别哪一公式适于洞内流态则较为复杂,其判别内容有以下几个方面。

(1)判别洞内流态是属于有压、无压还是半有压。

(2)判别洞出口的水流是属于自由还是淹没。

(3)对无压洞和半有压洞,须判别是属于短洞还是长洞。

子任务1 洞内流态判别

1 无压流

对于管涵和拱涵,当洞前水深$H \leqslant 1.1a$(a为洞身高度)时,为无压流;对于矩形涵,当$H \leqslant 1.2a$时,为无压流。

2 半有压流

对于$H > 1.1a$的管涵和拱涵,或$H > 1.2a$的矩形涵,且洞长$l < l_k = l_1 + l_0 + l_2$时,为半有压流,如图6-8所示。

3 有压流

当$H > 1.5a$,洞长$l > l_k$,且$i < i_k$(i_k为临界坡度)时,为有压流;当洞长$l > l_k$,$i > i_k$,且

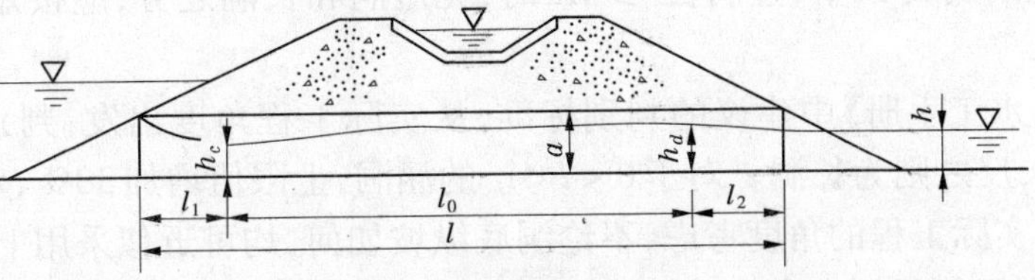

图6-8 涵洞半有压流

洞内正常水深 $h_0 > a$ 时，亦为有压流。其中，h_0 为急流状态的明流水深，l_k 为短洞与长洞的界限长度，计算时，可取 $l_1 = 1.4a$，$l_2 = 1.3a$，当 $i < i_k$ 时，l_2 可忽略。l_0 为洞内回水曲线长度，即收缩断面至水深回升的最大高度断面之间的水面曲线长度，按水面线计算求出。水面线的始断面控制水深为收缩水深 h_c，末断面控制水深为 $h_d = h_c$，计算时可取 $h_d = h_k$（h_k 为临界水深），h_c 可按下式计算：

$$\frac{h_c}{a} = 0.037\frac{H}{a} + 0.573\mu + 0.182 \tag{6-1}$$

式中 H——涵洞进口前洞底以上的水头，m；

μ——流量系数，见式(6-6)。

当 $h_k \geqslant a$ 时，式(6-1)是由矩形涵 $\frac{H}{a} = 2.8$ 时试验得到的，对其他断面形式的涵洞也可近似利用式(6-1)计算，但应以 $\frac{\omega_c}{\omega}$ 代替 $\frac{h_c}{a}$（ω_c、ω 分别为相应于 h_c、a 的断面面积）计算。

子任务2 洞口出流淹没与否判别

当涵洞底坡 $0 \leqslant i < i_k$，且下游水深 h（自出口洞底算起）符合下列条件时，可近似认为下游是非淹没的。

$$\left.\begin{aligned} h &\leqslant (1.2 \sim 1.25)h_k \\ h &\leqslant (0.75 \sim 0.77)H_0 \end{aligned}\right\} \tag{6-2}$$

式中 h_k——洞内临界水深，m；

H_0——计入行近流速影响的上游总水头，自进口洞底算起，m。

当涵洞底坡 $i > i_k$，但 $i \approx i_k$，且洞长 $l \leqslant (8 \sim 15)H$ 时，仍可用式(6-2)判别涵洞出口是否淹没。

子任务3 短洞与长洞的判别

根据洞前水深 H 和洞内底坡 i，按如下方法判别。

(1)当涵洞底坡 $i \approx 0$，且当洞长在下列范围内时为短洞：

$$l \leqslant (64 - 163\,m)H \tag{6-3}$$

式中 m——堰流流量系数；

其余符号意义同前。

当 $m = 0.32 \sim 0.36$ 时，即 $l \leqslant (5 \sim 12)H$ 时为短洞。

(2)当涵洞底坡 $0 < i < i_k$，但 $i \approx i_k$ 时，按式(6-3)计算的上限值应增加30%左右。

(3)当涵洞底坡 $i > i_k$,且洞长 $l \geqslant 4H$ 时,无短洞和长洞之分,应按短管(孔流)进行计算。

以上为《水工手册》中建议的判别标准,从实际工程角度出发,判别式可简化为:$l \leqslant 8H$ 时为短洞,反之则为长洞。对于 $0 < i < i_k$ 的涵洞,上限值增加30%,对计算的结果影响很小,因此从实际工程的角度考虑,不论洞底纵坡如何,均可近似采用上述判别标准。

本项判别用于无压和半有压涵洞,但进行过流能力计算时,半有压常不区分短洞或长洞,均按短洞公式计算。

一般渠涵多属于短洞,均按短洞公式计算。

子任务4 计算公式

1 有压流过水能力计算

有压涵洞过水能力,按计入涵洞全程水头损失影响的孔流公式计算,即

自由出流:
$$Q = \mu\omega\sqrt{2g(H_0 + il - \eta a)} \tag{6-4}$$

淹没出流:
$$Q = \mu'\omega\sqrt{2g(H_0 + il - h)} \tag{6-5}$$

其中:
$$\mu = \frac{1}{\sqrt{1 + \sum\xi + \dfrac{2gl}{C^2 R}}} \tag{6-6}$$

$$\mu' = \frac{1}{\sqrt{\sum\xi + \dfrac{2gl}{C^2 R}}} \tag{6-7}$$

式中 η——系数,一般取 $\eta = 0.85$;

l——涵洞全长,m;

a——洞高,m;

ω——涵洞断面面积,m^2;

h——出口洞底以上的水深,m;

μ——自由孔流的流量系数;

μ'——淹没孔流的流量系数;

C——谢才系数;

R——水力半径,m;

g——重力加速度,m/s^2;

i——涵洞坡降;

H_0——包括行近流速水头在内的进口水深,m。

须指出,式(6-7)中的 $\sum\xi$ 为包括出口阻力系数在内的阻力系数总和;式(6-6)中的 $\sum\xi$ 为不包括出口阻力系数的阻力系数总和,当洞出口下游断面面积大时,取 $\xi_{出口} \approx 1$,则 $\mu = \mu'$。

2 半有压流过水能力计算

半有压流涵洞的过水能力,可按下列孔口出流公式计算:

$$Q = \mu\omega\sqrt{2g(H_0 - \eta a)} \tag{6-8}$$

式中 μ、η——流量系数和修正收缩系数,其值见表6-1;

其余符号意义同前。

表6-1 半有压流 μ 与 η 值

进口型式	μ	η
圆锥护坡式	0.625	0.735
斜降八字墙、喇叭口式	0.670	0.740
反翼墙走廊式	0.576	0.715

3 无压流过水能力计算

(1)短洞。无压流短洞的过水能力,可按堰流公式计算,即

$$Q = mb\sqrt{2g}H_0^{\frac{3}{2}} \tag{6-9}$$

$$m = m_0 + (0.385 - m_0)\frac{\omega_H}{3\omega - 2\omega_H} \tag{6-10}$$

式中 b——矩形断面涵洞底宽,m,当为非矩形断面时,$b=\frac{\omega_k}{h_k}$,ω_k 为相应于临界水位 h_k 的过水断面面积,m^2;

m——堰流流量系数,对于涵洞工程,一般可近似取为0.36;

ω——进洞水流的过水断面面积,m^2;

ω_H——相应于涵洞进口前洞底以上水深 H 的涵洞过水断面面积,m^2;

m_0——进口轮廓形状系数,其值见表6-2;

其余符号意义同前。

表6-2 进口轮廓形状系数 m_0 值

进口型式	m_0	说明
圆锥式护坡边坡1:1~1:1.5	0.315	
斜降八字墙式 $\theta=30°$	(当$\frac{H}{a}>0.6$时)0.335	a—涵洞高度; H—涵洞进口洞底以上的水头; θ—翼墙扩散角
	(当$\frac{H}{a}<0.6$时)0.360	
喇叭口式 $\theta=30°$,边坡1:1.5	(当$\frac{H}{a}>0.4$时)0.335	
	(当$\frac{H}{a}<0.4$时)0.365	
反翼墙走廊式	0.33	

(2)长洞。长洞的过水能力,可用短洞计算公式乘以淹没系数 σ_n 得到,即

$$Q = \sigma_n mb\sqrt{2g}H_0^{\frac{3}{2}} \tag{6-11}$$

$$\sigma_n = 2.31\frac{h_s}{H_0}\left(1 - \frac{h_s}{H_0}\right)^{0.4} \tag{6-12}$$

$$h_s = h - il \tag{6-13}$$

式中　σ_n——淹没系数，以上公式只适用于$\frac{h_s}{H_0} > 0.72$的情况，当$\frac{h_s}{H_0} \leqslant 0.72$时，均为非淹没流态，淹没系数为$\sigma_n = 1.0$；

h_s——涵洞进口内水深，m，对于短洞，其值为下游水位与进口洞底高程之差，对于长洞，则需以出口水深为控制水深，从出口断面向上游推算洞内水面线，以确定洞进口内水深。

子任务5　涵洞过水能力(孔径)计算类型及计算方法

涵洞过水能力(孔径)计算一般有如下几种类型：

(1)已知洞身断面尺寸、进口水深及出口水深，确定涵洞的过水流量。

此种类型属过流能力的核算，由于流量计算公式中的各水力要素均为已知，可根据判别的流态直接按相应的流量公式计算，这种类型的计算比较简单。

(2)已知设计流量、进口水深及出口水深，确定洞身断面尺寸。

此种类型为涵洞设计中常见的计算情况。对于这种情况，由于所求的洞身断面尺寸有洞高和洞宽(矩形断面)两个未知数，同时涵洞流态的判别又与洞高有关，有的流量计算公式中还含有洞高要素，因此为方便计算，一般多先根据设计流量大小及进、出口水深情况拟定一个洞高值，然后计算确定洞宽，如所得洞宽值过小或过大，与洞高不成比例，则另拟定一个洞高值重新计算。当流量较大，需采用多孔结构时，应按相应的单孔设计流量计算洞身的断面尺寸。

(3)已知设计流量、洞身断面尺寸及出口水深，确定进口水深。

此种类型也是涵洞设计中常见的计算情况。当渠道与沟、河交叉，从渠底穿过的排水涵洞，多需根据洞身断面尺寸及出口水深计算确定进口壅高水深。在这种情况下，一般是拟订多个不同断面尺寸的布置方案，分别计算确定进口水深，然后根据上游地形允许的淹没条件，经方案分析比较后确定出比较经济合理的洞身断面尺寸布置方案。若上游沟、河断面较大或有低洼地带，具有一定的蓄水容积和调蓄作用，可使设计洪水时涵洞的下泄流量相应减小，这时往往还需结合调洪演算确定比较经济合理的洞身断面尺寸。

【例6-1】　已知某矩形断面涵洞设计流量$Q = 40\ m^3/s$，洞身长度$l = 30$ m，纵坡$i = 0.002$，糙率$n = 0.014$，进口水深$H = 4.05$ m，出口水深$h_t = 1.0$ m，上游行近流速$v = 0.7$ m/s，试确定洞身断面尺寸。

解　(1)流态判别。

首先根据进口水深和出口水深高度，拟定洞身高度为$a = 4.0$ m。

由进口水深与洞高之比$\frac{H}{a} = \frac{4.05}{4} = 1.013$，知$H = 1.013a < 1.2a$；同时因下游水深低于洞顶，因此可判定其流态为无压流。对无压流涵洞，需进一步判别是短洞还是长洞。

(2)长、短洞判别。

洞长$l = 30$ m，与进口水深$H = 4.05$ m的比值为$H/l = 30/4.05 = 7.41 < 8$，故此洞应为无压流短洞。

(3)洞身宽度计算。

按式(6-13)计算进口内水深为:

$$h_s = h - il = 1.0 - 0.002 \times 30 = 0.94(\mathrm{m})$$

包括行近流速水头在内的进口水深为:

$$H_0 = H + \frac{\alpha v^2}{2g} = 4.05 + \frac{1.05 \times 0.7^2}{2 \times 9.81} = 4.08(\mathrm{m})$$

其中,α 为动能修正系数,取值范围为1.0~1.05。

因比值 $h_s/H_0 = 0.94/4.08 = 0.23 < 0.72$,可知淹没系数 $\sigma = 1.0$,洞内为非淹没流态。

采用流量系数 $m = 0.36$,由式(6-9)计算洞身宽度为:

$$b = \frac{Q}{m\sqrt{2g}H_0^{\frac{3}{2}}}$$

$$= \frac{40}{0.36 \times \sqrt{2 \times 9.81} \times 4.08^{\frac{3}{2}}}$$

$$= 3.044(\mathrm{m})$$

子任务6　下游连接段形式

涵洞出口通常只作一般砌护即可,当涵洞坡度过陡、出口流速较大时,可根据水流衔接计算结果,采取适宜的消能防冲设施。

任务3　结构设计

在涵洞上作用的荷载主要有涵洞自重、填土压力、洞内外水压力、洞顶车辆荷载(道路下的涵洞)等,填土压力式涵洞的主要荷载包括垂直土压力和水平土压力,其值的大小与填土高度、土壤性质、填土施工方法以及洞身的刚度有关。由于涵洞的形式不同,其内力计算方法也不一样。

对于整体式圆形涵洞,属于刚性管,是三次超静定结构,其内力计算可用弹性中心法。若为等厚圆形涵洞,其内力计算一般可以通过涵管内力计算表,根据不同的铺设方式查得。

在进行盖板式涵洞的内力计算时,其盖板一般按简支梁计算;对于整体式底板,可将侧墙与底板视为整体结构计算;对于分离式底板,侧墙一般可按照挡土墙进行计算,有时为了节省工程量,也可将挡土墙按简支梁计算,即将涵洞的盖板和底板视为侧墙的支撑。

计算钢筋混凝土箱形涵洞的内力时,可视其为四边封闭的框架,采用力矩分配法计算较为简便,计算时可将地基反力简化为均布荷载。

计算拱形涵洞的内力时,应根据拱圈构造及侧墙底板的连接形式不同,采用相应的计算方法:①对于无铰拱,可按照弹性中心法计算;②对于整体式底板和侧墙,可按整体式结构计算;③对于分离式底板,其侧墙一般可按照重力式挡土墙法计算,考虑到顶拱推力及底板的支承作用,侧墙也可按拱桥轻型桥台计算;④对于底拱,可根据构造情况,按无铰拱和两铰拱计算。

涵洞的结构计算方法，可以参考坝下埋管或倒虹吸管部分有关内容。

涵洞的进出口结构计算，与其形式及构造有关，一般可以按照挡土墙进行设计。

任务4 涵洞施工

如前所述，按照建筑材料，涵洞可分为钢筋混凝土涵、混凝土涵、石涵和砖涵等，其中以钢筋混凝土涵居多。钢筋混凝土涵又有三种形式：一是大断面的刚节点箱涵，一般在现场浇灌；二是预制管涵；三是盖板涵，即用浆砌石或混凝土做好底板及边墙，最后盖上预制的钢筋混凝土盖板。钢筋混凝土箱涵和盖板涵的施工方法与一般钢筋混凝土工程或砌筑工程相同，这里主要介绍预制管涵的安装方法。

子任务1 管涵的预制和验收

管涵直径一般在2 m以下，采用预应力结构，多用卧式离心机成形。管涵养护后进行水压试验以检验其质量。一般工程量小时直接从预制厂购买合格的管涵进行安装，工程量大时可购买全套设备自行加工。

子任务2 安装前的准备工作

管涵安装前应按施工图纸对已开挖的沟槽进行检验，确定沟槽的平面位置及高程是否符合设计要求，对松软土质要进行处理，换上砂石材料作垫层。沟槽底部高程应较管涵外皮高程约低2 cm，安装前用水泥砂浆衬平。沟槽边的堆土应离沟边1 m，以防雨水将散土冲入槽内或因槽壁荷载增加而引起坍塌。

施工前应确定下管方案，拟定安全措施，合理组织劳力，选择运输道路，准备施工机具。

管涵一般运至沟边，对管壁有缺口、裂缝、管端不平整的不予验收。管涵的搬运通常采取滚管法，滚管时应避免振动，以防管涵破裂，管涵转弯时在其中间部分加垫石块或木块，以使管涵支承在一个点上，这样管涵就可按需要的角度转动。管涵要沿沟分散排放，便于下管。

子任务3 安装

预制管涵因重量不大，多用手动葫芦、手摇绞车、卷扬机、平板车或人工方法安装。

1 斜坡上管涵安装

坡度较大的坡面安装管涵时，将预制管节运至最高点，然后用卷扬机牵引平板车，逐节下放就位，承口向上，插口向下，然后从斜坡段的最下端向上逐节套接，如图6-9所示。

2 水平管涵安装

水平管涵最好用汽车吊吊装，管节可通过吊臂自沟沿直接安放到槽底，吊车的每一个着地点可安装2 m长的管节3～4节。条件不具备时，也可采用以下人工方法安装。

2.1 贯绳下管法

用带铁钩的粗白棕绳，由管内穿出钩住管头，然后一边用人工控制白棕绳，一边滚管，

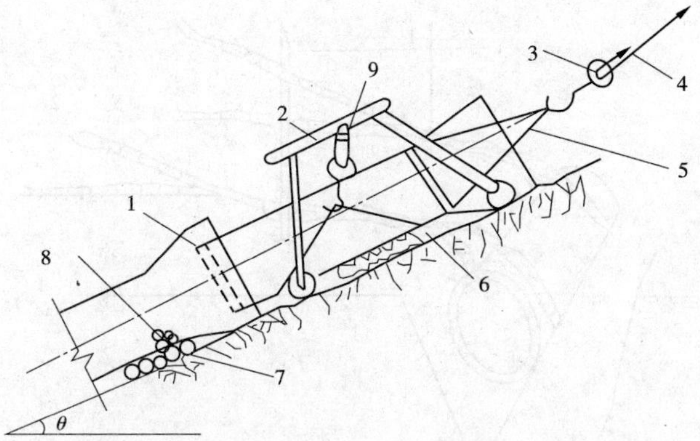

1—预应力管;2—龙门架;3—滑车;4—接卷扬机;5—钢丝绳;
6—斜坡道;7—滚动用圆木;8—管座;9—手动葫芦

图6-9 斜坡上管涵安装示意图

将管涵缓慢送入沟槽内,如图6-10所示。

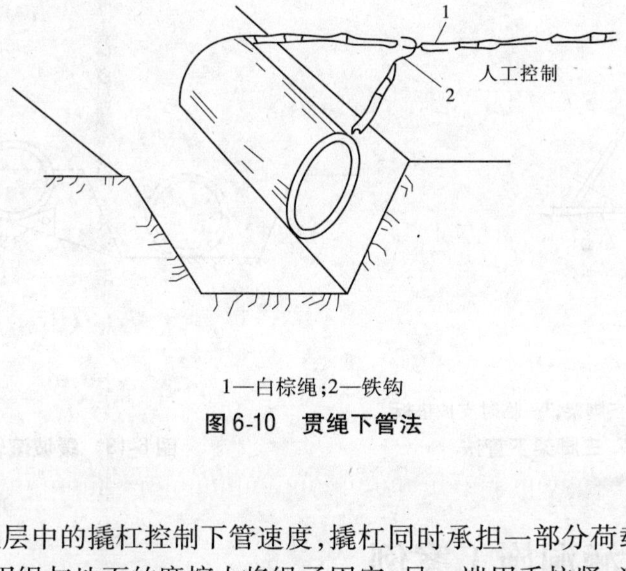

1—白棕绳;2—铁钩

图6-10 贯绳下管法

2.2 人工压绳法

用两根插入土层中的撬杠控制下管速度,撬杠同时承担一部分荷载。拉绳的人用脚踩住绳的一端,利用绳与地面的摩擦力将绳子固定,另一端用手拉紧,逐步放松手中的绳子,使管节平稳落入沟槽中,如图6-11所示。

2.3 三脚架下管法

在下管处临时铺上支撑和垫板,将管节滚至垫板上,然后支上三脚架,用手动葫芦起吊,抽去支撑和垫板,将管节缓慢下入槽内,如图6-12所示。

2.4 缓坡滚管法

如管涵埋深较大而又较重,可采用缓坡滚管法安装。先将一岸削坡至1:4~1:5的缓坡,然后用三角木支垫管节,人站在下侧缓慢将管涵送入槽底,如图6-13所示。

管涵安装校正后,在承插口处抹上水泥砂浆进行封闭,在回填之前还要进行通水试验。

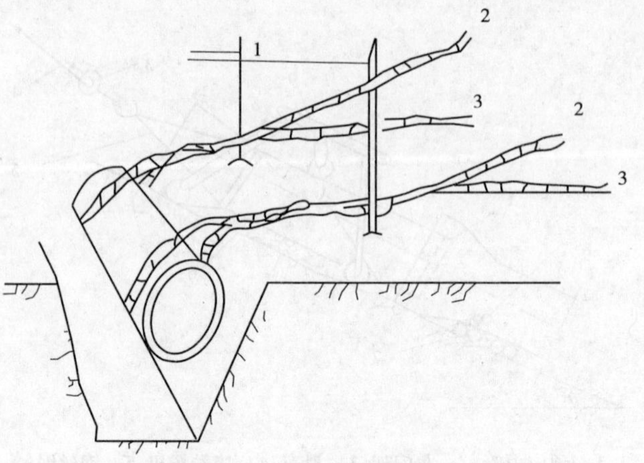

1—撬杠；2—手拉端；3—脚踏端

图 6-11　人工压绳下管法

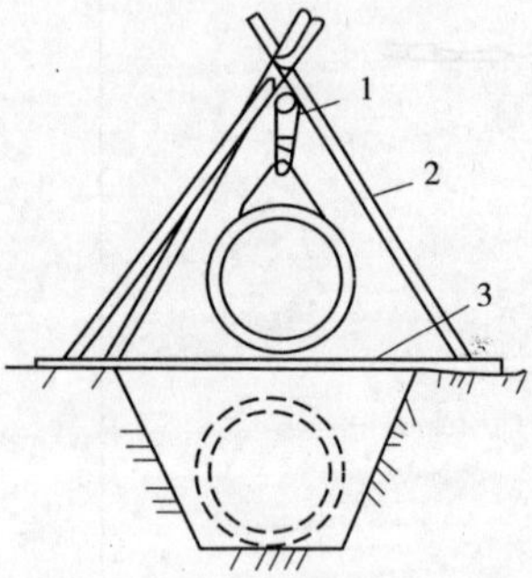

1—手动葫芦；2—三脚架；3—临时支护垫板

图 6-12　三脚架下管法

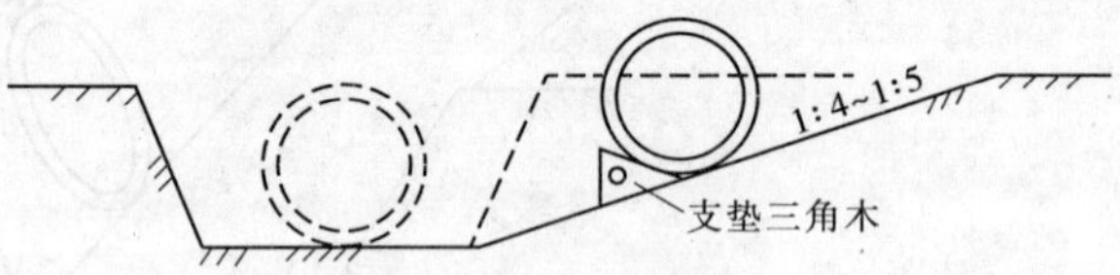

图 6-13　缓坡滚管法

任务 5　涵洞施工案例

1　工程概况

本涵洞为 4.0 m × 3.0 m 正交钢筋混凝土盖板暗涵，中心桩号 K47 + 711.5，采用浅埋扩大整体式基础，进出口为八字出口，涵洞全长 29 m，C30 混凝土总量 345.1 m^3，C25 混凝土总量 85.1 m^3，钢筋总量 22.68 t。

2　施工进度计划

2011 年 5 月 25 日开工，2011 年 6 月 25 日竣工，工期 32 d。

分项工程施工进度安排见表 6-3。

表6-3 分项工程施工进度安排

序号	项目	工期(d)	开始时间(年-月-日)	完成时间(年-月-日)
1	施工准备	4	2011-05-25	2011-05-28
2	基坑开挖	6	2011-05-29	2011-06-03
3	涵台基础、台身	12	2011-06-04	2011-06-15
4	洞口工程	8	2011-06-16	2011-06-23
5	盖板预制、安装	15	2011-06-09	2012-06-23
6	台背回填	2	2011-06-24	2011-06-25

3 涵洞施工

3.1 施工工序

施工工序见图6-14。

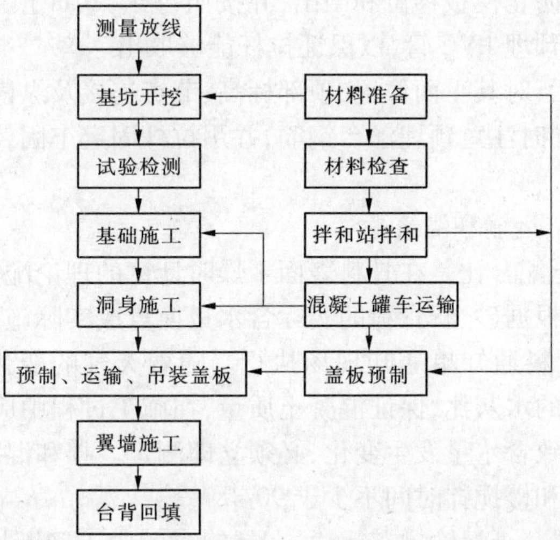

图6-14 施工工序

3.2 施工方法

3.2.1 施工放样

根据图纸确定的结构物的位置和标高，准确计算结构物中桩坐标和轴线方向，然后根据计算的具体位置进行施工放样，为便于开挖后的检查校核，基础轴线控制桩应延长至基坑处加以固定。放样完成后，根据基础的结构尺寸放出结构基础的边线，申请驻地监理工程师复查，得到确认之后，方可进行基坑开挖。

3.2.2　基坑开挖

涵洞基础采用人工配合机械开挖。基坑顶有动荷载时,坑顶边与动荷载间留有不小于1 m宽的护道,如动荷载过大则需增宽护道。

基坑开挖后,进行地基承载力检验(本涵洞地基承载力设计要求不小于300 kPa),如无法达到设计要求,需上报监理及设计单位进行商讨,必要时进行变更;如地基承载力达到要求,检查基底平面位置、尺寸大小、基底标高、基底是否满足排水要求,经检验合格后进行下一道工序。

3.2.3　基础及洞身施工

(1)钢筋加工与安装。

基础钢筋在K47+470钢木加工厂加工成半成品后,运输到涵洞施工现场绑扎成形。钢筋制作应严格按照设计及相关规范要求施工。

(2)模板加工及安装。

在基础钢筋施工完成后,进行模板施工。模板采用组合模板拼制而成,成品经检验合格后使用,模板采用拉杆和支架连接固定,模板做到横平竖直,模板加工及安装在使用前做到如下几个方面:

①钢模板使用前进行除锈、磨光处理。

②安装侧模板时,防止模板移位和凸出,并按照每4~6 m预留一道沉降缝。在模板外设立支撑固定,同时预埋PVC管,以保证拉杆能够取出。

③模板安装完毕后,对其平面位置、顶部标高、节点连接及纵横向稳定性进行检查。

④在模板安装的同时注意预埋涵台钢筋,并用拉杆固定牢固,防止钢筋在浇筑混凝土时发生偏移。

(3)混凝土的拌制、运输和浇筑。

试验室试配混凝土配合比是在骨料表面干燥时计算的理论配合比。工地进行混凝土拌制施工时,试验室应根据砂、石骨料的实际含水量换算成实际施工拌制的材料用量配合比(以质量比计),以配料通知单通知现场执行。随着天气的变化,砂、石含水量常有变化,为了稳定混凝土中的水灰比,保证混凝土质量,在施工过程中应定期测定砂、石的含水量,因下雨或其他原因致含水量发生变化,必须立即测定。拌和混凝土上料顺序为砂、石、水泥、水。混凝土在拌和楼搅拌时间不少于90 s。

混凝土运输采用混凝土运输罐车运输,在运输过程中不间断搅拌以增强其和易性和流动性,防止混凝土在运输过程中离析。对于已离析的混凝土,必须经过拌和站的二次拌和后方能使用;否则,禁止使用。

浇筑混凝土要注意的问题是防止混凝土离析。当自由倾落高度超过2 m时,采用串筒降低混凝土降落速度,限制混凝土倾落范围,以防止混凝土离析。串筒出料口下面的混凝土,随落随即转运到其他部位。混凝土采用分层法浇筑,每层厚度不大于30 cm。为使上下层成为整体,浇筑上层时插入式振捣棒应插入到下层一定深度,同时下层混凝土须保持一定的塑性,因此规定须在下层混凝土初凝或能重塑以前浇筑完成上层混凝土。混凝土浇筑工作在正常情况下应尽可能连续进行,遇到停电、搅拌机故障、下雨等意外时,间断时间超过已浇筑前层混凝土的初凝时间或重塑时间,则按施工缝处理。

(4)墙身台帽施工。

在基础混凝土终凝后,便进行墙身、台帽钢筋的绑扎,绑扎钢筋时注意钢筋在伸缩缝处断开,并自检合格后报监理验收。验收合格后便安装墙身模板和台帽模板,浇筑混凝土,具体施工方法同前。

3.2.4 盖板预制、运输及吊装

本涵用1 m盖板39块,盖板预制计划在K47 +470预制场进行,盖板钢筋在K47 +470钢木加工场加工成半成品后,运输到盖板预制厂绑扎成形。

(1)钢筋加工与安装。

钢筋接长方法有焊接和绑扎两种。双面焊接时焊接长度不小于5倍钢筋直径,单面焊接时焊接长度不小于10倍钢筋直径。

(2)模板加工及安装。

模板采用组合钢模板拼制而成,成品经检验合格后方可使用,模板采用拉杆固定,模板做到横平竖直。

(3)混凝土浇筑与养护。

浇筑时,发现模板有超过允许偏差变形值的可能时,及时进行纠正。模板在浇筑过程中设专人检查,杜绝跑模现象发生。

混凝土浇筑完毕后,安排专人进行养护。养护根据施工对象、环境、水泥品种、外加剂以及对混凝土性能的要求进行,并严格执行规定的养护制度。

(4)盖板安装。

盖板用汽车运输至现场后用16 t吊车安装。

盖板混凝土强度达到90%以上时,即可进行安装盖板的施工。在安装盖板前,对盖板、涵台及支承面进行检验,各项指标符合规范要求后进行吊装。盖板在安装时缓慢、小心进行,避免对支承面产生冲击而使构件受损,盖板就位准确、稳固。盖板全部安装就位后,检查盖板与帽石支承面是否密合,否则重新安装。检查合格后,盖板上的安装位置用高标号砂浆填满,对板与板之间的接缝和板与台背之间的接缝采用M10砂浆进行填充。

3.2.5 翼墙施工

在盖板安装完成后,即进行出入口翼墙的施工,施工顺序为:挖基→地基承载力试验→砂砾垫层→支立模板→C25混凝土浇筑→养护。

3.2.6 台背回填

本涵洞采用透水性能良好的天然砂砾进行回填。涵洞处路堤缺口回填时从涵身两侧长度不小于洞身填土高度1倍范围内,底宽不小于2 m处,采用压路机进行碾压,在压路机碾压不到的地方采用小型平板振动夯进行补夯。

台背回填两侧同时对称填筑,水平分层,每层厚度不大于15 cm,夯(压)实涵背回填严格按规范要求施工,压实度须达到97%以上。

4 设备配置

设备配置见表6-4。

表 6-4 设备配置

序号	名称	规格型号	数量(台/套)
1	挖掘机	SH210	1
2	压路机	YZ12C	1
3	装载机	龙工 ZL50B	1
4	强制式拌和机	L500	2
5	电焊机	BX1 - 500 - 2	2
6	切割机	T3G - 400	2
7	吊车	Y - 16T	1
8	钢筋切断机	GQ40D	1
9	钢筋弯曲机	GW40 - 1	1
10	振捣棒	ZX50	5
11	发电机	60 kW	1
12	蛙式冲击夯		1
13	洒水车	10 m^3	1
14	自卸汽车		3
15	混凝土罐车	6 m^3	2

项目7　跌水与陡坡设计与施工

当渠道通过地面坡度较陡的地段时，为了保持渠道的设计比降不变和避免流速过大引起渠道冲刷，常在此类地段将水流的落差集中，并修建连接建筑物，这种集中水流落差的建筑物称落差建筑物。落差建筑物中最常用的是跌水和陡坡，两者的主要区别在于：前者水流以自由跌落的形式跌入下游消力池中，后者则使水流沿陡槽下泄。

落差建筑物的主要用途是：①调整渠道的纵波，满足渠道不冲不淤的要求；②用于渠道上的排洪、泄水和退水建筑物中；③充分利用集中落差水流势能，修建小型水电站。

对落差建筑物的结构形式，要求构造简单，就地取材，安全可靠，施工管理方便。同时又要求水力条件好，进口不允许有过大的水面降落或壅高，以免产生冲刷或淤积，出口必须设消能防冲设施，以免冲刷下游渠道。因此，对落差建筑物的设计，除应满足稳定和强度要求外，水力计算是其主要内容。

落差建筑物的建筑材料，一般采用砖、石、混凝土和钢筋混凝土，目前多用砌石和混凝土。

任务1　跌水设计

子任务1　跌水的形式与构造

根据上下游渠道落差大小，跌水可分为单级跌水和多级跌水。单级跌水的跌差（上下游渠底高差）一般为3～5 m，跌差大时宜做成多级跌水，两者在构造上基本相同。

1　单级跌水

单级跌水是根据渠道通过的地形状况，水流只作一次跌落的跌水，一般由进口连接段、跌水口、跌水墙、消力池、出口段等组成，如图7-1所示。

1.1　进口连接段

进口连接段是上游渠道与跌水口之间的连接段，其作用是使渠道水流平顺地进入跌水口，并形成较好的跌水条件。进口连接段，对梯形断面渠道，常采用扭曲面，其水流收缩平顺，水头损失小；对矩形断面渠道，多用八字墙，也可用横隔墙（在上游渠道末端，自两岸渠坡横向伸出直墙，缩小过水断面，两墙之间形成跌水口，工程量省，但水流条件差）、圆锥形坡等形式。连接段适宜长度 L_c，同渠底宽度 B 与区内水深 h 的比值有关，据经验，$\frac{B}{h}<2.0$ 时，$L_c=2.5h$；$\frac{B}{h}=2.1\sim2.5$ 时，$L_c=3.0h$；$\frac{B}{h}>3.5$ 时，应根据具体情况适当加长。连接段底边线与渠道中线的夹角不宜大于45°。连接段末端应有一喉道直线段连接跌水口，直线段长度不宜大于1.0 m，否则跌口上游易产生壅水，也不利于跌水水

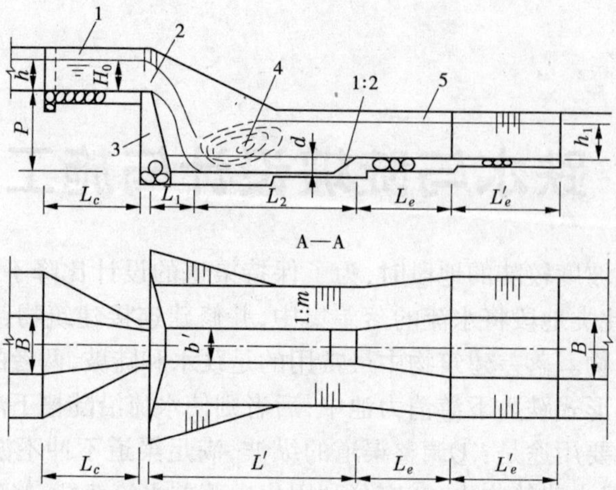

1—进口连接段;2—跌水口;3—跌水墙;4—消力池;5—出口段

图7-1　单级跌水

舌扩散,连接段墙顶高程应高出渠道最高水位0.3 m。连接段多采用片石或混凝土衬砌,以防止冲刷并可延长渗径,减小跌水墙后及消力池底板下的渗透压力,护底及两岸翼墙均应设齿墙,深入渠底和岸坡内0.3~0.5 m。

1.2　跌水口

跌水口是连接段末端的过水口,也称控制缺口,是跌水的喉部。其形式有矩形、梯形、台堰式、复式等几种。

(1)矩形跌水口,如图7-2(a)所示。跌水口底部高程与上游渠底相同。由于跌水口的宽度往往是根据设计流量确定的,因此当通过设计流量时,跌水口前的水深与渠道相近,而当流量大于或小于设计流量时,上游水位将产生壅高和降落。同时,由于缺口处断面收缩得较厉害,使水流集中,单宽流量较大,所以下游易产生严重的旋涡,消能防冲较为困难。这种跌水口,结构简单、施工方便,故对于渠道流量变化不大的情况较为适用。

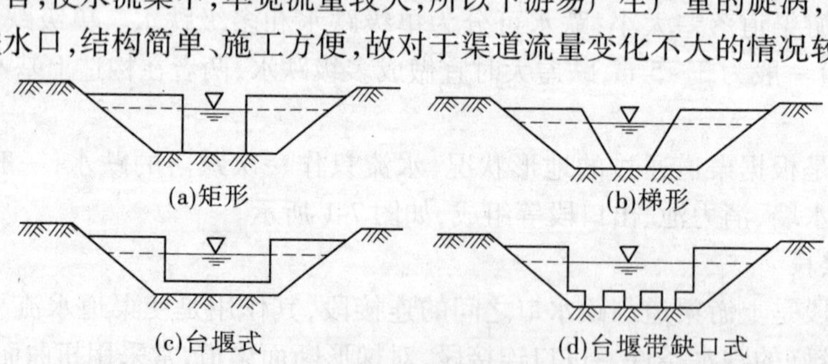

图7-2　跌水口形式

(2)梯形跌水口,如图7-2(b)所示。跌水口底部高程与渠道相同,两侧呈斜坡状。因其跌水口断面狭窄,故又称狭缝堰。其常用于流量变化较大或较频繁的情况。这种形式能适应渠道流量的变化,在通过各种流量时,上游渠道不致产生过大壅水和降落现象。水流条件较矩形跌水口有所改善。其单宽流量较矩形跌水口小,减小了对下游渠道的冲刷。但是,由于水流缩窄较快,故梯形跌水口的单宽流量仍较大,水流较集中,造成下游消能困难。因此,当渠道流量较大时,为减小对下游的冲刷,可采用隔墙将缺口分成几个梯形小缺口。

(3)台堰式跌水口,如图7-2(c)所示。在跌水口底部做一台堰,其宽度与渠底相等。这种跌水口能保持通过设计流量时,使跌水口前水深等于渠道正常水深。但通过小流量时,渠道水位将产生壅高或降低,同时台堰前易造成淤积,对含沙量大的渠道不宜采用。为了解决淤积或排除上游渠道余水问题,有时在堰上做成矩形小缺口,如图7-2(d)所示。

(4)复式跌水口。对于流量较大的宽浅渠道上的跌水,为便于控制上游渠道水位和分散跌水水流,以利于消能,也可设置顺水流方向的隔墩,将跌水口分隔成多个过水口,形成复式跌水口,复式跌水口的形状也可为梯形或矩形。跌水口的孔口数 N 可由式(7-1)估算:

$$N=\frac{b}{(1.25\sim1.5)h_{\max}} \tag{7-1}$$

式中 b——渠底宽,m;

$h_{\max}$——渠内最大水深,m。

1.3 跌水墙

跌水墙是指为了挡住跌坎上的填土,支撑上部结构和防止下游水流反冲刷等而设置的挡土墙结构。根据地形、地质条件和落差高低,跌水墙可采用重力式、悬臂式或扶臂式等结构,一般多采用重力式挡土墙,并且为直墙式和倾斜式两种,如图7-3所示。由于跌水墙插入两岸,其两侧有侧墙支撑,稳定性较好,设计时,可按照重力式挡土墙计算,但考虑到侧墙的支撑作用,也可按梁板结构计算。

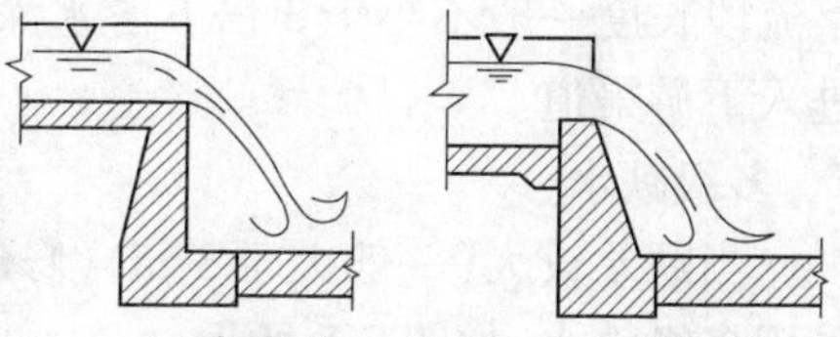

(a)直墙式 (b)倾斜式

图7-3 跌水墙形式

对于可压缩的地基,在跌水墙与侧墙之间常设置沉陷缝。对于沉陷量较小的地基,也可不设接缝,而将二者固接起来。

由于上游渠道的渗漏,引起跌水下游的地下水位抬高,将增加跌水墙、侧墙背面地下水压力以及对消力池底板等的渗透压力,因此应设置好防渗排水设施。设置排水管道时,应与下游渠道相连。

1.4 消力池

为了削减抛射出的水流的多余能量,在跌水墙下应设置消力池,以使下泄水流形成淹没水跃,进而转变为缓流,再流向下游渠道。

消力池在平面上的布置形式一般有扩散和不扩散两种。其横断面形式主要为矩形、梯形和折线形(下游渠底高程以下为矩形,以上为梯形)三种,如图7-4所示。一般来说,矩形断面的消力池的消能效率较高,水流条件较好,但其侧墙断面较大,与下游渠道连接不便;梯形断面的消力池便于与下游渠道连接,侧墙较简单,但是池内易产生回流,造成流态不稳、水面波动、消能效率低、下游渠道冲刷较为严重;折线形断面是指渠底高程以下为矩形,渠底高程以上为梯形,效果较好,目前采用较多。

消力池的各部分尺寸,应由水力计算确定。其底板的衬砌厚度与单宽流量和跌差大小有关,根据经验,可取0.4~0.8 m。消力池末端一般不设尾槛,常用1:2~1:3的反坡与下游渠底相连(见图7-1)。平面扩散角度一般采用30°~40°。

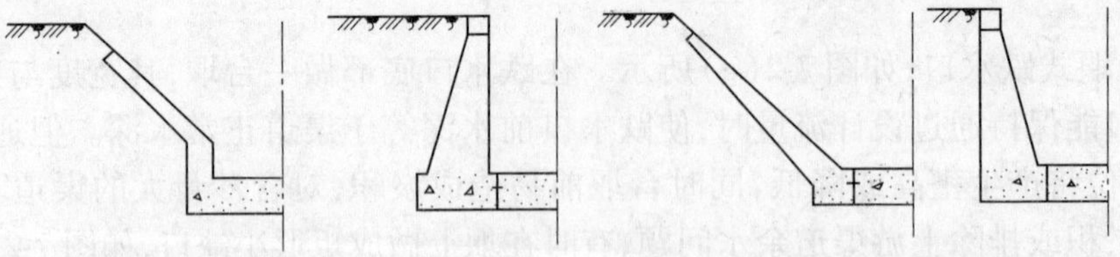

图7-4 消力池横断面形式

1.5 出口段

出口段包括出口连接段 L_e 和整流段 L_e'（见图 7-1），是消力池与下游渠道的连接段。其作用是消除水流余能，改善流经消力池后的水力条件，调整流速在断面上的分布，防止水流对下游渠道的冲刷破坏。常采用干砌石、浆砌石或混凝土砌护。出口段总长度为 8～15倍下游渠道水深，当消力池底宽大于下游渠底宽时，连接段多为平面收缩式，收缩率一般为 3∶1～8∶1，当消力池边坡与下游渠道边坡不一致时，应在连接段内设扭坡连接。整流段长度一般不小于 3 倍下游水深，整流段断面应与下游渠道断面一致，以使水流平顺进入下游渠道。

2 多级跌水

当跌差较大（一般大于 3 m），修建单级跌水使跌水墙、消力池工程量大，不经济时，可采用多级跌水，如图 7-5 所示。

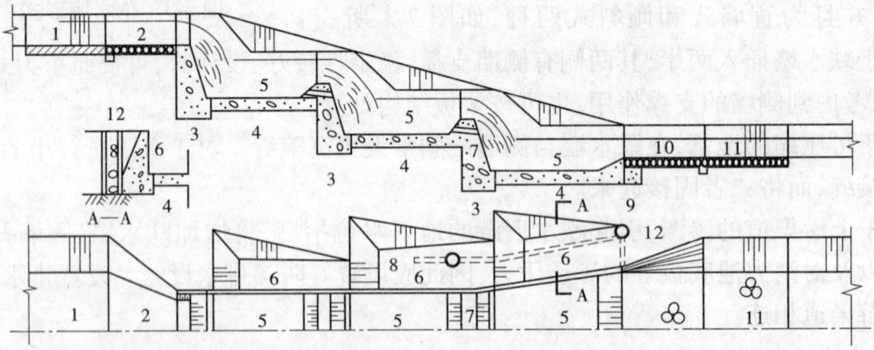

1—防渗铺盖；2—进口连接段；3—跌水墙；4—跌水护底；5—消力池；
6—侧墙；7—泄水孔；8—排水管；9—反滤结构；10—出口连接段；11—出口整流段；12—集水井

图7-5 多级跌水

多级跌水的组成和构造与单级跌水基本相同。为使各级消力池具有相同的工作条件，并且便于施工管理，各级落差（高度）和消力池长度应相等。

消力池的长度，一般不超过 20 m，所以沉陷缝可以设置在消力池的底板前、后两端，在缝内一般设有沥青麻布等止水材料，以适应不均匀沉降和温度变化引起的变形。

多级跌水的形式，有设消力槛和不设消力槛两种。由于不设消力槛的消力池消能不充分，易产生冲刷现象，一般很少采用。在上一级消力池末端设置一定高度的尾槛，可以缩短消力池的长度，以用来形成淹没水跃，并可作为下一级的控制堰口，各级布置应相同。为便于放空消力池内的积水，在消力池的尾槛上通常留有 10 cm × 10 cm 或 20 cm × 20 cm 的泄水孔。

多级跌水的分级数目和各级落差大小,应根据地形、地质、工程量大小等经济技术指标综合比较确定。一般各级跌差可取3~5 m,对于小流量可取上限。最后一级跌水由于要和下游相连接,因此要进行单独设计。如用于灌区渠道退水工程的多级跌水,其最后一级跌水也可改为陡槽,将水流挑射退入河道或山沟中。

当受地形、地质条件影响时,也可修建成不连续的多级跌水。有时为充分利用水能资源,也可在跌水处修建小型水电站。

实践中,多级跌水的跌水墙工程量与其级数成反比,即增加跌水级数,减小各级落差,一般情况下跌水墙的工程量减小。

子任务2 跌水水力计算

跌水的水力计算内容包括跌水口的尺寸确定,通过最大、最小流量时的壅水和降水水面线计算、消力池尺寸确定等,下面以单级跌水为例进行讨论。

1 矩形跌水口水力计算

(1)跌水口宽度 b_c。矩形和台堰式跌水口的水流状态分别与宽顶堰和实用堰的基本相同,均可采用以下公式计算:

$$Q = m\varepsilon b_c\sqrt{2g}H_0^{\frac{3}{2}} = Mb_cH_0^{\frac{3}{2}} \tag{7-2}$$

$$H_0 = H + \frac{v_0^2}{2g} \tag{7-3}$$

式中 Q——计算流量,m^3/s;

m、ε——流量系数和侧收缩系数,一般计算可取 $\varepsilon = 1.0$;

M——第二流量系数,$M = m\varepsilon\sqrt{2g}$;

H_0——计入行近流速的堰上总水头,m;

H——堰顶水头,m;

v_0——上游渠道断面平均流速,m/s;

b_c——跌水口宽度,m。

M 值随连接段型式和堰上水头等因素变化,可以按以下经验公式估算:

扭曲面连接:

$$M = 2.1 - 0.08\frac{b_c}{H_0} \tag{7-4}$$

八字墙连接:

$$M = 2.08 - 0.075\frac{b_c}{H_0} \tag{7-5}$$

横隔墙连接:

$$M = 1.78 - 0.035\frac{b_c}{H_0} \tag{7-6}$$

以上三式适用于 $\frac{b_c}{H_0} = 1.5 \sim 4.5$、扭曲面或八字墙长 $L_c = (2 \sim 10)H$ 的情况。

设计时,一般是已知 Q 和 H_0 求 b_c,于是由式(7-2)可得:

$$b_c = \frac{Q}{MH_0^{\frac{3}{2}}} \tag{7-7}$$

实际计算 b_c 时，一般采用试算法：先假设 b_c 值，用式(7-4)～式(7-6)之一求得 M 值，再将 M 值代入式(7-7)中求出 b_c，若算得的 b_c 与假设值相等，则 b_c 即为所求；否则另设 b_c，重复上述步骤，直至满足要求。

【例 7-1】 试设计一矩形缺口。已知：设计流量 $Q = 10\ m^3/s$，相应渠道水深 $H_0 = 1.4$ m，渠道底宽 $b = 5.0$ m，进口为扭曲面连接，长度 $L_1 = 5.0$ m。求缺口宽 b_c。

解 应用试算法。先试取 $b_c = 3.0$ m，则

$$\frac{b_c}{H_0} = \frac{3.0}{1.4} = 2.143$$

又因 $\frac{L_1}{H_0} = \frac{5.0}{1.4} = 3.57$，故可用式(7-4)求得 M 为

$$M = 2.1 - 0.08\frac{b_c}{H_0} = 2.1 - 0.08 \times 2.143 = 1.929$$

将已知数代入式(7-7)可得

$b_c = \frac{Q}{MH_0^{\frac{3}{2}}} = \frac{10}{1.929 \times 1.4^{\frac{3}{2}}} = 3.13(\text{m})$，大于假设值 3.0 m。

再设 $b_c = 3.13$ m，可求得 $M = 2.1 - 0.08 \times \frac{3.13}{1.4} = 1.921$，则

$$b_c = \frac{10}{1.921 \times 1.4^{\frac{3}{2}}} = 3.14 \approx 3.13(\text{m})$$

(2)跌水口前水深计算。在运行中，当通过最大、最小流量时会造成跌水口前水面壅高或降低，壅高过大时可能造成上游漫顶或渠内淤积，水面降低过大时，跌水口前水深过小，流速增大，可能产生渠底冲刷。因此，求出 b_c 后，还须验算通过 Q_{max} 和 Q_{min} 时的水面壅高和降低情况，不满足要求时须调整 b_c 值。跌水口前壅水或降水的总堰上水头 H_0 可由式(7-2)变化求得：

$$H_0 = \left(\frac{Q}{m\varepsilon b_c\sqrt{2g}}\right)^{\frac{2}{3}} \tag{7-8}$$

式中，m、ε 可按宽顶堰或实用堰取值，将上式中 Q 分别代以 Q_{max} 和 Q_{min}，求出相应的 H_0 后即可得其堰上水深及渠内水深，从而进行壅水超高和降水冲刷验算。

2　梯形跌水口底宽 b_c 和边坡系数 n_c 计算

对梯形跌水口，可采用有侧收缩的梯形狭缝堰公式计算，即

$$Q = M\varepsilon(b_c + 0.8n_cH)H_0^{\frac{3}{2}} \tag{7-9}$$

式中　M——梯形跌水口的第二流量系数，当上游渠道边坡系数为 0.25～1.0，连接段长度 $L_c \geq 3h$（h 为上游渠道水深）时，$M = 2.25 - \frac{0.15}{H}(b_c + 0.8n_cH_0)$，初步计算时，也可近似采用矩形跌水口的 M 值；

ε——侧收缩系数，当进口连接段为扭曲面且长度大于 3 倍渠道水深时，可取 $\varepsilon = 1.0$；

H_0——计入行近流速的堰上总水头,初步计算时可近似取渠道水深,m。

式(7-9)中括号内的因子等于水流厚度为0.8H梯形跌水口的过水宽度,其中b_c、n_c可由两个已知流量及其相应水深Q_1、H_1、Q_2、H_2联解求出,即

$$\left.\begin{aligned} Q_1 &= M_1\varepsilon(b_c + 0.8n_cH_1)H_{10}^{3/2} \\ Q_2 &= M_2\varepsilon(b_c + 0.8n_cH_2)H_{10}^{3/2} \end{aligned}\right\} \tag{7-10}$$

一般Q_1、H_1取为渠道设计流量及相应水深,Q_2、H_2取为渠道正常引用的较小流量及相应水深,设计时,也可采用渠道最大、最小水深h_{max}、h_{min}按下式估算两个特征水位H_1、H_2:

$$\left.\begin{aligned} H_1 &= h_{max} - 0.25(h_{max} - h_{min}) \\ H_2 &= h_{min} + 0.25(h_{max} - h_{min}) \end{aligned}\right\} \tag{7-11}$$

当h_{min}未知时,也可采用$h_{min} = (0.33 \sim 0.5)h_{max}$。

由H_1、H_2可求得相应的渠道流量Q_1、Q_2,将其代入式(7-10)即可求得b_c、n_c,然后将b_c、n_c代入式(7-9)进行验算。若通过设计流量,用该式求得的水深H与用渠道流速公式求得的水深h值之差超过$(0.01\sim0.05)h$,则须对b_c、n_c进行修正,直至满足要求。

与矩形跌水口相同,求得b_c、n_c之后,还应对渠道通过的Q_{max}、Q_{min}计算相应水深,以验算堤顶高程是否满足要求和渠内是否产生冲刷。不满足要求时,可再对b_c、n_c进行调整。

3 消力池水力计算

消力池水力计算的内容是确定池宽、池长和池深。

(1)池宽b'。当只有一个跌水口时,消力池宽度b'可取为跌水口水面宽度加0.1倍水舌抛射长度,即

$$b' = 0.1L_1 + b_c + 0.8n_cH \tag{7-12}$$

水舌抛射长度L_1可按下式计算:

$$L_1 = 1.64\sqrt{H_0(P + 0.24H_0)} \tag{7-13}$$

式中 P——上游渠底与消力池之间的高差,m;

其余符号意义同前。

当为多个跌水口时,池底宽还应计入水面线高程处的隔墩厚度,即

$$b' = 0.1L_1 + n(b_c + 0.8n_cH) + (n-1)b_g \tag{7-14}$$

式中 n——跌水口数目;

b_g——设计流量时,跌水口水流断面计算宽度处的隔墩厚度,可近似取为隔墩平均厚度,m。

(2)池长L'。消力池长度L'应等于水舌抛射长度L_1与水跃长度L_2(见图7-1)之和,即

$$L' = L_1 + L_2 \tag{7-15}$$

式中 L_2——水跃长度,m,$L_2 = (3.2\sim4.3)h_c''$,其中h_c''为跃后水深,m。

对矩形消力池,水舌在跌落处的收缩水深h_c可按下式计算:

$$h_c = \frac{q}{\varphi\sqrt{2gZ_0}} \tag{7-16}$$

式中　Z_0——计入行近流速的上下游水位差，m；

φ——流速系数；

q——水舌跌落处的单宽流量，$m^3/(s \cdot m)$，$q = Q/b_c$。

对梯形跌水口，水舌在跌落处的单宽流量 q 可按下式计算：

$$q = \frac{Q}{b_c + 0.8n_cH} \tag{7-17}$$

q 求出后，可按式(7-16)估算 h_c，进一步可求得跃后水深 h''_c。

(3)池深 d。消力池深度 d 可按下式计算：

$$d = (1.10 \sim 1.15)h''_c - h_t \tag{7-18}$$

式中　h_t——下游渠道水深，m。

实际应用中，d 的取值应稍大于式(7-18)计算值。

任务 2　陡坡设计

陡坡是建在地形过陡的地段，用于连接上下游渠道的倾斜渠槽，由于该渠槽的坡度一般大于临界坡度而得名。陡坡的落差、比降，应根据地形、地质条件以及沿渠调节分水需要等进行确定。一般陡坡的落差比跌水大，陡坡的比降不陡于1:1.5。

陡坡根据地形情况和落差大小，也可分为单级陡坡和多级陡坡。单级陡坡一般由进口连接段、控制缺口(也称控制堰口)、陡坡段、消力池和出口连接段等组成，如图7-6(a)所示。多级陡坡多建在落差大，有变坡或有台阶状地形的渠道上，其布置特点是，上一级消力池末端出口即为下一级陡坡段的入口，进、出口段均与单级陡坡相同，如图7-6(b)所示。多级陡坡分级多少，每一级落差和比降的大小，应结合工程实际情况确定。多级陡坡的落差、纵坡不必强求一致，但在地形条件允许的情况下，将每级陡坡的落差、纵坡布置成相同的尺寸，无论在设计、施工和管理等方面，都是较为简单而合理的。

陡坡的设计要求与跌水基本相同，在控制缺口以上，应使上游水位尽量不受泄水影响，缺口形式与尺寸应能保证在通过设计流量时，缺口前水深与渠道设计正常水深接近，通过其他各级流量时，缺口前水面不致过分壅高或降低。应采取合理的消能措施，使下泄水流充分消能，减小下游冲刷。陡坡段在纵横方向的布置应尽量平顺、渐变，结构型式合理。

对于渠道上的陡坡，进、出口连接段及控制缺口均与跌水相同，所不同的主要是以陡坡段代替了跌水墙，水流不是自由跌落，而是沿陡槽下泄。以下主要讨论其陡坡段与消能设施的布置、构造、水力计算等。

子任务 1　陡坡段设计

1　陡坡段的水力特性

陡坡段的主要水力特性是坡陡、流急。槽内水流流速高、紊动剧烈、惯性力大，对边界

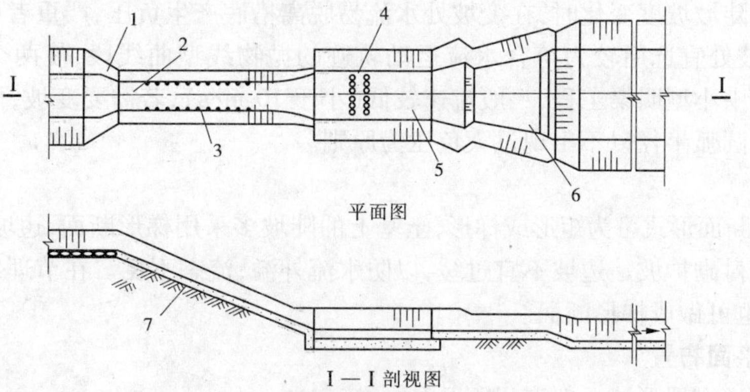

(a)单级陡坡示意图

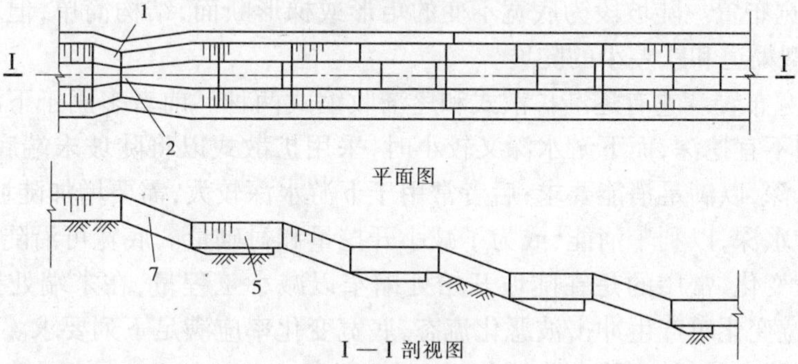

(b)多级陡坡示意图

1—进口连接段;2—控制缺口;3—人工糙条;4—辅助消能工;5—消力池;6—出口连接段;7—陡坡段

图 7-6　陡坡组成与布置

条件的变化非常敏感。如果边墙稍有偏折(收缩、扩散或转弯),就会影响水流流向,引起折冲波并向下游传播。折冲波使水面局部壅高,相应地要加高边墙。折冲波使横断面上的水深和流速都不均匀,对下游消能产生不利影响。当陡坡段表面流速超过一定值时(一般在 7 ~8 m/s),水流就会掺气。当流速大于 14 m/s 时,对于表面不平整的槽壁,就有可能引起空蚀破坏。急流的这些特点,在陡坡的布置和水力设计中都应予以注意。

2　陡坡段的纵横断面

2.1　纵断面

陡坡段是一急流明槽段,为减免高速水流对工程的不利影响,应尽量布置于挖方之上。其纵坡应根据地质、地形及衬砌材料等因素确定。当流量大、土质差、落差大时,陡坡的纵坡应缓些;当流量较小、土质好及落差小时,则可陡些。坡度缓一些,开挖量少,稳定性较好,但衬砌量多;坡度陡一些,衬砌长度可以缩短,比较经济。一般地,尽量沿天然地面坡度或采用 1∶2.5 ~1∶5.0 的坡度。若条件允许,应尽量采用一坡到底。

对于大落差的陡坡,可根据地形、地质条件的变化而改变陡坡的坡度,但从水流平顺和施工方面考虑,变坡点不宜过多。也可以做成多级陡坡,在两级之间用消力池衔接。陡坡纵坡应尽可能与地面相适应,可以在靠近进口的上段,使纵坡做缓些,下段纵坡做陡些,即先缓后陡。

大落差的陡坡坡度变化时，在变坡处水流易脱离槽底产生负压，严重者可能引起空蚀破坏，故在边坡处宜选用较为符合水流运动轨迹的抛物线型曲线段，使两个底坡平顺连接。对于广大中小型明渠工程，一般流速较低（小于 10 m/s），若需要变坡，可用圆弧连接上下游斜坡。圆弧半径以不出现过大负压为原则。

2.2 横断面

陡坡的横断面形式可为矩形或梯形，土基上的陡坡多采用梯形断面，边坡常采用1:1～1:1.5，并需要衬砌护坡。边坡不宜过缓，以防水流外溢，流态不良。在节理发育或有破碎带的岩基上，也可做成梯形断面。

3 陡坡段的平面布置

陡坡的平面布置形式一般有以下几种。

(1)等底宽布置。陡坡段为底宽不变的矩形或梯形断面，结构简单，但对下游消能不利，多用于小型渠道和跌差小的陡坡。

(2)变底宽布置。它有逐渐扩散式和逐渐收缩式两种。前者多用于下游消力池受地质等条件限制不宜挖深，而下游水深又较小时，采用扩散式以将陡坡末端底宽加大，减小单宽流量及水深，以满足消能要求；后者常用于下游水深较大，需要增加陡坡末端水深，以使之等于下游水深，以利于消能，或为了减小开挖量和衬砌量。底宽可沿陡坡段全长均匀变化或局部段变化，常用的是在陡坡开始处缩窄以减小工程量，在末端处扩散以利于消能，为避免底宽变化时产生冲击波恶化流态，底宽变化率应满足下列要求。

①当底宽缩窄时，其两侧总收缩角不宜大于30°。

②当底宽扩散时，扩散角一般为5°～7°，或按式 $\tan\theta = \frac{1}{KFr}$ 计算，式中，K 为经验系数，可取为1.5～3.0，当为水平扩散时取小值，陡坡扩散时取大值；Fr 为扩散起始断面的弗劳德数，$Fr = \frac{v}{\sqrt{gh}}$，其中 v、h 分别为扩散起始断面的流速及断面平均水深。

(3)菱形陡坡。菱形布置的陡坡特点是，前部扩散，后部收缩，在平面上呈菱形，如图7-7所示。在这种布置中，消力池多为梯形断面，消力池的边坡向陡坡段延伸，延伸至水跃收缩断面发生于陡坡扩散段末端，从而使水跃前后的水面宽度一致，以避免主流两侧发生平面旋涡，使池内单宽流量及流速分布均匀，减轻对下游的冲刷。工程实践表明，这是一种效果良好的布置形式，但工程量大，水力计算复杂，一般用于跌差为2.5～5.0 m的陡坡。

菱形陡坡的始、末断面及扩散段末端底宽分别为 b_c、b_2 和 b_1。其中，b_c 为控制缺口底宽，计算方法与跌水相同，b_2 为消力池底宽，由消能计算确定，b_1 按下式计算：

$$b_1 = (0.75 \sim 0.85)(b_2 + mh''_c) \tag{7-19}$$

式中 h''_c——跃后水深，m；

m——消力池边坡系数。

4 构造

陡坡段一般采用砖、石、混凝土或钢筋混凝土材料衬护。底板厚常取为0.2～0.5 m（混凝土或钢筋混凝土）或0.3～0.6 m（浆砌石）。沿水流方向一般每隔5～20 m设一分

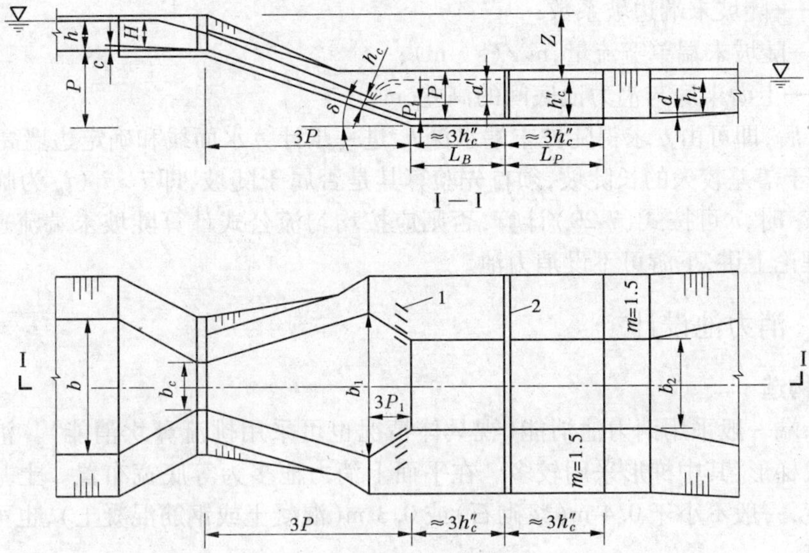

1—消能肋;2—周界槛

图7-7 菱形陡坡

缝,缝内设止水,下设反滤层。接缝处的底板底部设齿墙,以增加其抗滑力。陡坡内流速过大时,为了促使水流扩散,加大水深,减小流速,改善下游流态,以利于消能,可在底板上设置人工加糙,常用加糙形式有W形槛、交错式矩形糙条、人字形槛及棋布形方墩等,如图7-8所示。工程采用时,布置形式与尺寸一般应由水工模型试验确定。

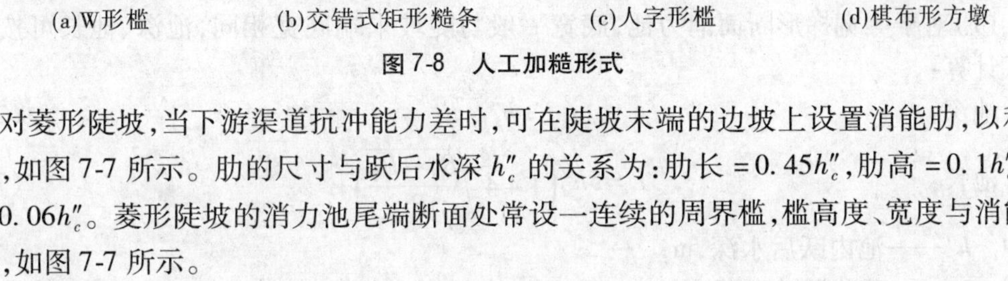

(a)W形槛 (b)交错式矩形糙条 (c)人字形槛 (d)棋布形方墩

图7-8 人工加糙形式

对菱形陡坡,当下游渠道抗冲能力差时,可在陡坡末端的边坡上设置消能肋,以利于消能,如图7-7所示。肋的尺寸与跃后水深 h''_c 的关系为:肋长 $=0.45h''_c$,肋高 $=0.1h''_c$,肋宽 $=0.06h''_c$。菱形陡坡的消力池尾端断面处常设一连续的周界槛,槛高度、宽度与消能肋相同,如图7-7所示。

5 水力计算

陡坡段水力计算的任务,主要是确定陡坡末端的流速和水深,并向上游计算水面线和确定边墙高度,向下游进行消能计算。流速计算有以下两种情况。

(1)对落差 $P<20$ m的短陡坡,陡坡末端流速 v 可按下式计算:

$$v=\varphi\sqrt{2g(P+H_0)} \tag{7-20}$$

式中 φ——流速系数。

对 $i=1/1.5\sim1/5$ 的梯形断面陡坡,可按以下经验公式计算:

$$\varphi=0.832\left(\frac{m'q^{\frac{2}{3}}}{P}\right)^{0.1} \tag{7-21}$$

式中　m'——陡坡末端边坡系数；

q——陡坡末端单宽流量，$m^3/(s\cdot m)$；

P——上游渠底与消力池底间的高差，m；

已知 v 后，即可由 q 求得陡坡末端水深 h，进一步计算水面线和确定边墙高度。

(2)对于落差较大的长陡坡，须首先验算其是否属于陡坡，即 $i>i_k$（i_k 为临界坡度），当满足 $i>i_k$ 时，v 可按式(7-20)计算，否则应按均匀流公式计算陡坡末端流速 v 与水深 h，此时从理论上讲，下游可不设消力池。

子任务2　消力池设计

1　布置与构造

陡坡末端一般采用消力池消能（视具体情况也可采用挑流鼻坎消能）。消力池断面可为矩形或梯形，其中梯形采用较多。在平面上消力池多为等底宽布置。土基上的消力池底板厚度，一般不小于0.4 m（浆砌石）或0.3 m（混凝土或钢筋混凝土），也可按以下经验公式估算：

$$t = Kv_1\sqrt{h_1} \tag{7-22}$$

$$K = 0.03 + 0.17\sin\delta \tag{7-23}$$

式中　K——系数；

δ——陡坡末端坡面与水平面的夹角，(°)；

v_1——陡坡末端的流速，m/s；

h_1——陡坡末端的水深，m。

2　水力计算

陡坡消力池水力计算的任务是确定池宽、池深与池长。

(1)对于等宽梯形断面消力池，底宽一般与陡坡末端底宽相同，池深、池长可按下面公式计算：

池深：
$$d = h''_c - h_t \tag{7-24}$$

池长：
$$L = 5h''_c\left(1 + 4\sqrt{\frac{B_2 - B_1}{B_1}}\right) \tag{7-25}$$

式中　h''_c——池内跃后水深，m；

h_t——下游渠道水深，m；

B_1——跃前断面水面宽度，m；

B_2——跃后断面水面宽度，m。

h''_c 可按下式计算：

$$\frac{h''_c}{h_c} = 1.74\lg\frac{\varphi E_0}{q^{2/3}} + 0.28 \tag{7-26}$$

其中

$$h_c = 0.385\frac{Pq^{4/3}}{\varphi E_0^2} \tag{7-27}$$

$$E_0 = P + h + \frac{v_0^2}{2g} \tag{7-28}$$

式中 h_c——收缩断面水深,m;

E_0——控制缺口处水流对消力池底的总水头,m;

h——控制缺口处水深,m,陡坡段 $i>i_k$ 时,$h=h_k$;

v_0——控制缺口处流速,m/s,陡坡段 $i>i_k$ 时,$v_0=v_k$;

h_k——控制缺口断面的临界水深,m;

v_k——控制缺口断面的临界流速,m/s;

q——池内收缩断面处的单宽流量,$m^3/(s \cdot m)$;

φ——陡坡流速系数,由式(7-21)计算;

其余符号意义同前。

当式(7-21)中$\dfrac{m'q^{\frac{2}{3}}}{P}\geqslant 3.0$时,有$\varphi\approx 1.0$,此时池长可按下式计算:

$$L\approx(6\sim7)h''_c \tag{7-29}$$

(2)对菱形陡坡的消力池,由于消力池边坡向陡坡段延伸使陡坡段收缩的段,称为消力池的一部分,在这种形式的消力池中,跃前断面发生在陡坡收缩段首端即宽 b_1 处,跃后断面发生于消力池末端周界槛处,两者之间的距离为总池长,其中水平段池长 L_B(见图7-7)可由下式计算:

$$L_B=4.65h''_c-3P_1 \tag{7-30}$$

其中

$$P_1=\frac{b_1-b_2}{2m'} \tag{7-31}$$

且有

$$b_1=(0.75\sim0.85)(b_2+2mh''_c) \tag{7-32}$$

式中 b_1——陡坡收缩段始端底宽,m;

b_2——陡坡收缩段末端底宽,m;

h''_c——菱形陡坡消力池内跃后水深,m;

P_1——跃前断面底部与消力池底的高差,m。

池深 d 仍可按式(7-24)计算。

由上可见,陡坡消力池水力计算的关键是计算池内跃后水深 h''_c,其值及 b_1 值可由下列水跃始、末断面的动能投影方程求得:

$$\frac{Q^2}{g\omega_1}\cos\delta+\left(\frac{b_1h_c^2}{2}+\frac{mh_c^3}{3}\right)\cos^2\delta=\frac{Q^2}{g\omega_2}+\left(\frac{b_2h''^2_c}{2}+\frac{mh''^3_c}{3}\right)-\frac{R_x}{\gamma} \tag{7-33}$$

$$R_x=\frac{\gamma(h''_c-a')}{6}[(b_1+2b_2)h''_c+(b_2+2b_1)h_c\cos\delta] \tag{7-34}$$

$$\omega_1=h_c(b_1+m'h_c) \tag{7-35}$$

$$\omega_2=h''_c(b_2+mh''_c) \tag{7-36}$$

$$a'=h''_c-\frac{b_1-b_2}{2m} \tag{7-37}$$

式中 R_x——水跃始、末断面间水体所受总压力的水平分力;

δ——陡坡末端坡面与水平面的夹角,(°);

m——消力池边坡系数;

ω_1、ω_2——水跃始、末断面的过水面积，m^2；

a'——下游水面与水跃始断面处陡坡底的高差，m；

γ——水的容重，kN/m^3；

其余符号意义同前。

消力池水力计算步骤如下：

(1)根据已知的流量 Q、上下游水位差 Z、陡坡纵坡 $i=\tan\delta$、消力池边坡系数 m 值，选择一适当的 b_2 值及一组 h_c'' 值(各值相差 0.2 m)，联解式(7-32)～式(7-34)可求得 b_1、a'、R_x，并由下列公式试算求得 h_c：

$$T_1 = Z + a' = h_c\cos\delta + \frac{Q^2}{2g\omega_1^2\varphi_1^2} \tag{7-38}$$

式中　T_1——跃前断面总水头，m；

φ_1——流速系数，可取 $\varphi_1=0.9$。

(2)将所得各值代入式(7-33)，算出等式左边总值 A 及右边总值 B(A、B 均为一组数值，可列表计算)。

(3)根据上述结果可作出 A—h_c'' 和 B—h_c'' 两条曲线，由两曲线交点即可求得跃后水深 h_c''。

(4)将 h_c'' 代入式(7-32)求得一系列 b_1 值，并将不同的 b_1 值分别代入式(7-33)的左边和右边得到一系列 $A(b_1)$ 值和一系列 $B(b_1)$ 值，再在同一坐标系内作出两条曲线 $A(b_1)$—b_1 和 $B(b_1)$—b_1，两条曲线交点即为所求 b_1 值。

(5)有了 h_c''、b_1 值，即可确定消力池深 d(池底与下游渠底的高差)及池长 L_B。

(6)若计算结果不恰当，可重设 b_2 及 h_c'' 值，重复上述步骤，直至计算结果合乎要求。

任务 3　跌水与陡坡施工案例

跌水与陡坡的建筑材料多用砌石、混凝土和钢筋混凝土，均采用常规的施工方法，这里仅列举一钢筋混凝土结构跌水的施工方案。

1　施工顺序

施工顺序：土方开挖→素土夯实→3:7灰土垫层→混凝土垫层→钢筋→模板→浇筑混凝土→水泥砂浆防水层→结合层。

2　施工方法

2.1　基土处理

对基土进行碾压、夯实，对软弱土层要进行处理。分层夯实，填土质量符合国家标准《建筑地基基础工程施工质量验收规范》(GB 50202—2002)的有关规定，填土时应为最优含水量，取土样按击实试验确定最优含水量与相应的最大干密度。基土应均匀密实，压实系数应符合设计要求，应小于 0.94。

2.2　3:7灰土垫层

严格按规范施工，灰和土严格过筛，土粒径不大于 15 mm，灰颗粒不大于 5 mm，搅拌均匀才能回填，机械碾压夯实。

灰土回填厚度不大于250 mm，同时注意监测含水率，认真做好压实取样工作。

2.3 混凝土垫层施工要求

混凝土垫层应采用粗骨料，其最大粒径不应大于垫层粒径的2/3，含泥量不大于5%；砂为中粗砂，其含泥量不大于3%，垫层铺设前其下一层应湿润，垫层应设置伸缩缝，混凝土垫层表面的允许偏差值应不超过±10 mm。

2.4 钢筋混凝土池壁、池底

池底整体一次现浇，不留施工缝，池壁用钢模板双面支模，严禁出现断面尺寸偏差、轴线偏差、露筋、蜂窝、孔洞等现象，严把混凝土配合比与混凝土浇捣关。

2.5 模板

(1)模板及其支架应具有承载能力、刚度和稳定性，能可靠地承受浇筑混凝土的重量、侧压力以及施工荷载。

(2)板的接缝不应漏浆，模板与混凝土的接触面应清理干净，并涂隔离层。

(3)模板安装的偏差应符合施工规范规定，如轴线位置5 mm，表面平整度5 mm，垂直度6 mm。

2.6 钢筋工程

(1)钢筋进场时，应按国标规定抽样并进行力学性能检验。

(2)纵向受力钢筋的连接方式应符合设计要求。

(3)钢筋安装位置的偏差，长宽不超过±10 mm，保护层不超过±3 mm，预埋件与中心线位置不超过±5 mm。

2.7 混凝土施工

(1)结构混凝土的强度等级必须符合设计要求。

(2)混凝土运输、浇筑及间歇的全部时间不应超过混凝土的初凝时间。同一施工段的混凝土应连续浇筑，并应在底层混凝土初凝之前将上一层混凝土浇筑完毕。

(3)施工缝的位置，应在混凝土浇筑前按设计要求和施工技术方案确定。

(4)对有抗渗要求的混凝土，浇水养护时间不得少于14 d。

(5)现浇混凝土拆模后，应由监理单位、施工单位对外观质量、尺寸偏差进行检查，做出记录，并及时按施工技术方案对缺陷进行处理。

项目 8 水工隧洞设计与施工

任务 1 认识水工隧洞

子任务 1 水工隧洞的作用

为满足水利水电工程各项任务而设置的隧洞称为水工隧洞,其作用如下:

(1)配合溢洪道宣泄洪水,有时也作为主要泄洪建筑物用。

(2)引水发电,或为灌溉、供水和航运输水。

(3)排放水库泥沙,延长使用年限,有利于水电站等的正常运行。

(4)放空水库,用于人防或检修建筑物。

(5)在水利枢纽施工期用作导流建筑物。

子任务 2 水工隧洞的类型

(1)水工隧洞按作用可分为泄洪隧洞、引水发电和尾水隧洞、灌溉和供水隧洞、放空和排沙隧洞、施工导流隧洞等。

(2)水工隧洞按隧洞内的水流状态可分为有压隧洞和无压隧洞。

从水库引水发电的隧洞一般是有压的;灌溉渠道上的输水隧洞常是无压的,有的干渠及干渠上的隧洞还可兼用于通航;其余各类隧洞根据需要可以是有压的,也可以是无压的。在同一条隧洞中可以设计成前段是有压的,而后段是无压的。但在同一洞段内,除流速较低的临时性导流隧洞外,应避免出现时而有压、时而无压的明满流交替流态,以防引起振动、空蚀和对泄流能力的不利影响。

在设计水工隧洞时,应该根据枢纽的规划任务,按照一洞多用的原则,尽量设计为多用途的隧洞,以降低工程造价。

有压隧洞和无压隧洞在工程布置、水力计算、受力情况及运行条件等方面差别较大,对于一个具体工程,究竟是采用有压隧洞还是无压隧洞,应根据工程的任务、地质、地形及水头大小等条件提出不同的方案,通过技术、经济比较后选定。

子任务 3 水工隧洞的工作特点

(1)水力特点。枢纽中的泄水隧洞,除少数表孔进口外,大多数是深式进口。深式泄水隧洞的泄流能力与作用水头 H 的 1/2 次方成正比,当 H 增大时,泄流量增加较慢,不如表孔超泄能力强。但深式进口位置较低,能提前泄水,从而提高水库的利用率,减轻下游的防洪负担,故常用来配合溢洪道宣泄洪水。泄水隧洞所承受的水头较高、流速较大,如果体形设计不当或施工存在缺陷，可能引起空化水流而导致空蚀；水流脉动会引起闸门等建筑物的振动；出口单宽流量大、能量集中会造成下游冲刷。为此，应采取适宜的防止空蚀和消能措施。

(2)结构特点。隧洞为地下结构，开挖后破坏了原来岩体内的应力平衡，引起应力重分布，导致围岩产生变形甚至崩塌，为此，常需设置临时支护和永久性衬砌，以承受围岩压力。但围岩本身也具有承载力，可与衬砌共同承受内水压力等荷载。承受较大内水压力的隧洞，要求围岩具有足够的厚度和进行必要的衬砌，否则，一旦衬砌破坏，内水外渗，将危害岩坡稳定及附近建筑物的正常运行。

(3)施工特点。隧洞一般断面小，洞线长，从开挖、衬砌到灌浆，工序多，干扰大，施工条件较差，工期一般较长。施工导流隧洞或兼有导流任务的隧洞，其施工进度往往控制整个工程的工期。

子任务4　水工隧洞的组成

(1)进口段。进口段位于隧洞进口部位，用以控制水流，包括拦污栅、进水喇叭口、闸门段及渐变段等。

(2)洞身段。洞身段用以输送水流，一般都需进行衬砌。

(3)出口段。出口段用以连接消能设施。无压泄水隧洞的出口仅设有门框，有压隧洞的出口一般设有渐变段及工作闸门室。而用于水电站引水的隧洞末端通常与平水建筑物相连，无专门的出口段。

本项目只讨论有压引水隧洞布置与选线及各组成部分的设计问题。

子任务5　水工隧洞的总体布置

(1)水工隧洞在枢纽中的布置应根据枢纽的任务、隧洞用途、地形、地质、施工、运行等条件综合研究，并经技术经济比较后方能确定。

(2)在合理选定洞线方案的基础上，根据地形、地质及水流条件，选定进口段的结构形式，确定闸门在隧洞中的布置。

(3)确定洞身纵坡及洞身断面形状和尺寸。

(4)根据地形、地质、尾水位等条件及建筑物之间的相互关系选定出口位置、高程及消能方式。

子任务6　水工隧洞的线路选择

引水隧洞的线路选择是设计中的关键，它关系到隧洞的造价、施工难易、工程进度、运行可靠性等方面。因此，应该在勘测工作的基础上拟订不同方案，考虑各种因素，进行技术经济综合比较后选定。选择洞线的一般原则和要求如下：

(1)隧洞的线路应尽量避开不利的地质构造、围岩中可能存在的不稳定地段及地下水位高、渗水量丰富的地段，以减小作用于衬砌上的围岩压力和外水压力。洞线要与岩层层面、构造破碎带和节理面有较大的夹角，在整体块状结构的岩体中，其夹角不宜小于30°；在层状岩体中，特别是层间结合疏松的高倾角薄岩层，其夹角不宜小于45°。在高地应力地区,应使洞线与最大水平地应力方向尽量一致,以减小隧洞的侧向围岩压力。

(2)洞线在平面上应力求短直,这样既可减少工程费用,方便施工,又有良好的水流条件。若因地形、地质、枢纽布置等原因必须转弯,应以曲线相连。对于低流速的隧洞,其曲率半径不宜小于5倍洞径或洞宽,转角不宜大于60°,弯道两端的直线段长度也不宜小于5倍洞径或洞宽。

高流速的有压隧洞,当转弯半径较小时,弯道不仅引起压力分布严重不均,甚至导致出口水流不对称,流速分布不均。因此,设置弯道时,其转弯半径及转角最好通过试验确定。

(3)进、出口位置合适。隧洞的进、出口在开挖过程中容易塌方且易受地震破坏,应选在覆盖层、风化层较浅,岩石比较坚固完整的地段,避开有严重的顺坡卸荷裂隙、滑坡或危岩地带。引水隧洞的进口应力求水流顺畅,避免在进口附近产生串通性或间歇性旋涡。出口位置应与调压室的布置相协调,这有利于缩短压力管道的长度。

(4)隧洞应有一定的埋藏深度。洞顶覆盖厚度和傍山隧洞岸边一侧的岩体厚度,统称为围岩厚度。围岩厚度涉及开挖时的成洞条件,运行中在内、外水压力作用下围岩的稳定性,结构计算的边界条件和工程造价等。对于有压隧洞,当考虑弹性抗力时,围岩厚度应不小于3倍洞径。根据以往的工程经验,对于较坚硬完整的岩体,有压隧洞的最小围岩厚度应不小于$0.4H$(H为洞顶压力水头),如不加衬砌,顶部和侧向的厚度应分别不小于$1.0H$和$1.5H$。一般洞身段围岩厚度较大,但进、出口则较薄,为增大围岩厚度而将进、出口位置向内移动会增加明挖工程量,延长施工时间。一般情况下,进、出口顶部岩体厚度不宜小于1倍洞径或洞宽。

(5)隧洞的纵坡。纵坡应根据运用要求、上下游衔接、施工和检修等因素综合分析比较以后确定。无压隧洞的纵坡应小于临界坡度。有压隧洞的纵坡主要取决于进、出口高程,要求全线洞顶在最不利的条件下保持不小于2 m的压力水头。有压隧洞不宜采用平坡或反坡,因其不利于检修排水。为了便于施工期的运输及检修时排除积水,有轨运输的底坡一般为3‰~5‰,但不应大于10‰;无轨运输的坡度为3‰~15‰,最大不宜超过20‰。

(6)对于长隧洞,选择洞线时还应注意利用地形、地质条件,布置一些施工支洞、斜井、竖井,以便增加工作面,有利于改善施工条件,加快施工进度。

子任务7　闸门在隧洞中的布置

引水隧洞中一般要设置两道闸门:一道是工作闸门,用来调节流量和封闭孔口,能在动水中启闭;另一道是检修闸门,设置在进口,用来挡水,以便检修工作闸门或隧洞。当隧洞出口低于下游水位时,出口处还需设置检修门。大中型隧洞的深式进水口常要求检修闸门能在动水中关闭,在静水中开启,以满足发生事故时的需要,所以也称事故检修门。

对于有压泄水隧洞,其工作闸门通常布置在出口,如图8-1所示。这种布置的优点是:泄流时洞内流态平稳;门后通气条件好,便于部分开启;工作闸门的控制结构也较简单,管理方便;隧洞线路布置适应性强。但洞内经常承受较大的内水压力,一旦衬砌漏水,对岩坡及土石坝等建筑物的稳定将产生不利影响。实际工程中,常在进口设事故检修门,平时也可用以挡水,以免洞内长时间承受较大的内水压力。

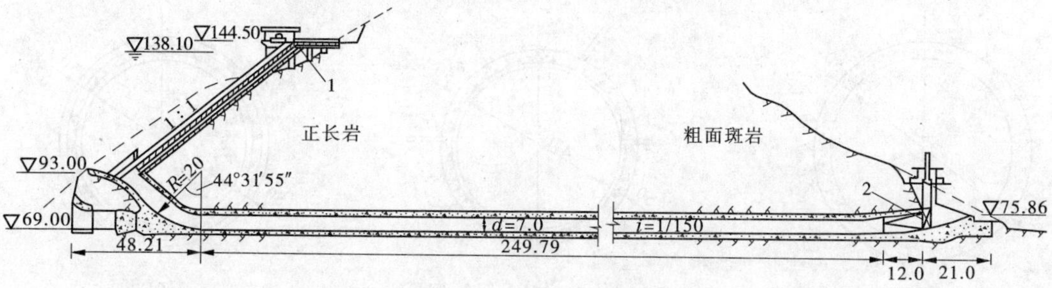

1—通气孔;2—3 m×7 m 工作闸门

图 8-1　响洪甸有压隧洞布置图　(单位:m)

实际工程中,有时为了便于枢纽布置,减小工程量,降低造价,可采用发电与泄洪、发电与灌溉相结合的隧洞布置方式。但必须妥善解决由于不同任务结合所带来的一些矛盾。

任务2　水工隧洞各组成部分的形式及构造

子任务1　进口段

有压隧洞进口段包括进口喇叭口、闸门室、通气孔、平压管和渐变段等部分。

子任务2　洞身段

1　洞身断面形式

洞身断面形式取决于水流流态、地质条件、施工条件及运行要求等。

有压隧洞一般采用圆形断面,如图 8-2 (a)、(b)、(c)、(g)所示,原因是圆形断面的水流条件和受力条件都较为有利。当围岩条件较好,内水压力不大时,为了施工方便,也可采用无压隧洞常用的城门洞型(见图 8-2(d)、(i))或马蹄形(见图 8-2(e)、(f)、(h))断面形式。

2　洞身断面尺寸

洞身断面尺寸应根据运用要求、过流量、作用水头及纵剖面布置,通过水力计算确定,有时还要进行水工模型试验验证。有压隧洞水力计算的主要任务是核算泄流能力及沿程压坡线。对于无压隧洞主要是计算其泄流能力及洞内水面线,当洞内的水流流速大于 15 ~20 m/s时,还应研究由于高速水流引起的掺气、冲击波及空蚀等问题。

有压隧洞泄流能力按管流计算:

$$Q = \mu\omega\sqrt{2gH} \tag{8-1}$$

式中　μ——考虑隧洞沿程阻力和局部阻力的流量系数;

ω——隧洞出口的断面面积,m^2;

H——作用水头,m;

g——重力加速度，m/s^2。

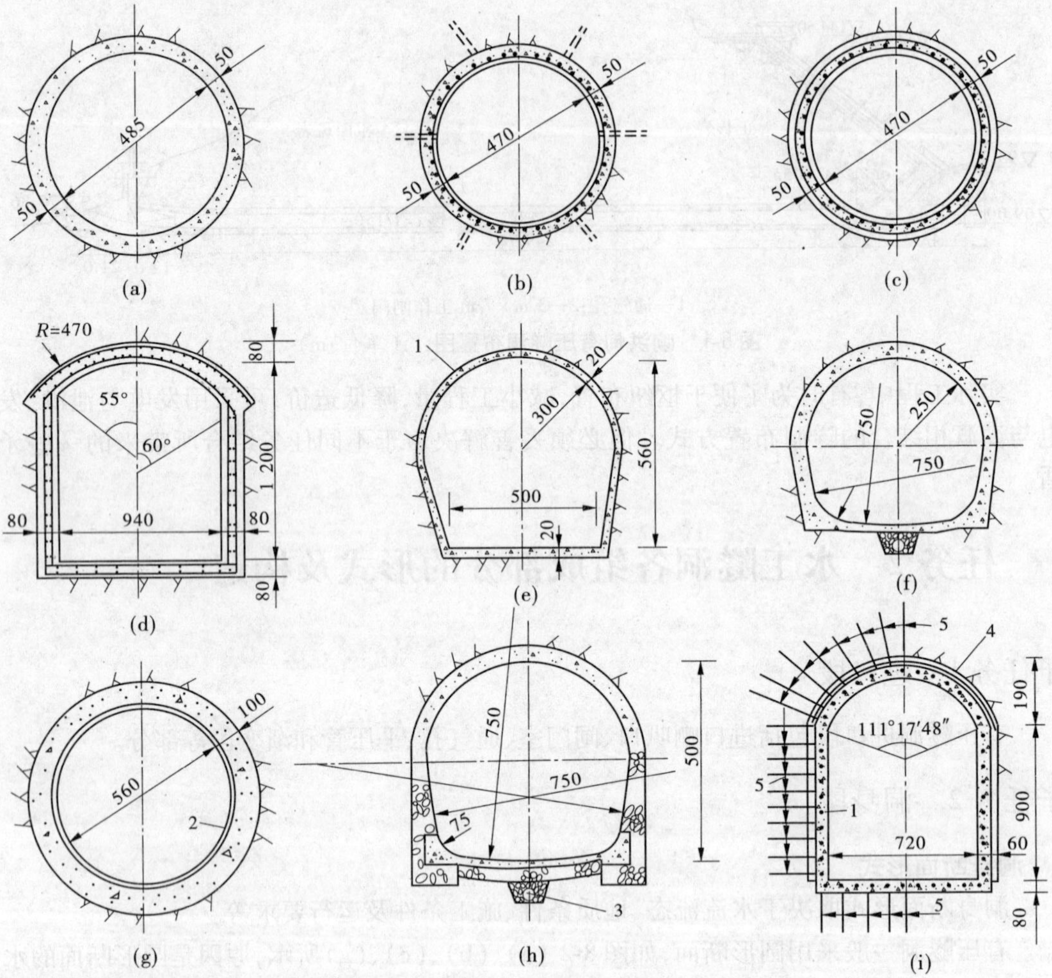

1—喷混凝土；2—$\delta=16$ mm 钢板；3—直径 25 cm 排水管；4—20 cm 厚钢筋网喷混凝土；5—锚筋

图 8-2　隧洞断面形式及类型（单位：cm）

洞内的压坡线，可根据能量方程分段推求。为了保证洞内水流始终处于有压状态，如前所述，洞顶应有 2 m 以上的压力余幅。

在确定隧洞断面尺寸时，还应考虑到洞内施工和检查维修等方面的需要，圆形断面的内径不小于 2.0 m，非圆形断面不宜小于 1.8 m×2.0 m。

3　洞身衬砌

3.1　衬砌的功用

为了保证水工隧洞安全有效地运行，通常需要对隧洞进行衬砌。衬砌的功用是：

（1）限制围岩变形，保证围岩稳定；

（2）承受围岩压力、内水压力等荷载；

（3）防止渗漏；

（4）保护岩石免受水流、空气、温度、干湿变化等的冲蚀破坏作用；

(5)减小表面糙率。

3.2 衬砌的类型

隧洞衬砌主要有以下几种类型:

(1)平整衬砌,亦称护面或抹平衬砌。它不承受作用力,只起减小隧洞表面糙率,防止渗漏和保护岩石不受风化的作用。对于无压隧洞,如岩石不易风化,可只衬砌过水部分。平整衬砌适用于围岩条件较好,能自行稳定,且水头、流速较低的情况。根据隧洞的开挖情况,平整衬砌可采用混凝土、浆砌石或喷混凝土。

(2)单层衬砌。它由混凝土(见图8-2(a))、钢筋混凝土(见图8-2(b)、(c)、(d))或浆砌石等做成。单层衬砌特别是钢筋混凝土、混凝土衬砌应用最广,适用于中等地质条件、断面较大、水头及流速较高的情况。根据工程经验,混凝土及钢筋混凝土的厚度一般为洞径或洞宽的1/8~1/12,且不小于25 cm,由衬砌结构计算最终确定。

(3)组合式衬砌。其内层为钢板、钢筋网喷浆,外层为混凝土或钢筋混凝土(见图8-2(g));顶拱为混凝土,边墙和底板为浆砌石(见图8-2(h));顶拱、边墙喷锚后再进行混凝土或钢筋混凝土衬砌(见图8-2(i))等形式。

在软弱破碎的岩体中开挖隧洞,因其自稳能力差,容易发生塌方,先用喷锚支护,再作混凝土或钢筋混凝土衬砌是一种很好的组合形式。

选择洞身衬砌类型,应根据隧洞的任务、地质条件、断面尺寸、受力状态、施工条件等因素,通过综合分析比较后确定。

在有压圆形隧洞中,一般以采用混凝土、钢筋混凝土单层衬砌最为普遍。当内水压力较大,围岩条件较差,钢筋混凝土衬砌不能满足要求或不经济时,可采用内层为钢板的组合式双层衬砌。当内水压力较大时,也可研究采用预应力衬砌。

配合光面爆破,喷锚是一种经济、快速的衬砌形式。

当围岩坚硬、完整、裂隙少、稳定性好且不易风化时,对于流速低、流量较小的引水发电隧洞或导流隧洞,可以不加衬砌。不衬砌的有压隧洞,其内水压力应小于地应力的最小主应力,以保证围岩稳定。不衬砌隧洞的糙率大,引用同样流量要增加开挖断面。因此,是否采用不衬砌隧洞,应该经过技术经济比较之后确定。

3.3 衬砌分缝

混凝土及钢筋混凝土衬砌是分段分块浇筑的。为防止混凝土干缩和温度应力而产生裂缝,在相邻分段间设有环向伸缩缝,沿洞线的浇筑分段长度应根据浇筑能力和温度收缩等因素分析决定,一般可采用6~12 m。有压隧洞需在缝中设止水(见图8-3(a)、(b))。纵向施工缝应设在拉、剪应力较小的部位,对于圆形隧洞常设在与中心铅直线夹角45°处(见图8-3(c));纵向施工缝需要凿毛处理,有时增设插筋以加强整体性,缝内可设键槽,必要时设止水。

隧洞穿过断层破碎带或软弱带,衬砌需要加厚。当破碎带较宽时,为防止因不均匀沉降而开裂,在衬砌厚度突变处,应设变形缝(见图8-4)。此外,在进口闸门室与渐变段,渐变段与洞身交接处,以及衬砌的形式、厚度改变和可能产生相对位移的部位,也需要设置环向沉降缝。沉降缝的缝面不凿毛,分布钢筋也不穿过,但缝内应填1~2 cm厚的沥青油毡或其他填料。有压隧洞还应在缝内设止水。

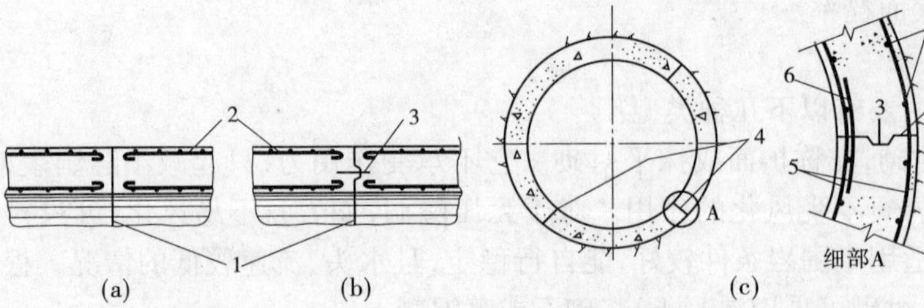

1—环向变形缝;2—分布钢筋;3—止水片;4—纵向施工缝;5—受力钢筋;6—插筋

图 8-3 环向变形缝及纵向施工缝

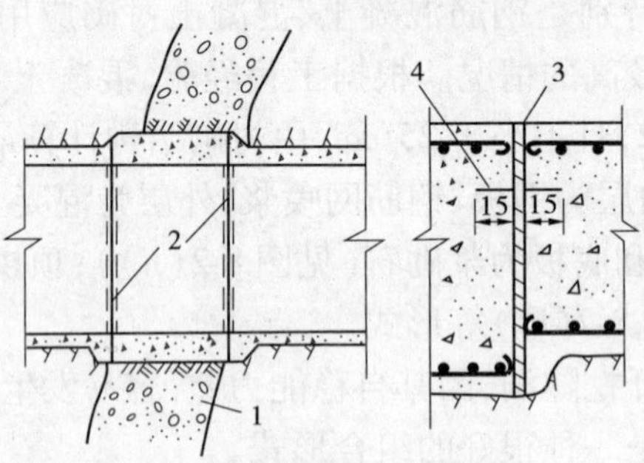

1—断层破碎带;2—变形缝;3—沥青油毡;4—止水片(带)

图 8-4 沉降缝 (单位:cm)

4 灌浆

隧洞灌浆分为回填灌浆和固结灌浆两种。

回填灌浆是为了充填衬砌与围岩之间的空隙,使之结合紧密,共同受力,以发挥围岩的弹性抗力作用,并减少渗漏。砌筑顶拱时,可预留灌浆管,待衬砌完成后,通过预埋管进行灌浆。回填灌浆范围,一般在顶拱中心角 90°~120°以内,孔距和排距为 2~6 m,灌浆孔应深入围岩 5 cm 以上,灌浆压力为 0.2~0.3 MPa。

固结灌浆的目的在于加固围岩,提高围岩的整体性,减小围岩压力,保证围岩的弹性抗力,减小渗漏。围岩是否需要进行固结灌浆,应通过技术经济比较确定。固结灌浆孔一般深入岩石 2~5 m,有时可达 10 m,或为隧洞半径的 1 倍左右,具体根据对围岩的加固和防渗要求而定。固结灌浆孔排距 2~4 m,每排不少于 6 孔,对称布置,相邻断面错开排列,按逐步加密法灌浆。固结灌浆压力一般为 0.4~1.0 MPa 或更大,对于有压隧洞可用 1.5~2.0 倍的内水压力。固结灌浆应在回填灌浆 7~14 d 之后进行。灌浆时应加强观测,以防洞壁发生变形破坏。

回填灌浆孔和固结灌浆孔常分排间隔排列,如图 8-5 所示。

5 排水

设置排水,可以降低作用在衬砌上的外水压力。对于有压圆形隧洞,外水压力一般不控制衬砌设计。当外水位很高,对衬砌设计起控制作用时,可在衬砌底部外侧设纵向排水管,通至下游。必要时,还可增设环向排水槽,每隔 6~8 m 设一道,收集的渗水汇集后由纵向排水暗管排向下游。

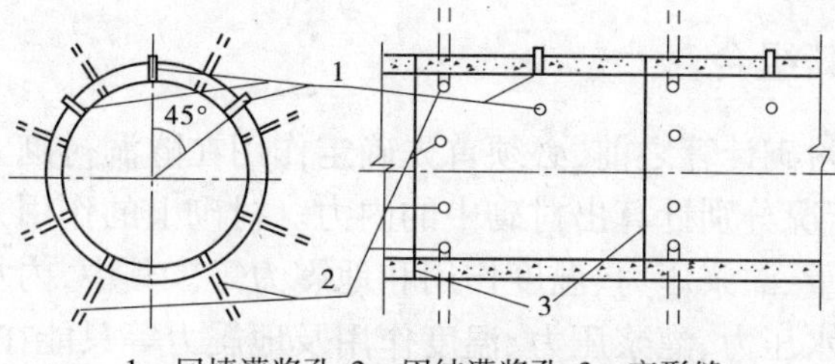

1—回填灌浆孔;2—固结灌浆孔;3—变形缝

图 8-5 灌浆孔布置

子任务3 出口段

有压隧洞出口,绝大多数设有工作闸门,布置启闭机室,闸门前设有渐变段,将洞身从圆形断面渐变为闸门处的矩形孔口,出口之后即为消能设施。图 8-6 为隧洞的出口段结构图。

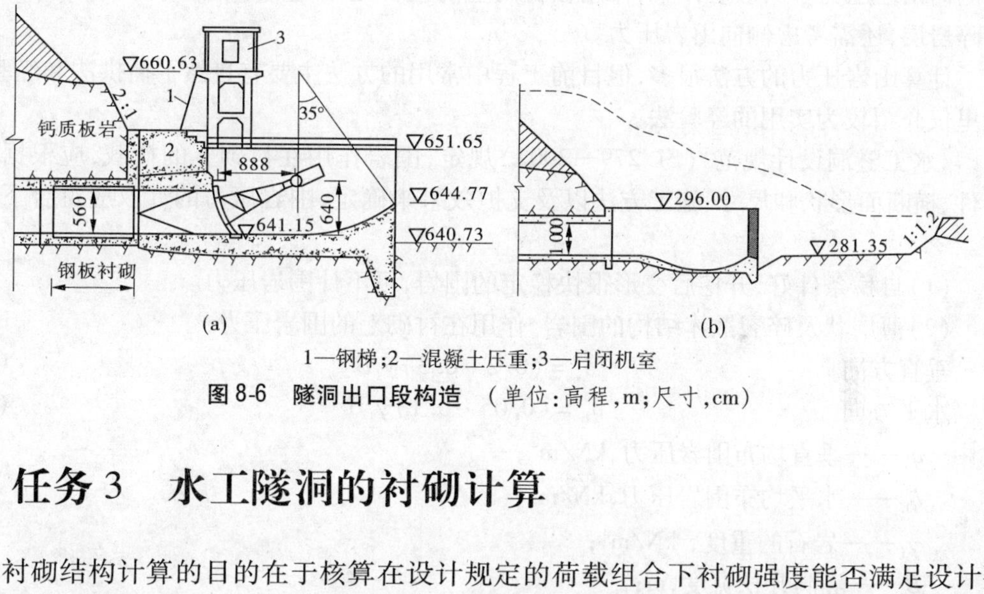

1—钢梯;2—混凝土压重;3—启闭机室

图 8-6 隧洞出口段构造 (单位:高程,m;尺寸,cm)

任务3 水工隧洞的衬砌计算

衬砌结构计算的目的在于核算在设计规定的荷载组合下衬砌强度能否满足设计要求。计算之前可先按 1/8 ~ 1/12 的洞径或用工程类比法初拟衬砌厚度,经过计算再行修正。

我国已建的大量水工隧洞采用了多种应力计算方法,如结构力学法、弹性力学法、边界元法、有限元法等。尽管方法各异,但这些隧洞绝大多数运行正常,说明衬砌计算的设计条件较接近实际情况,有一定的安全裕度。《水工隧洞设计规范》(SL 279—2002)指出:

(1)将围岩作为承载结构的隧洞可采用有限元法进行围岩和衬砌的分析计算。计算时应根据围岩特性选取适宜的力学模型,并应模拟围岩中的主要构造。

(2)以内水压力为主要荷载,围岩为Ⅰ、Ⅱ类的圆形有压隧洞,可采用弹性力学解析方法计算。

(3)对于Ⅳ、Ⅴ类围岩中的洞段可采用结构力学方法计算。

子任务1　荷载及其组合

在进行水工隧洞衬砌计算之前,必须首先确定作用在隧洞衬砌上的荷载,并根据荷载特性,按不同的工作情况分别计算出衬砌中的内力。衬砌上的作用力有围岩压力、内水压力、外水压力、衬砌自重、灌浆压力、温度作用和地震力等。其中,内水压力、衬砌自重容易确定,而围岩压力、外水压力、灌浆压力、温度作用及地震力等只能在一些假定的前提下进行近似计算。

荷载计算对象与结构计算相同,为单位洞长。

1　围岩压力

围岩压力也称山岩压力。隧洞开挖后由于围岩变形(隧洞开挖破坏了岩体原来的平衡,从而引起围岩应力重分布,引起变形)或塌落而作用在衬砌上的压力,称围岩压力。按作用的方向山岩压力主要有两种:作用于衬砌顶部的垂直山岩压力和作用于衬砌两侧的侧向山岩压力。一般岩体中,作用在衬砌上的主要是垂直向下的围岩压力,对Ⅳ、Ⅴ类破碎岩层,还需考虑侧向山岩压力。

计算山岩压力的方法很多,但目前工程中常用的方法主要有自然平衡拱法和经验法。这里仅介绍较为实用的经验法。

《水工隧洞设计规范》(SL 279—2002)规定,围岩作用在衬砌上的荷载,应根据围岩条件、横断面形状和尺寸、施工方法以及支护效果来确定,围岩压力的计取应符合下列规定。

(1)自稳条件好,开挖后变形很快稳定的围岩,可不计围岩压力。

(2)薄层状及碎裂散体结构的围岩,作用在衬砌上的围岩压力:

垂直方向　$$q_v = (0.2 \sim 0.3)\gamma_1 B \tag{8-2}$$

水平方向　$$q_h = (0.05 \sim 0.1)\gamma_1 H \tag{8-3}$$

式中　q_v——垂直均布围岩压力,kN/m^2;

q_h——水平均布围岩压力,kN/m^2;

γ_1——岩石的重度,kN/m^3;

B——隧洞开挖宽度,m;

H——隧洞开挖高度,m。

(3)不能形成稳定拱的浅埋隧洞,宜按洞室顶拱的上覆盖层岩体重力作用计算围岩压力,再根据施工所采取的支护措施予以修正。

(4)块状、中厚层至厚层状结构的围岩,可根据围岩中不稳定块体的作用力来确定围岩压力。

(5)采取了支护或加固措施的围岩,根据其稳定状况,可不计或少计围岩压力。

(6)采用掘进机开挖的围岩,可适当少计围岩压力。

(7)具有流变或膨胀等特殊性质的围岩,可能对衬砌结构产生变形压力时,应对这种作用进行专门研究,并宜采取措施减小其对衬砌的不利作用。

2　弹性抗力

在荷载作用下,衬砌向外变形时受到围岩的抵抗,这种因围岩抵抗衬砌向外变形而作用在衬砌外壁的作用力,称为弹性抗力。弹性抗力是一种被动力。它与地基反力不同,后者是由力的平衡决定的,其数值与围岩的性质无关;而前者的产生是有条件的。围岩考虑弹性抗力的重要条件是岩石本身的承载能力,而充分发挥弹性抗力作用的主要条件是围岩与衬砌的接触程度。当岩石比较坚硬,且有一定的厚度(一般要求大于3倍的洞径),无不利的滑动面,围岩与衬砌紧密接触时,才可考虑弹性抗力的作用,否则不考虑围岩的弹性抗力,只考虑衬砌底部的地基反力。

岩石的弹性抗力可以近似地认为与衬砌变形造成的围岩的法向位移δ成正比,即

$$p_0 = k\delta \tag{8-4}$$

式中 p_0——岩石弹性抗力,kN/cm^2;

δ——衬砌表面法线方向位移,cm;

k——弹性抗力系数,kN/cm^3。

弹性抗力系数是与围岩性质和隧洞直径有关的比例常数。实质上,它表示能阻止$10^{-4}\ m^2$衬砌面积变位0.01 m所需要的力。实践中,常以隧洞半径为1 m时的单位弹性抗力系数k_0表示围岩的抗力特性,开挖半径为r时的弹性抗力系数为

$$k = k_0/r \tag{8-5}$$

式中 r——隧洞开挖半径,cm,对非圆形隧洞,$r = B/2$(B为开挖洞宽)。

弹性抗力系数常用类比法和现场试验方法来确定。弹性抗力估计过高,会使衬砌结构不安全,估计过低则造成不经济。因此,必须对其进行认真分析和估算。

3 内、外水压力

内水压力是有压隧洞衬砌上的主要荷载。当围岩坚硬完整,洞径小于6 m时,可只按内水压力进行衬砌的结构设计。内水压力可根据隧洞压力线或洞内水面线确定。在有压隧洞的衬砌计算中,常将内水压力分为均匀内水压力和非均匀内水压力两部分。均匀内水压力是洞顶内壁以上水头h产生的,其值为γh;非均匀内水压力是指洞内充满水,洞壁各点的压强值为$\gamma d(1-\cos\theta)/2$(θ为计算点半径与洞顶半径的夹角,d为隧洞内直径)时的压力。非均匀内水压力的合力方向向下,数值等于单位洞长内的水重(见图8-7)。

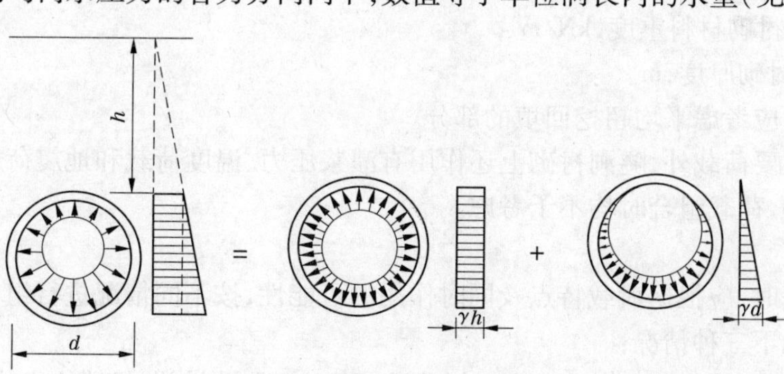

图8-7 有压隧洞内水压力分解

对有压发电引水隧洞,还应考虑机组甩负荷时引起的水击压力。

外水压力的大小取决于水库蓄水后形成的地下水位线,由于地质条件的复杂性,很难准确计算。一般来说,常假设隧洞进口处的地下水位线与水库正常挡水位相同,在隧洞出

口处与下游水位或洞顶齐平，中间按直线变化。考虑到地下水渗流过程的水头损失，工程中实际取用外水压力的数值应等于地下水的水头乘以折减系数 β_e（见表 8-1）。设计中，当与内水压力组合时，外水压力常用偏小值；当隧洞放空时，采用偏大值。

表 8-1　外水压力折减系数 β_e 值选用表

级别	地下水活动状况	地下水对围岩稳定的影响	β_e 值
1	洞壁干燥或潮湿	无影响	0～0.2
2	沿结构面有渗水或滴水	风化结构面填充物质，地下水降低结构面的抗剪强度，对软弱岩体有软化作用	0～0.4
3	沿裂隙或软弱结构面有大量滴水，线状流水或喷水	泥化软弱结构面充填物质，地下水降低结构面的抗剪强度，对中硬岩体有软化作用	0.25～0.6
4	严重滴水，沿软弱结构面有小量涌水	地下水冲刷结构面中充填物质，加速岩体风化，对断层等软弱带软化泥化，并使其膨胀崩解，以及产生机械管涌；有渗透压力，能鼓开较薄的软弱层	0.4～0.8
5	严重股状水流，断层等软弱带有大量涌水	地下水冲刷挟带结构面中充填物质，分离岩体，有渗透压力，能鼓开一定厚度的断层等软弱带，导致围岩塌方	0.65～1.0

4　衬砌自重

衬砌自重是沿隧洞轴线 1 m 长的衬砌重量。一般根据衬砌厚度的不同，沿洞线分段进行计算，认为自重是均匀作用在衬砌厚度的平均线上，衬砌单位面积上的自重强度 g 为

$$g = \gamma_c h \tag{8-6}$$

式中　γ_c——衬砌材料重度，kN/m^3；

h——衬砌厚度，m。

衬砌自重应考虑平均超挖回填的部分。

除上述主要荷载外，隧洞衬砌上还作用有灌浆压力、温度荷载和地震荷载等。由于对衬砌影响较小，荷载组合时均不予考虑。

5　荷载组合

衬砌计算时，应根据荷载特点及同时作用的可能性，按不同情况进行组合。设计中常用的组合有以下三种情况：

(1)正常运用情况。山岩压力＋衬砌自重＋宣泄设计洪水时的内水压力＋外水压力。

(2)施工、检修情况。山岩压力＋衬砌自重＋可能出现的最大外水压力。

(3)非常运用情况。山岩压力＋衬砌自重＋宣泄校核洪水时的内水压力＋外水压力。

正常运用情况属于基本组合,用以设计衬砌的厚度、配筋量和进行强度校核,其他情况用作校核。工程中视隧洞的具体运用情况还应考虑其他荷载组合。

子任务2 衬砌结构计算

衬砌结构计算的步骤主要包括:选择衬砌型式并初步拟定其厚度;分别计算单位洞长上各种荷载产生的内力,并按不同的荷载组合叠加;进行强度校核、确定配筋量,判定初拟衬砌厚度是否合理并进行修改。

下面介绍以内水压力为主要荷载,围岩为Ⅰ、Ⅱ类,直径不大于6 m的圆形有压隧洞的衬砌结构计算。

混凝土和钢筋混凝土衬砌结构不作为有严格防渗要求的结构。衬砌厚度的计算方法如下。

1 混凝土衬砌

求混凝土衬砌厚度 h 时,以均匀内水压力 p 作用下,内边缘切向拉应力不超过混凝土的允许轴心抗拉强度$[\sigma_{hl}]$为限,计算公式如下:

$$h = r_i\left(\sqrt{A\frac{[\sigma_{hl}] + p}{[\sigma_{hl}] - p}} - 1\right) \tag{8-7}$$

$$[\sigma_{hl}] = \frac{R_l}{K_l} \tag{8-8}$$

式中 R_l——混凝土的设计抗拉强度,kN/m;

K_l——混凝土的抗拉安全系数,见表8-2;

A——弹性特征因素;

h——衬砌厚度,m;

r_i——隧洞内径,m。

表8-2 混凝土的抗拉安全系数 k_l 值表

荷载级别	1		2、3		4、5	
荷载组合	正常运用	非常运用	正常运用	非常运用	正常运用	非常运用
安全系数 K_l	2.1	1.8	1.8	1.6	1.7	1.5

2 钢筋混凝土衬砌

求钢筋混凝土衬砌厚度 h 时,以均匀内水压力 p 作用下,内边缘切向拉应力不超过钢筋混凝土的允许轴心抗拉强度$[\sigma_{gh}]$为限,计算公式如下:

$$h = r_i\left(\sqrt{A\frac{[\sigma_{gh}] + p}{[\sigma_{gh}] - p}} - 1\right) \tag{8-9}$$

衬砌的内边缘应力可按式(8-10)校核:

$$\sigma_i = \frac{F}{F_n}p\frac{t^2 + A}{t^2 - A} \leqslant [\sigma_{gh}] \tag{8-10}$$

$$[\sigma_{gh}] = \frac{R_f}{K_f} \tag{8-11}$$

式中 R_f——混凝土的设计抗裂强度；

K_f——钢筋混凝土结构的抗裂安全系数；

F——沿洞线 1 m 长衬砌混凝土的纵断面面积；

F_n——F 中包括钢筋在内的折算面积；

t——衬砌外半径与衬砌内半径的比值。

如果由式(8-9)求出的 h 为负值或小于结构的最小厚度，则应采用结构的最小厚度，钢筋可按结构的最小配筋率，对称配置。

当围岩条件较差，或圆洞直径大于 6 m 时，不能只按内水压力设计衬砌。此时，应该计算出均匀内水压力作用下的内力，然后与其他荷载引起的内力进行组合，再行设计。

任务 4　水工隧洞的喷锚支护

喷锚支护是喷混凝土支护与锚杆支护的总称。根据不同的工程地质条件和对支护的要求，可以单独或联合使用，还可在喷层中加设钢筋网。

喷锚支护（锚喷支护）是配合新奥法（New Austrian Tunnelling Method，简称 NATM）而逐渐发展起来的一种新型支护方式。由于喷锚支护具有许多优点，例如：能及时对围岩进行加固，充分发挥围岩的自承作用，可节省材料和劳力，降低造价等，因此自 20 世纪 50 年代以来，在国内外的矿山坑道、铁路隧道等地下工程中获得了广泛应用。

在我国的水利水电建设中，20 世纪 50 年代也曾采用过喷锚修补隧洞衬砌和锚杆临时支护洞室。随着技术的发展，喷锚支护在交通洞室、地下厂房、调压井、导流隧洞中已逐步推广应用，直至作为水工隧洞的永久性支护（喷锚衬砌）。国内采用喷锚支护的水工隧洞已有数十项，其中，1971 年建成的回龙山引水隧洞，断面为 11 m × 11. 1 m 的城门洞形，总长 646 m，全部采用喷锚，至今运行良好。在长达 9 680 m 的引滦入津引水隧洞中喷锚段总长 5 000 m，是国内采用喷锚支护最长的水工隧洞。

喷锚衬砌与传统的现浇混凝土或钢筋混凝土衬砌相比，它喷层薄、柔性大，能与围岩紧密贴结，围岩承受内水压力的百分数很高。几个工程的水压试验表明，当围岩的变形模量 $E_R = (1 \sim 2) \times 10^4$ MPa 时，围岩能承担 80% ~90% 的内水压力。但也由于喷层薄，且随开挖岩面起伏不平，糙率较大。另外，大面积喷射，施工质量难以控制，在内水压力及水流作用下，有可能引起渗漏及冲蚀。

随着工程实践经验的积累和科学实验的进展，喷锚支护必将得到更为广泛的应用。

喷锚支护有以下几种类型：

(1)喷混凝土支护（见图 8-8(b)）。洞室开挖后，及时喷射混凝土使其与围岩紧密贴结（加入早强剂可使混凝土很快凝固），可以有效地限制围岩的变形发展，发挥围岩的自承能力，改善支护的受力条件。混凝土在喷射压力下，部分砂浆渗入围岩的节理、裂隙，可以重新胶结松动岩块，能起到加固围岩、堵塞渗水通道、填补缺陷的作用。

(2)锚杆支护。根据洞室周围的地质条件和可能的破坏形式（局部性破坏或整体性破坏），采用局部锚杆加固或系统锚杆加固，对节理发育的块状围岩，利用锚杆可将不稳定的岩块锚固于稳定的岩体上（见图 8-8(a)）；对层状围岩，垂直于层面布置的锚杆起组合作用,可将岩层组合起来形成“组合梁”;对于软弱岩体通过系统布置的锚杆,可以加固节理、裂隙和软弱面,形成承重环,使围岩变形受到约束,达到围岩自承状态。

(3)喷混凝土锚杆联合支护。此种支护,用于强度不高和稳定性较差的岩体。二者兼顾可加固锚杆之间的不稳定岩块,达到稳定岩体、保证洞室安全运行的目的。

(4)喷锚加钢筋网支护。对软弱、碎裂的围岩,如喷混凝土锚杆支护仍感不足,可加设一层钢筋网,以改善围岩应力,使支护受力趋于均匀,提高喷层的整体性及强度,并可减少温度裂缝(见图8-8(c)、(d))。

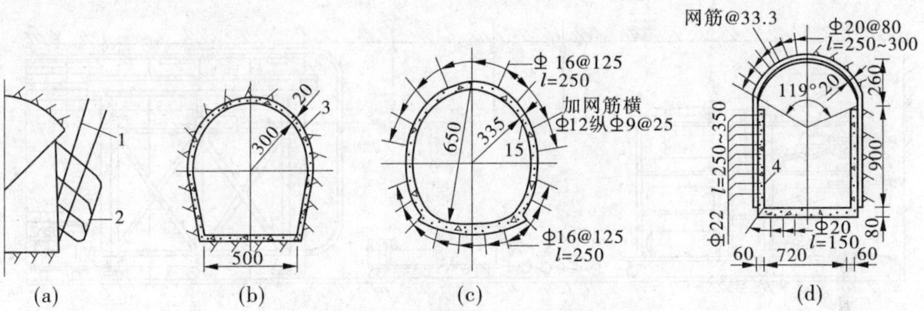

1—裂隙;2—锚杆;3—喷混凝土;4—浇混凝土

图8-8　喷锚支护类型　(单位:cm)

任务5　水工隧洞施工

子任务1　隧洞开挖

1　开挖方式

隧洞开挖方式有全断面开挖法和导洞开挖法两种。开挖方式的选择主要取决于隧洞围岩的类别、断面尺寸、机械设备和施工技术水平。合理选择开挖方式,对加快施工进度,节约工程投资,保证施工质量和施工安全意义重大。

1.1　全断面开挖法

全断面开挖法是将整个断面一次钻爆开挖成洞,待全洞贯通后或待掘进相当距离以后,根据围岩允许暴露的时间和具体施工安排再进行衬砌和支护。这种施工方法适用于围岩坚固完整的场合。全断面开挖,洞内工作面较大,工序作业干扰相对较小,施工组织工作比较容易安排,掘进速度快。全断面开挖可根据隧洞断面面积大小和设备能力采用垂直掌子掘进或台阶掌子掘进,如图8-9所示。

垂直掌子掘进因开挖面直立,作业空间大,当有大型施工机械设备时,作业效率高,施工进度快。图8-10为垂直掌子掘进开挖机械化施工程序图。

台阶掌子掘进是将整个断面分为上下两层,上层超前于下层一定距离掘进。为了方便出渣,上层超前距离不宜超过2~3.5 m,且上下层应同时爆破,通风散烟后,迅速清理上台阶并向下台阶扒渣,下台阶出渣的同时,上台阶可以进行钻孔作业。由于下台阶爆破是在两个临空面下进行的,可以节省炸药。当隧洞断面面积较大,但又缺乏钻孔台车等大

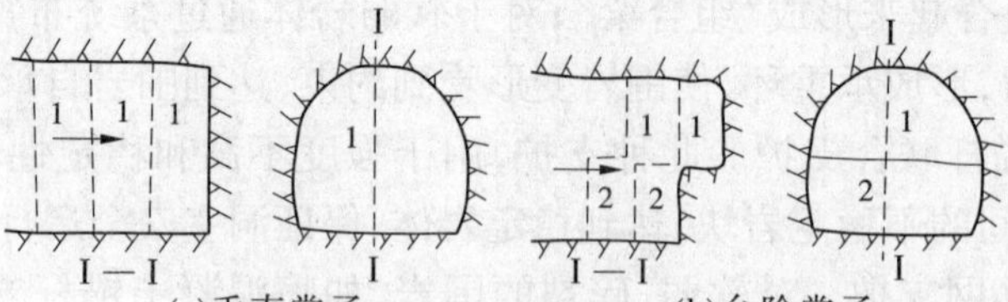

(a)垂直掌子　(b)台阶掌子

1,2—开挖顺序

图 8-9　全断面开挖的基本型式

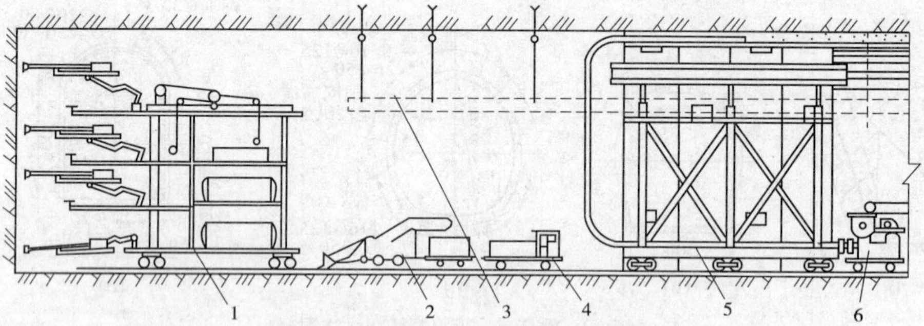

1—钻孔台车;2—装渣机;3—通风管;4—电瓶车;5—钢模台车;6—混凝土泵

图 8-10　垂直掌子掘进开挖机械化程序

型施工机械时,可以采用这种开挖方式。

1.2　导洞开挖法

导洞开挖法就是在开挖断面上先开挖一个小断面洞(导洞)作为先导,然后再扩大至设计要求的断面尺寸和形状。这种开挖方式,可以利用导洞探明地质情况、解决施工排水问题,导洞贯通后还有利于改善洞内通风条件,扩大断面时导洞可以起到增加临空面的作用,从而提高爆破效果。

根据导洞与扩大部分的开挖次序,有导洞专进和导洞并进两种方法。导洞专进法是将导洞全部贯通后,再进行扩大部分开挖,有利于通风和全面了解地质情况,但洞内施工设施一般要进行二次铺设,费工费事。除地质情况复杂外,一般不采用。导洞并进法是将导洞开挖一段距离(一般为 10 ~ 15 m)后,导洞与断面扩大同时并进。一般在工程地质条件恶劣、断面尺寸较大、不利于全断面开挖时才采用导洞开挖法。

根据导洞位置不同,导洞开挖法有上导洞、下导洞、中间导洞和双导洞开挖法等不同方式。

1.2.1　上导洞开挖法

导洞布置在隧洞的顶部,断面开挖对称进行,开挖与衬砌程序如图 8-11 所示。这种方法适用于地质条件较差、地下水不多、机械化程度不高的情况。其优点是安全问题比较容易解决,如顶部围岩破碎,开挖后可先行衬砌,以策安全。缺点是出渣线路需二次铺设,施工排水不方便,顶拱衬砌和开挖相互干扰,施工速度较慢。

图 8-11(b)是上导洞开挖的先墙后拱法,主要特点是将隧洞全断面挖好后,再进行衬砌。此法适用于地质条件较好的情况。图 8-11(a)是上导洞开挖的先拱后墙法,主要特点是上部(1、2)开挖后,立即进行顶拱衬砌,以后其他部分的开挖与衬砌均在混凝土顶拱的保护下进行,施工安全,但施工干扰大,衬砌整体性差,还需要解决马口(隧洞边墙处支承混凝土顶拱的岩石)的开挖问题。马口开挖分对开马口和错开马口两种,如图 8-12 所示。

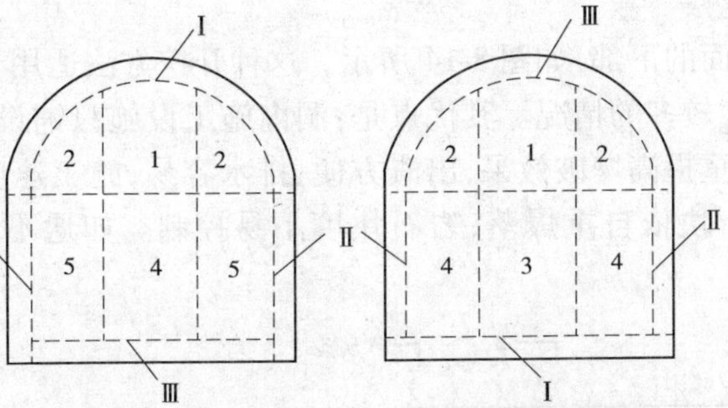

(a)先拱后墙衬砌 (b)先墙后拱衬砌

1,2,3,4,5—开挖顺序；Ⅰ,Ⅱ,Ⅲ—衬砌顺序

图 8-11 上导洞开挖与衬砌施工顺序

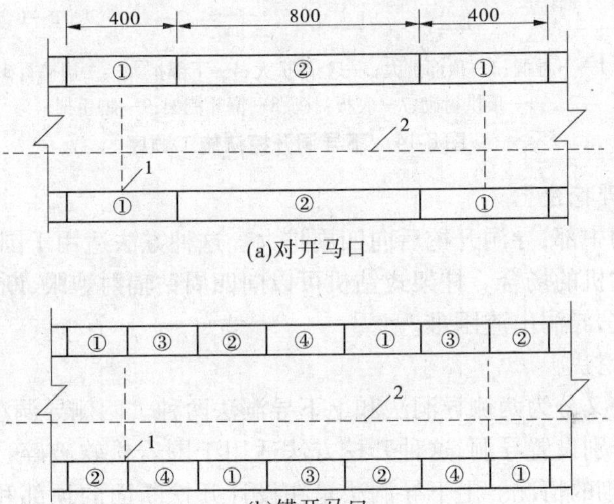

(a)对开马口

(b)错开马口

1—拱圈中心线；2—隧洞中心线

①—④：开挖顺序

图 8-12 马口开挖顺序 （单位：cm）

对开马口是将同一衬砌段的左右两个马口同时开挖，随即进行衬砌，如图 8-12（a）所示。为安全起见，每次开挖马口不应过长，一般以 4～8 m 为宜。在地质条件较好，围岩与拱圈黏结较牢的条件下，采用对开马口，可以减少施工干扰，避免爆破打坏对面边墙。当围岩较松散破碎时，应采用错开马口方法，如图 8-12（b）所示。即每个衬砌段的两个马口的开挖不同时进行，一个马口开挖后立即进行衬砌混凝土浇筑，待其强度达到设计强度的 70% 时，再开挖和浇筑另一个马口。各段马口的开挖可交叉进行。也有的把隧洞顶拱挖得大一些，使顶拱衬砌混凝土直接支承在围岩上，而不需要再挖马口，如图 8-13 所示。

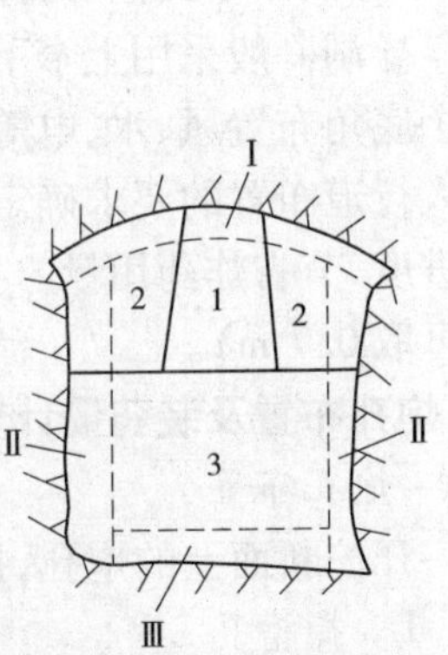

1～3—开挖顺序；Ⅰ,Ⅱ,Ⅲ—浇筑顺序

图 8-13 不挖马口的先拱后墙法

1.2.2 下导洞开挖法

导洞布置在断面的下部,如图 8-14 所示。这种开挖方法适用于围岩稳定、洞线较长、断面不大、地下水比较多的情况。其优点是:洞内施工设施只铺设一次,断面扩大时可以利用上部岩石的自重提高爆破效果,出渣方便,排水容易,施工速度快;缺点是:顶部扩大时钻孔比较困难,石块依自重爆落,岩石块度不易控制。如遇不良地质条件,施工不够安全。

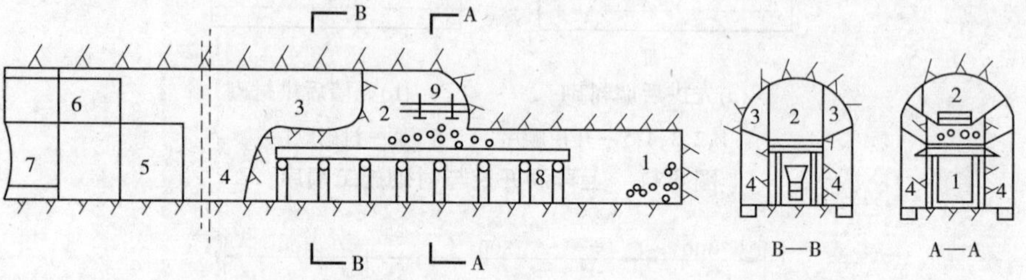

1—下导洞;2—顶部扩大;3—上部扩大;4—下部扩大;5—边墙衬砌;
6—顶拱衬砌;7—底板衬砌;8—漏斗棚架;9—脚手架

图 8-14 下导洞开挖法施工顺序

1.2.3 中间导洞开挖法

导洞在断面的中部,导洞开挖后向四周扩大。这种方法适用于围岩坚硬、不需临时支撑且具有柱架式钻机的场合。柱架式钻机可以向四周钻辐射炮眼,断面扩大快,但导洞与扩大部分同时并进,导洞出渣困难。

1.2.4 双导洞开挖法

双导洞开挖法又分为两侧导洞法和上下导洞法两种。两侧导洞法是在设计开挖断面的边墙内侧底部分别设置导洞,这种开挖方法适用于围岩松软破碎、地下水严重、断面较大,需边开挖边衬砌的情况。上下导洞法是在设计开挖断面的顶部和底部分别设置两个导洞,这种方法适用于开挖断面很大、缺少大型设备、地下水较多的情况,其上导洞用来扩大,下导洞用于出渣和排水,上下导洞之间用竖井连通。

导洞一般采用上窄下宽的梯形断面,这样的断面受力条件较好,并且可以利用断面的两个底角布置风、水、电等管线。导洞的断面尺寸应根据开挖、支撑、出渣运输工具的大小和人行道布置的要求确定。在方便施工的前提下,导洞尺寸应尽可能小一些,以便加快施工进度,节省炸药用量。导洞高度一般为 2.2 ~ 3.5 m,宽度为 2.5 ~ 4.5 m(其中人行道宽度可取 0.7 m)。

2 炮孔布置及装药量计算

2.1 炮孔布置

开挖断面上的炮孔,按其作用不同分为掏槽孔、崩落孔和周边孔等三种。

2.1.1 掏槽孔

用于掏槽的炮孔即为掏槽孔。掏槽就是在开挖断面中间先挖出一个小的槽穴,利用这个小的槽穴为断面扩大爆破增加临空面,以提高爆破效果。常见的掏槽孔的布置方式有楔形掏槽、锥形掏槽和垂直掏槽等,其具体布置方式和适用条件见表 8-3。掏槽布置方式的选择应根据岩石性质、岩层构造、断面大小和钻爆方法等因素确定。

表 8-3　常用掏槽孔布置简图和适用条件

掏槽形式	布置简图	适用条件
楔形掏槽	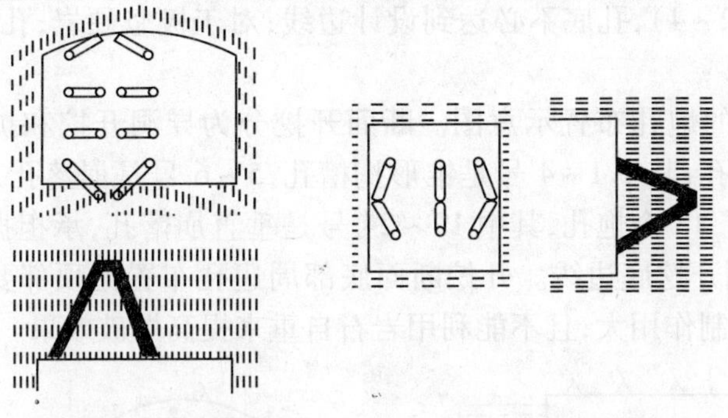 (a)垂直楔形掏槽眼　(b)水平楔形掏槽眼	适用于中等硬度的岩层。有水平层理时，采用水平楔形掏槽，有垂直层理时，采用垂直楔形掏槽，断面上有软弱带时，炮孔孔底宜沿软弱带布置。开挖断面的宽度或高度要保证斜孔能顺利钻进
锥形掏槽	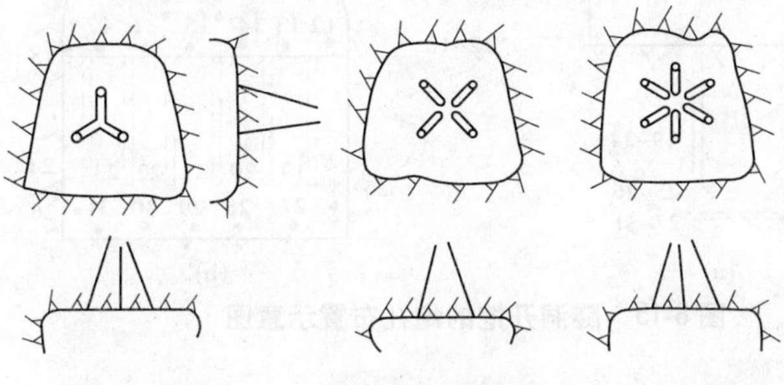 (a)三角锥掏槽眼　(b)四角锥掏槽眼　(c)圆锥掏槽眼	适用于紧密的均质岩体。开挖断面的高度和宽度相差不大，并能保证斜孔顺利钻进
垂直掏槽	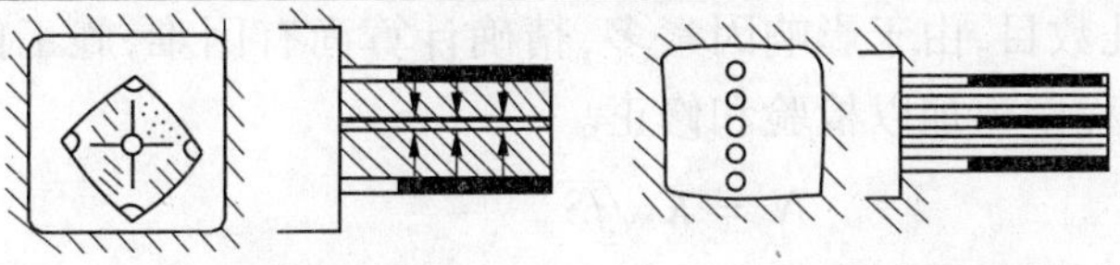 (a)角柱掏槽眼　(b)直线裂缝掏槽眼	适用于致密的均质岩体，不同尺寸的开挖断面或斜孔钻进困难的场合

在满足掏槽要求的前提下，掏槽孔的数目应尽可能少，但不宜少于 2 个。掏槽孔的深度应比崩落孔深 15 ~ 20 cm，以提高崩落孔的利用率。有时为了增强掏槽效果，在极坚硬的岩层中或一次掘进深度较大的情况下，还可以在掏槽孔中心布置 2 ~ 4 个直径为 75 ~ 100 mm 不装药的空孔，其深度与掏槽孔相同。

2.1.2　崩落孔

崩落孔的主要作用是爆落岩体，故应大致均匀地布置在掏槽孔的四周。崩落孔通常与开挖断面垂直，为了保证开挖面的平整，其孔底应落在同一平面上。

为了使爆后的石渣大小适中，便于装车，应注意掌握炮孔间距。如用国产 2[#] 岩石硝铵炸药，炮孔间距为软岩 100 ~ 120 cm、中硬岩 80 ~ 100 cm、坚硬岩 60 ~ 80 cm、特硬岩 50 ~ 60 cm。

2.1.3　周边孔

周边孔的主要作用是控制开挖轮廓，它布置在开挖断面的设计边线附近。周边孔的孔口距离开挖边线 10 ~20 cm,以利于钻孔。钻孔时应略向外倾斜,孔底应落在同一平面上。孔底与设计边线的距离,视岩石强度而定。对于中硬岩(坚固系数 $f>4$),孔底可达设计边线;对于软岩($f\leqslant 2\sim 4$),孔底不必达到设计边线;对于极坚硬岩,孔底应超出设计边线 10 ~15 cm。

图 8-15 是隧洞开挖的炮孔布置示意图。断面开挖分为导洞开挖和扩大部分开挖。上导洞共布置了 18 个炮孔,其中 1 ~4 号是锥形掏槽孔,5 ~6 号是崩落孔,7 ~18 号是周边孔。扩大部分共布置了 13 个炮孔,其中 19 ~24 号是垂直崩落孔,承担掘进任务;25 ~31 号是水平周边孔,控制开挖底边线。开挖断面底部周边孔布置比顶部要密一些,这是因为底边开挖,岩石的夹制作用大,且不能利用岩石自重来提高爆破效果。

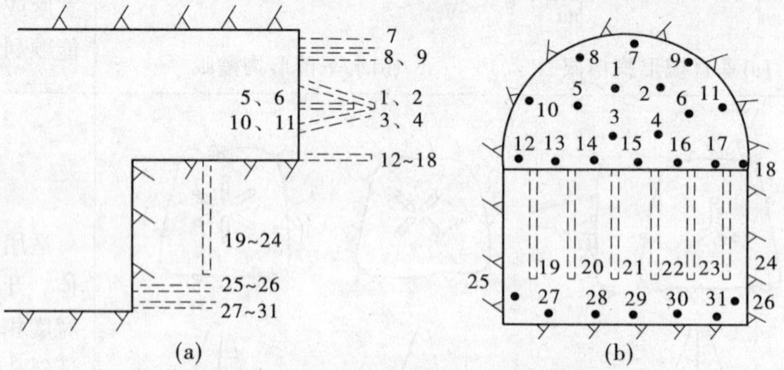

图 8-15 隧洞开挖的炮孔布置示意图

2.2 炮孔数目和深度

隧洞开挖断面上的炮孔总数 N 与岩石性质、炸药品种、临空面数目、炮孔大小和装药方式等因素有关。对炮孔数目,由于影响因素多,精确计算尚有困难,施工前可采用下面经验公式估算,在爆破过程中再加以检验和修正。

$$N = K\sqrt{fS} \tag{8-12}$$

式中 K——临空面影响系数,一个临空面取 2.7,两个临空面取 2.0;

f——岩石的坚固系数;

S——开挖断面面积,m^2。

炮孔深度应考虑开挖断面尺寸、围岩类别、钻孔机具、出渣能力和掘进循环作业时间等因素后确定。一般情况下,加大炮孔深度后,装药、放炮、通风等工序所占用的时间将相对减少,单位进尺的速度可以加快。但是钻孔深度加大后,钻机凿岩速度会有所降低,炮孔利用率将相对减少,炸药消耗量会随之增加,一次爆落的岩石数量增加,出渣时间也相应增加。因此,炮孔深度加大多少,应经过综合分析后确定。为简单起见,一个工作循环进尺深度可参照下列原则确定:当围岩为Ⅰ~Ⅲ类时,风钻钻孔可取 1.2 m,钻孔台车钻孔可取 2.5 ~4 m;当围岩为Ⅳ~Ⅴ类时,不宜超过 1.5 m。

掏槽孔和周边孔的深度可根据崩落孔的深度确定。

2.3 装药量

隧洞开挖时,装药量的多少直接影响开挖断面的轮廓、掘进速度、爆落岩体的块度、围岩稳定和爆破安全。施工前可按下式估算炸药用量,并在施工中加以修正。

$$Q = KSL \tag{8-13}$$

式中 Q——一次爆破的炸药用量,kg;

K——单位耗药量,kg/m^3,可参考表 8-4 选用;

S——开挖断面面积,m^2;

L——崩落炮孔深度,m。

表 8-4 隧洞开挖单位炸药(2 号硝铵炸药)消耗量 (单位:kg/m^3)

工程项目		岩石类别			
		软岩 ($f<4$)	中硬岩 ($f=4\sim10$)	坚硬岩 ($f=10\sim16$)	特硬岩 ($f>16$)
导洞	面积 4 ~ 6 m^2	1.50	1.80	2.30	2.30
	面积 7 ~ 9 m^2	1.30	1.60	2.00	2.50
	面积 10 ~ 12 m^2	1.20	1.50	1.80	2.25
扩大		0.60	0.74	0.95	1.20
挖底		0.52	0.62	0.79	1.00

3 钻爆循环作业

3.1 钻孔作业

钻孔作业工作强度很大,所花时间占循环时间的 1/4 ~ 1/2,因此应尽可能采用高效钻机完成钻孔作业,以提高工程进度。常用钻孔机具有风钻和钻孔台车。风钻是用压缩空气作为动力使钻头产生冲击作用破岩成孔的。风钻分为手持式风钻和气腿式风钻,每台风钻控制面积为 2 ~ 4 m^2。风钻钻孔适用于开挖面积不大、机械化程度不高的情况。钻孔台车一般由底盘、钻臂、推进器、凿岩机和气动或液压操纵系统等部分组成,其钻臂有时多达 15 台,是一种高效钻孔机械。钻孔台车按行走装置不同分为轮胎式、轨道式和履带式三种。钻孔台车适用于开挖断面较大的情况,如图 8-10 所示。

为了保证开挖质量,钻孔时应严格控制孔位、孔深和孔斜。掏槽孔和周边孔的孔位偏差要小于 50 mm,其他炮孔则不得超过 100 mm。所有炮孔的孔底均应落在设计规定的平面上,以保证循环进尺的掘进深度。

3.2 装药和起爆

炮孔应严格按设计要求的装药方式进行装药,炮孔的装药深度随炮孔类型而异。通常掏槽孔的装药深度为炮孔深度的 60% ~67%,药卷直径为炮孔直径的 3/4;崩落孔和周边孔的装药深度为炮孔深度的 40% ~55%,崩落孔药卷直径为炮孔直径的 3/4,周边孔为 1/2。炮孔其余长度用黏土和砂的混合物(比例为 1∶3)堵塞。爆破顺序依次为掏槽孔、崩落孔、周边孔。一般采用秒延发或毫秒延发电雷管起爆。隧洞开挖轮廓控制应采用光面爆破技术,以保证开挖面的光滑平整,尽量减少超、欠挖。

3.3 临时支护

隧洞爆破开挖后,为了预防围岩产生松动掉块、塌方或其他安全事故,应根据地质条件、开挖方法、隧洞断面等因素,对开挖出来的空间及时进行必要的临时支护。临时支护的时间,取决于地质条件和施工方法,一般要求在开挖后,围岩变形松动到足以破坏之前支护完毕，尽可能做到随开挖随支护，只有当岩层坚硬完整，经地质鉴定后，才可以不设临时支护。

临时支护应具有足够的强度和稳定性，能适应围岩松动变形、爆破震动、机具碰撞等情况。此外，临时支护还要求结构简单，便于安装和拆除，不过分占用空间。临时支护可分为喷锚支护和构架支护两类。除特殊情况外，应优先选用喷锚支护。构架支护按使用材料不同分为木支撑、钢支撑、预制混凝土或钢筋混凝土支撑等几种形式。

3.3.1 木支撑

木支撑具有重量轻、加工架立方便、损坏前有明显变形等优点，但承受压力小、所占净空间大、消耗材料多、费用高，因而逐渐被其他支撑材料代替。其适用于断面不大的导洞的支护，如图8-16所示。

3.3.2 钢支撑

钢支撑适用于破碎而不稳定的岩层，能承受很大的山岩压力，耐久性好，所占空间小。钢支撑可以重复使用，但耗材多，费用高，只有在不良地质段施工才采用，如图8-17所示。

3.3.3 预制混凝土或钢筋混凝土支撑

这种支撑能承受很大的山岩压力，耐久性好，且可以留在永久性衬砌内不必拆除。但结构质量大，洞内运输、安装都不方便，应采用机械化施工。

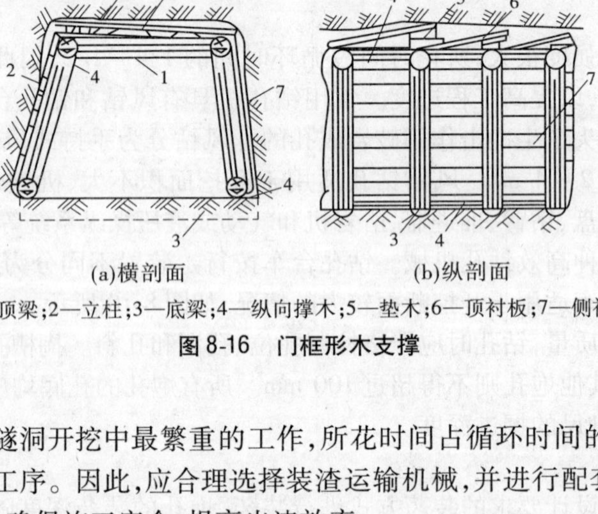

1—顶梁；2—立柱；3—底梁；4—纵向撑木；5—垫木；6—顶衬板；7—侧衬板

图8-16 门框形木支撑

3.4 装渣与运输

装渣与运输是隧洞开挖中最繁重的工作，所花时间占循环时间的50%~60%，是影响掘进速度的关键工序。因此，应合理选择装渣运输机械，并进行配套计算，做好洞内出渣的施工组织工作，确保施工安全，提高出渣效率。

隧洞出渣常见的装运方式有人工装斗车出渣和装岩机装渣、机车牵引斗车或矿车出渣。

3.4.1 人工装斗车出渣

这种方式适用于隧洞断面较小、机械化程度不高的情况。人工装渣，要求爆落岩石块度很小。为了减轻装渣的劳动强度，可在装渣地点铺上钢板，使岩石爆落于钢板上，以利用铁铲装车。当采用下导洞开挖时，下导洞可利用漏斗棚架出渣（见图8-14）；当采用上导洞开挖时，上导洞可用活动工作平台车出渣（见图8-18）。

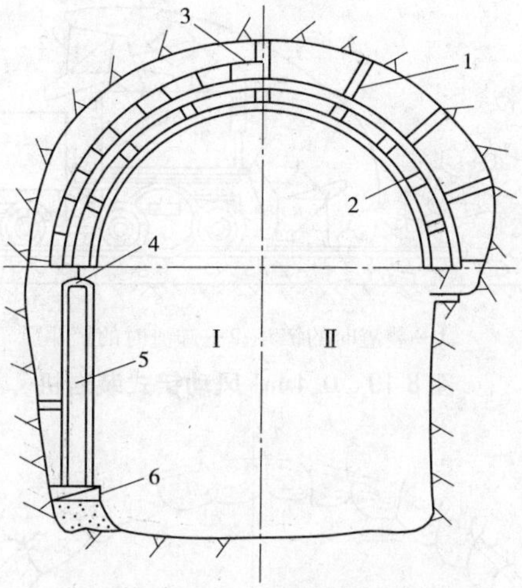

Ⅰ—半截面(有立柱);Ⅱ—半截面(无立柱)
1—木撑;2—连接杆;3—支撑板;4—工字托梁;5—立柱;6—楔块

图 8-17 钢支撑

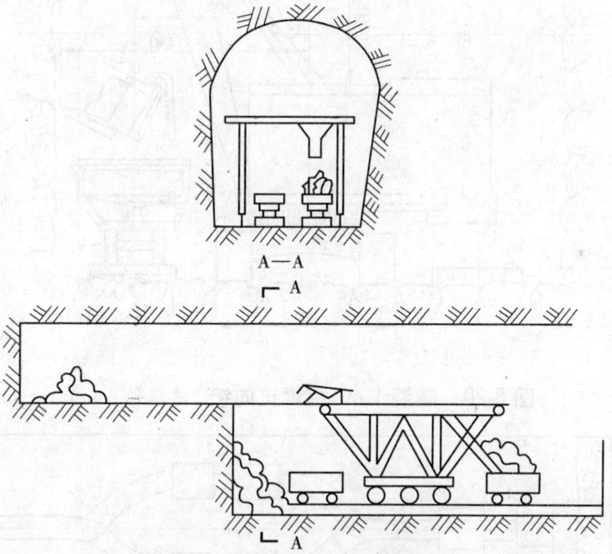

图 8-18 工作平台车出渣

3.4.2 装岩机装渣、机车牵引斗车或矿车出渣

这种出渣方式适用于开挖断面较大的情况。装岩时可采用 0.4 ~ 1.0 m^3 的装岩机(见图 8-19、图 8-20),装岩斗车或矿车可由电气机车或电瓶车牵引。当运距近、出渣量少时,也可采用人力推运或卷扬机牵引运输。根据出渣量的大小可设置单线或双线运输。单线运输时,每隔 100 ~ 200 m 应设置一错车岔道,岔道长度应可停放一列列车,如图 8-21 所示;双线运输时,每隔 300 ~ 400 m 应设置一岔道,以满足调车要求,如图 8-22 所示。

堆渣地点应设置在洞口附近,其高程较洞口低,以便重车下坡,并可利用废渣铺设路基,逐渐向外延伸。

这种装运方式适用于大断面隧洞开挖。装岩采用斗容量为 1 ~ 3 m^3 的装载机或液压

1—装渣时的铲斗；2—卸渣时的铲斗

图 8-19　0.4 m^3 风动铲式装岩机

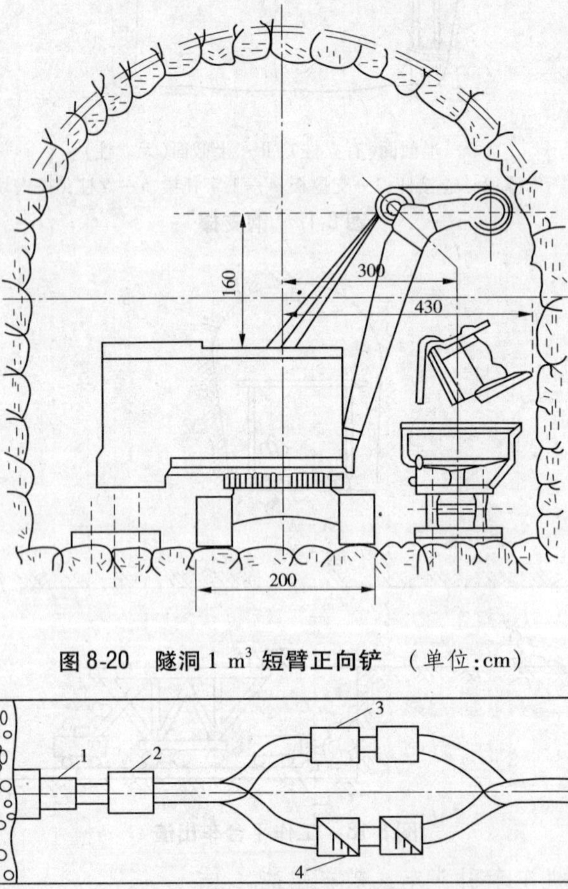

图 8-20　隧洞 1 m^3 短臂正向铲　（单位：cm）

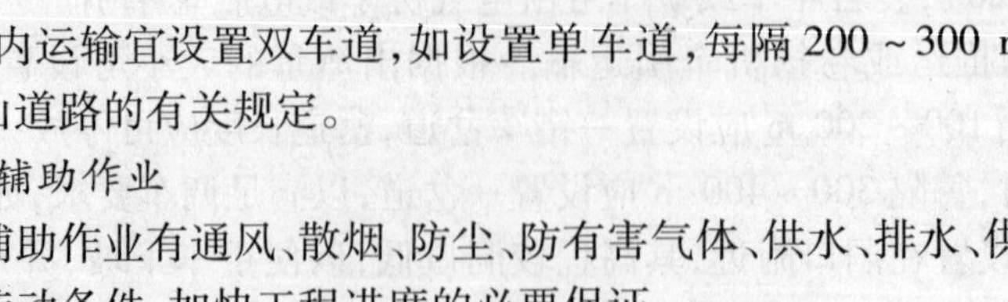

1—装岩机；2—正在装渣的车；3—空车；4—重车

图 8-21　单线调车示意图

正铲，自卸汽车洞内运输宜设置双车道，如设置单车道，每隔 200 ~ 300 m 应设错车道，运输道路要符合矿山道路的有关规定。

3.5　隧洞开挖的辅助作业

隧洞开挖的辅助作业有通风、散烟、防尘、防有害气体、供水、排水、供电照明等。辅助作业是改善洞内劳动条件、加快工程进度的必要保证。

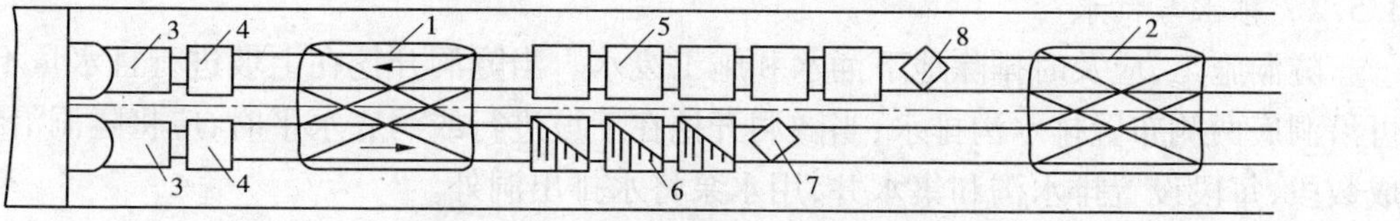

1,2—1 号和 2 号岔道;3—装岩机;4—正在装渣的车;

5—空车;6—重车;7—电气机车;8—调车用的电气机车

图 8-22　双线调车示意图

3.5.1　通风与防尘

通风和防尘的主要目的是排除因钻孔、爆破等原因而产生的有害气体和岩尘,向洞内供应新鲜空气,改善洞内温度、湿度和气流速度。

(1)通风方式。

通风方式有自然通风和机械通风两种。自然通风只有在掘进长度不超过 40 m 时,才允许采用。其他情况下都必须有专门的机械通风设备。

机械通风布置方式有压入式、吸入式和混合式三种,如图 8-23 所示。压入式是用风管将新鲜空气送到工作面,新鲜空气送入速度快,可保证及时供应,但洞内污浊空气是经洞身流出洞外;吸入式是将污浊空气由风管排出,新鲜空气从洞口经洞身吸入洞内,但流动速度缓慢;混合式是在经常性供风时用压入式,而在爆破后排烟时改用吸入式,充分利用了压入式和吸入式的优点。

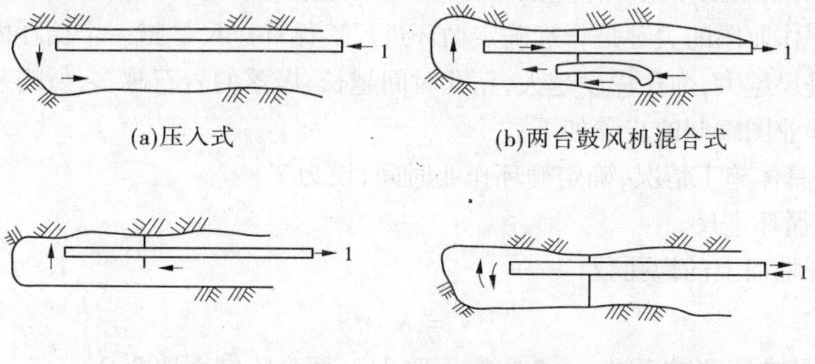

1—风管口

图 8-23　隧洞机械通风方式

(2)通风量。

通风量可按以下要求分别计算,并取其中最大值,再考虑 20% ~50% 的风管漏风损失。

①按洞内同时工作的最多人数计算,每人所需通风量为 3 m^3/min;

②按冲淡爆破后产生的有害气体的需要计算,使其达到允许的浓度(CO 的允许浓度应控制在 0.02% 以下);

③按洞内最小风速不低于 0.15 m/s 的要求,计算和校核通风量。

(3)防尘、防有害气体。

除按地下工程施工规定采用湿钻钻孔外,还应在爆破后通风排烟、喷雾降尘,对堆渣洒水,并用压力水冲刷岩壁,以降低空气中的粉尘含量。

3.5.2 排水与供水

隧洞施工,应及时排除地下涌水和施工废水。当隧洞开挖在上坡进行且水量不大时,可沿洞底两侧布置排水沟排水;当隧洞开挖在下坡进行或洞底水平时,应将隧洞沿纵向分成数段,每段设置排水沟和集水井,用水泵将水排出洞外。

对洞内钻孔、洒水和混凝土养护等施工用水,一般可在洞外较高处设置水池,利用重力水头供水,或用水泵加压后沿洞内铺设的供水管道送水至工作面。

3.5.3 供电与照明

洞内供电线路一般采用三相四线制。动力线电压为 380 V,成洞段照明用 220 V,工作段照明用 24 ~36 V。在工作面较大的场合,也可采用 220 V 的投光灯照明。由于洞内空间小、潮湿,所有线路、灯具、电气设备都必须注意绝缘、防水、防爆,防止事故发生。开挖区的电力起爆线,必须与一般供电线路分开,单独设置,以示区别。

4 循环作业施工组织

开挖循环作业是指在一定时间内,使开挖面掘进一定深度(循环进尺)所完成的各项工作。循环时间是指完成一个工作循环所需要的时间的总和。循环时间常采用 4 h、6 h、8 h、12 h 等,以便按时交接班。隧洞开挖循环作业所包括的主要工作有钻孔、装药、爆破、通风散烟、爆后检查处理、装渣运输、铺接轨道等。为了确保掘进速度,常采用流水作业法组织工程施工,编制工序循环作业图,对各工序的起止时间进行控制。

编制循环作业图的关键是合理确定循环进尺。循环进尺是指一个循环内完成的掘进深度。循环进尺越大,炮孔深度越大,钻孔时间越长,爆落的岩石越多,所需装渣时间也就越长。循环作业图编制的步骤如下:

(1)根据具体施工情况,确定循环作业时间,设为 T。

(2)计算循环进尺。

①计算开挖面上的炮孔数:

$$N = K\sqrt{fS} \tag{8-14}$$

式中 K——临空面影响系数,一个临空面取 2.7,两个临空面取 2.0;

f——岩石的坚固系数;

S——开挖断面面积,m^2。

②计算开挖面掘进 1 m 时的炮孔总长:

$$L_{总} = \frac{N \times 1}{\eta} \tag{8-15}$$

式中 η——炮孔利用系数,取 0.8 ~0.9。

③计算开挖面掘进 1 m 时的钻孔时间:

$$t_{钻} = \frac{L_{总}}{p_{钻}\, n\varphi} \tag{8-16}$$

式中 $p_{钻}$——一台风钻的生产率,m/h;

n——使用风钻的台数;

φ——n 台风钻同时工作系数,可取 0.8。

④计算开挖面掘进 1 m 时的出渣时间 $t_{渣}$，公式为

$$t_{渣} = \frac{Sk_{松} \times 1}{p_{渣}} \tag{8-17}$$

式中　S——开挖断面面积，m^2；

$k_{松}$——岩石可松性系数，一般为 1.6～1.9；

$p_{渣}$——装岩机的生产率，m^3/h。

⑤其他辅助工作所需时间 $T_{辅}$(h)，包括装药、爆破、通风排烟、爆后安全检查处理、铺接轨道所需时间。这些时间一般比较固定，可在进行工程类比后确定。

⑥计算开挖面循环进尺 L，公式为

$$L = \frac{T - T_{辅}}{t_{钻} + t_{渣}} \tag{8-18}$$

式中　T——预定的循环时间，h；

$T_{辅}$——辅助工作所需时间，h；

$t_{钻}$——钻孔所需时间，h；

$t_{渣}$——出渣所需时间，h。

式(8-18)是在钻孔、出渣为顺序作业时的计算方法。如果钻孔、出渣为平行作业，则该式中分母等于钻孔、出渣时间较大者；当采用全断面开挖，上台阶向下台阶扒渣后再进行上台阶钻孔时，该式中分母等于上台阶钻孔时间与下台阶出渣时间和下台阶钻孔时间之和两者中的较大值。

(3)计算循环进尺为 L 时的钻孔时间 $T_{钻}$、出渣时间 $T_{渣}$：

$$T_{钻} = Lt_{钻} \tag{8-19}$$

$$T_{渣} = Lt_{渣} \tag{8-20}$$

(4)根据各工序作业时间，绘制隧洞开挖循环作业图。表 8-5 为某隧洞全断面台阶开挖循环作业图。

表 8-5　隧洞开挖循环作业图

序号	工序	时间(h)	工时(h)							
			1	2	3	4	5	6	7	8
1	工作面检查清理	0.5								
2	上台阶扒渣	0.5								
3	上台阶钻孔	5.9								
4	出渣	2.9								
5	下台阶钻孔	3.1								
6	装药、爆破、通风	1.0								

子任务 2　隧洞的衬砌与灌浆

1　隧洞衬砌

隧洞开挖后，为了使围岩不致因暴露时间太久而引起风化、松动或塌落，需尽快进行衬砌或支护。对于水工隧洞来说，衬砌还可以减小糙率，增大隧洞的输水能力。隧洞衬砌

是一种永久性的支护，根据使用材料的不同可分为现浇混凝土或钢筋混凝土衬砌、混凝土预制块或块石衬砌等。这里仅介绍现浇钢筋混凝土衬砌。

1.1 混凝土衬砌的分段与分块

由于隧洞一般较长，衬砌混凝土需要分段浇筑。当衬砌在结构上设有永久伸缩缝时，永久缝即可作为施工缝；当永久缝间距过大或无永久缝时，则应设施工缝分段浇筑，分段长度视断面大小和混凝土浇筑能力而定，一般可取6~18 m。为了提高衬砌的整体性，施工缝应进行处理。分段方式有以下两种。

1.1.1 浇筑段之间设伸缩缝或施工缝

各衬砌段长度基本相同，如图8-24所示。可采用顺序浇筑法或跳仓浇筑法施工。采用顺序浇筑法时，一段浇筑完成后，需等混凝土硬化再浇筑相邻一段，施工缓慢；而采用跳仓浇筑法时，先浇奇数号段，再浇偶数号段，施工组织灵活，进度快，但封拱次数多。

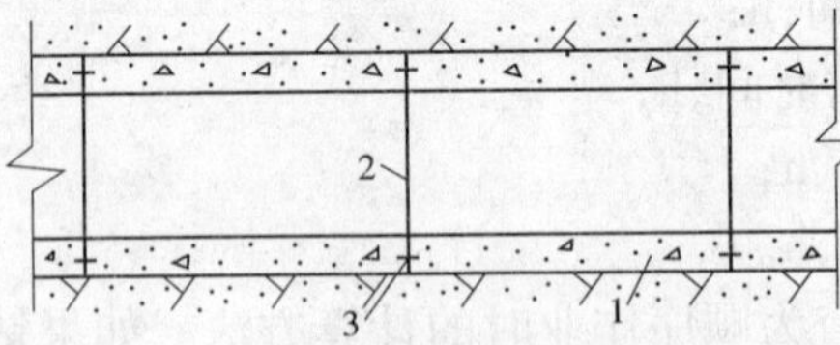

1—浇筑段；2—缝；3—止水

图8-24 浇筑段之间设伸缩缝或施工缝

1.1.2 浇筑段之间设空当

如图8-25所示，空当长度1 m左右，可使各段独立浇筑，大部分衬砌能尽快完成，但遗留空当的混凝土浇筑比较困难，封拱次数很多。当地质条件不利，需尽快完成衬砌时，才采用这种方式。

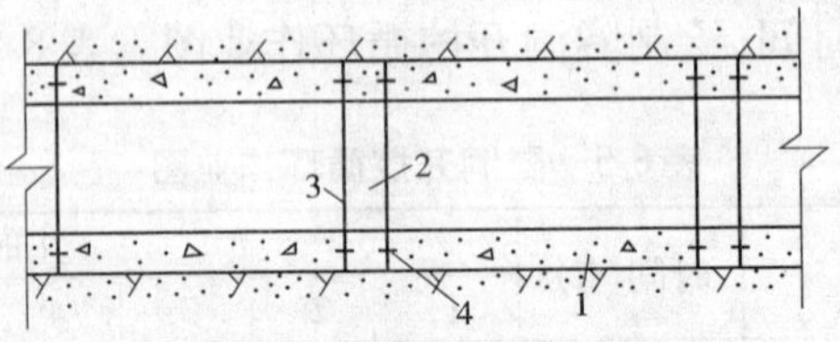

1—浇筑段；2—空当；3—缝；4—止水

图8-25 浇筑段之间设空当

混凝土衬砌，除在纵向上分段外，在横向上还应分块。一般分成顶拱、边墙（边拱）、底拱等3块，图8-26为圆形断面衬砌分块示意图。分块接缝位置应设在结构弯矩和剪力较小的部位，同时应考虑施工方便。分缝处应有受力钢筋通过，缝面亦需进行凿毛处理，必要时还应设置键槽和插筋。

隧洞横断面上各块的浇筑顺序是：先浇筑底拱（底板），再浇筑边墙和顶拱。在地质条件较差时，也可以先浇筑顶拱，再浇筑边墙和底拱，此时由于顶拱混凝土下方无支托，应注意防止衬砌的位移和变形，并做好分块接头处的反缝的处理。对反缝，除按一般接缝处理外，还需进行接缝灌浆。

1.2 隧洞衬砌的模板

隧洞衬砌用的模板，随浇筑部位的不同，其构造和使用特点也不同。

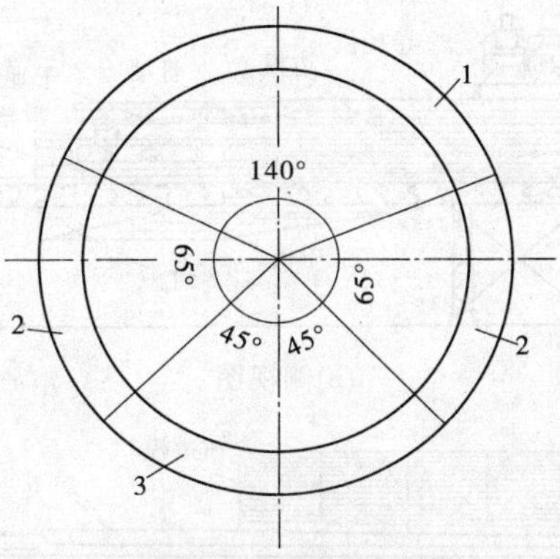

1—顶拱;2—边墙;3—底拱

图 8-26 圆形断面衬砌的分块示意图

1.2.1 底拱模板

当底拱中心角较小时,可以不用表面模板,只安装浇筑段两端的端部模板。在混凝土浇筑后,用弧形样板将混凝土表面刮成弧形即可。当中心角较大时,一般采用悬吊式弧形模板,如图 8-27 所示。浇筑前先立好端部模板和弧形模板桁架,混凝土入仓后,自中间向两边安装表面模板。必须注意,混凝土运输系统的支撑不要与模板支撑连在一起,以防混凝土运输产生振动,引起模板位移。

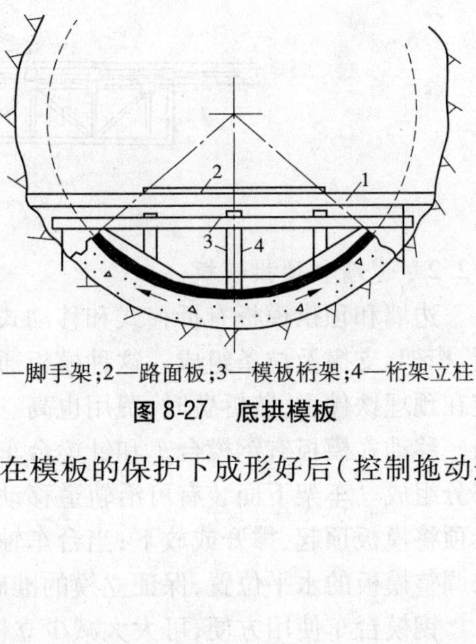

1—脚手架;2—路面板;3—模板桁架;4—桁架立柱

图 8-27 底拱模板

此外,当洞线较长时,常采用底拱拖模,如图 8-28 所示,它通过事先固定好的轨道用卷扬机索引拖动,边拖动边浇筑混凝土,浇筑的混凝土在模板的保护下成形好后(控制拖动速度)才脱模。

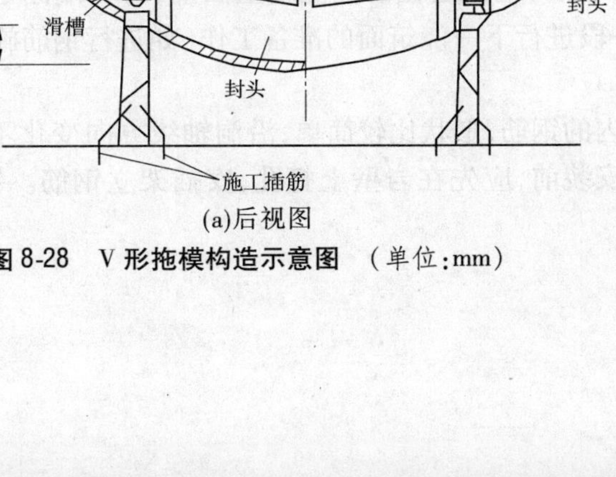

(a)后视图

图 8-28 V 形拖模构造示意图 (单位:mm)

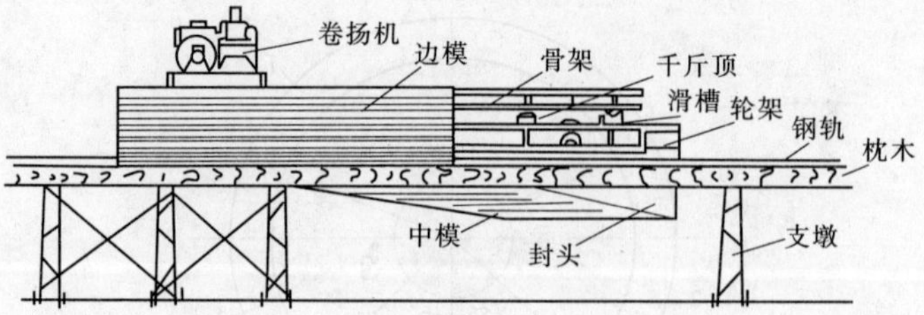

(b)侧视图

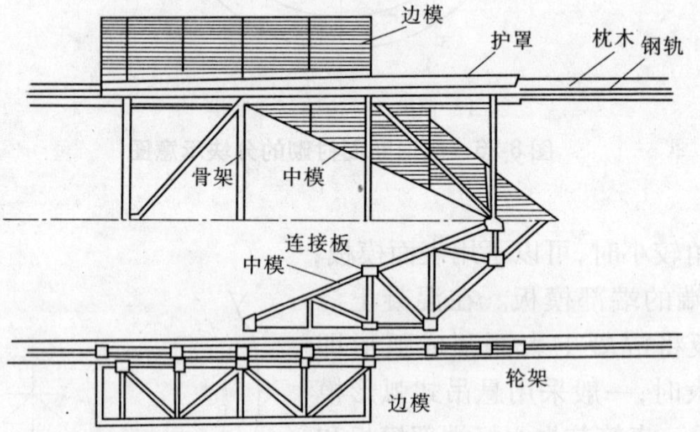

(c)俯视图

续图 8-28

1.2.2　边墙和顶拱模板

边墙和顶拱模板有拆移式和移动式两种。拆移式模板又称为装配式模板，主要由面板、桁架、支撑及拉条组成。这种模板通常在现场架立，安装时通过拉条或支撑将模板固定在预埋铁件上，装拆费时，费用也高。

移动式模板有钢模台车和针梁台车。钢模台车如图 8-29 所示，主要由车架和模板两部分组成。车架下面装有可沿轨道移动的车轮。模板装拆时，利用车架上的水平、垂直千斤顶将模板顶起、撑开或放下；当台车轴线与隧洞轴线不符合时，可用车架上的水平螺杆来调整模板的水平位置，保证立模的准确性。模板面板由定型钢模板和扣件拼装而成。

钢模台车使用方便，可大大减少立模时间，从而加快施工进度。钢模台车可兼作洞内其他作业的工作平台，车架下空间大，可以布置运输线路。

1.2.3　针梁模板

针梁模板是较先进的全断面一次成形模板，它利用两个多段长的型钢制作的方梁（针梁），通过千斤顶，一端固定在已浇混凝土面上，另一端固定在开挖岩面上，其中一段浇筑混凝土，另一段进行下一浇筑面的准备工作（如进行钢筋施工），如图 8-30 所示。

1.3　钢筋施工

衬砌混凝土内的钢筋，形状比较简单，沿洞轴线方向变化不大，但在洞中运输和安装比较困难。钢筋安装前，应先在岩壁上打孔，安插架立钢筋。钢筋的绑扎宜采用台车作业，以提高工效。

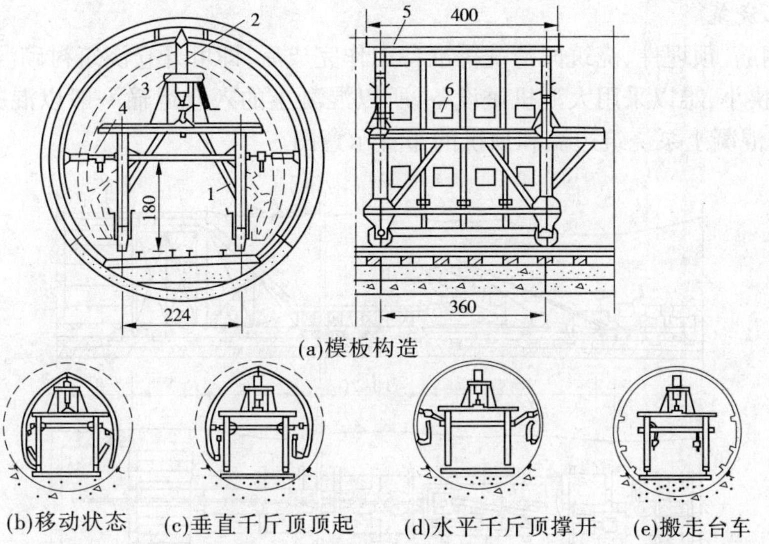

(a)模板构造

(b)移动状态　(c)垂直千斤顶顶起　(d)水平千斤顶撑开　(e)搬走台车

1—车架;2—垂直千斤顶;3—水平螺杆;4—水平千斤顶;5—拼板;6—混凝土进入口

图 8-29　钢模台车　(单位:mm)

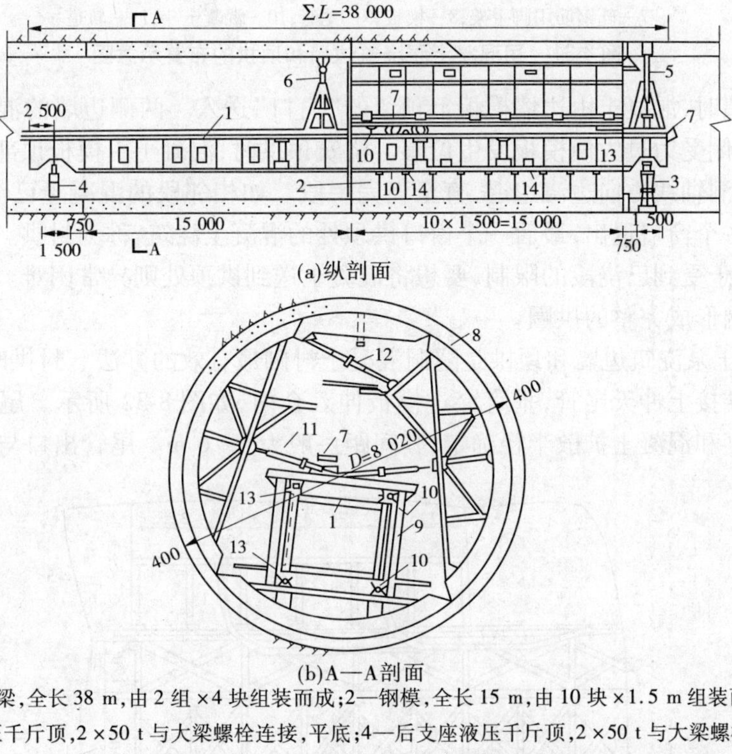

(a)纵剖面

(b)A—A 剖面

1—大梁,全长 38 m,由 2 组×4 块组装而成;2—钢模,全长 15 m,由 10 块×1.5 m 组装而成;

3—前支座液压千斤顶,2×50 t 与大梁螺栓连接,平底;4—后支座液压千斤顶,2×50 t 与大梁螺栓连接,弧底;

5—前抗浮液压千斤顶平台,2×30 t 有轨行走,平顶;6—后抗浮液压千斤顶平台,2×35 t 有轨行走,弧顶;

7—行走装置系统;8—混凝土衬砌,设计厚度 40 cm;9—大梁的梁框,与钢模一体;

10—装在梁框下的轮子,供钢模行走用,8 个;11—手动螺栓千斤顶,供伸缩边模用;

12—手动螺栓千斤顶,供伸缩顶模用;13—大梁上下共 4 条钢轨,供有轨行走使用;14—千斤顶定位螺栓,22 根

图 8-30　针梁模板　(单位:mm)

1.4　混凝土浇筑

模板、钢筋、预埋件、浇筑面清洗等准备工作完成后，即可开仓浇筑衬砌混凝土。由于洞内工作面狭小，难以采用大型机械设备，所以混凝土的入仓运输一般以混凝土泵为主。图8-31为用混凝土泵浇筑边墙和顶拱的布置示意图。

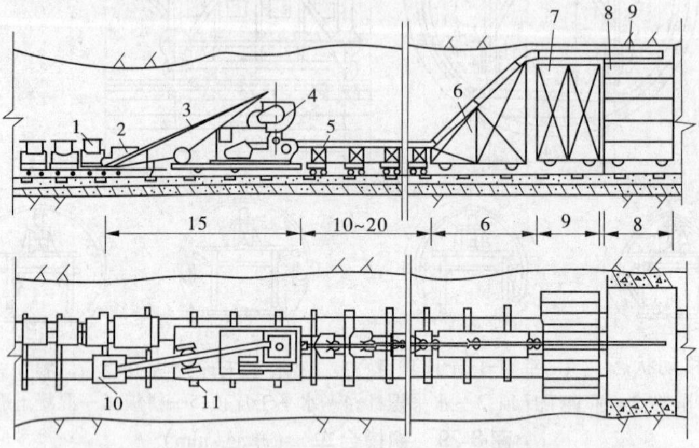

1—斗车；2—机车；3—皮带机；4—混凝土泵；5—水平导管；6—支架；7—轧钢筋用脚手架；8—模板；9—尾管；10—混凝土斗；11—轨道

图8-31　用混凝土泵浇筑边墙和顶拱的布置示意图

浇筑边墙时，混凝土由边墙模板上预留的“窗口”送入。两侧边墙的混凝土面应均衡上升，以免一侧受力过大使模板发生位移。浇筑顶拱时，混凝土由模板顶部预留的几个窗口送入，沿隧洞轴线方向边浇边退，直至浇完一段。如相邻段的混凝土已浇而无处可退，则应从最后一个窗口退出，最后一个窗口拱顶处的混凝土浇筑，称为封拱。在最后一个窗口浇筑时，由于受到已浇段的限制，要想将混凝土送到拱顶处则异常困难。封拱的目的是使衬砌混凝土形成完整的拱圈。

用混凝土泵浇筑边墙和顶拱是隧洞混凝土衬砌最有效的方法。封拱时，在输送混凝土的导管末端接上冲天尾管，垂直穿过模板伸入仓内，如图8-32所示。尾管的位置应根据浇筑段长度和混凝土扩散半径确定，其间距一般为4～6 m。尾管出口与岩面的距离原

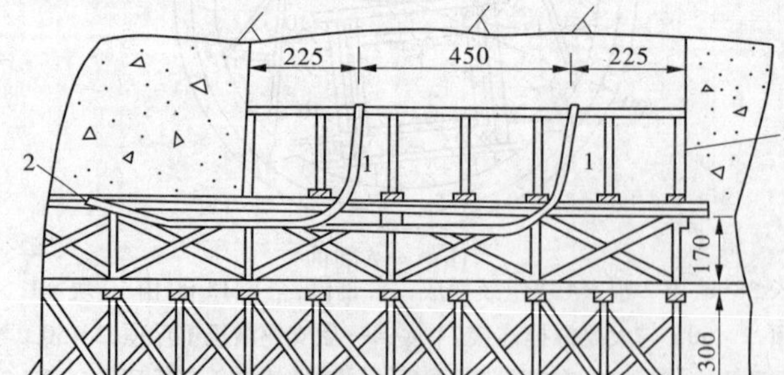

1—垂直尾管；2—通混凝土泵导管；3—支架

图8-32　用混凝土泵封拱的布置（单位：cm）

则上是越近越好,但应保证压出的混凝土能自由扩散,一般为 20 cm 左右。封拱时为了排除和调节仓内空气、检查拱顶填充情况,可以在浇筑面最高处设置通气管。在仓中央部位还需设置进人孔,以便进入仓内进行必要的辅助工作。

用混凝土泵封拱的步骤如下:

(1)当混凝土浇筑到拱顶处时,撤出工人和浇筑设备,封闭进人孔;

(2)增大混凝土坍落度至 14 ~ 16 cm,同时加大混凝土泵的输送速度,保证仓内混凝土的连续供应;

(3)当通气管开始漏浆时,说明拱顶处已经填满,可停止输送混凝土,将尾管上包住预留孔眼的铁箍去掉(见图 8-33),在孔眼中插入钢筋,防止混凝土下落,然后拆除混凝土导管;

(4)拱顶拆模后,将露在外面的导管用氧气割去,并用砂浆抹平。

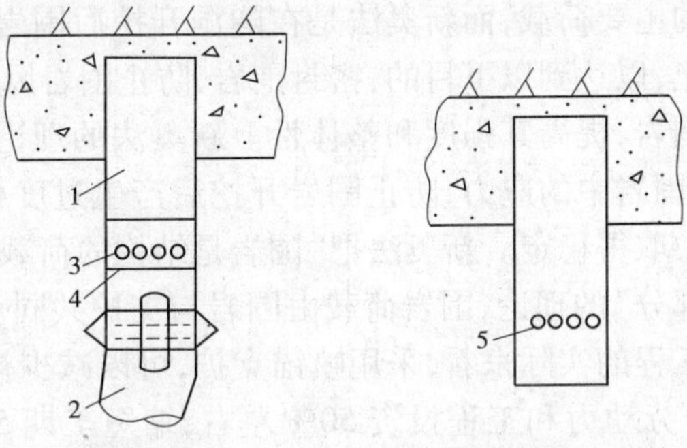

(a)浇筑时的情况 (b)导管拆除后的情况

1—尾管;2—导管;3—直径 2 ~ 3 cm 的孔眼;4—铁皮;5—插入孔眼中的钢筋

图 8-33 垂直尾管上的孔眼

2 隧洞灌浆

隧洞灌浆有回填灌浆和固结灌浆两种。回填灌浆的目的是填塞围岩与衬砌之间的空隙,确保衬砌对围岩的支承,防止围岩变形;固结灌浆的目的是加固围岩,提高围岩的整体性和强度。

为了节省钻孔工作量,防止钻孔时切断钢筋,灌浆前要在衬砌中预埋灌浆管,直径为 38 ~ 50 mm。

回填灌浆孔一般只布置在拱顶中心角 120°范围内。固结灌浆孔则应根据需要布置在整个断面四周。灌浆孔沿隧洞轴线每 2 ~ 4 m 布置一排,各排孔位呈梅花形布置。此外,还应根据规范要求布置一定数目的检查孔。

隧洞灌浆必须在衬砌混凝土达到一定强度后才能进行。回填灌浆可在衬砌混凝土浇筑两周后进行,固结灌浆可在回填灌浆一周后进行。灌浆时应先用压缩空气清孔,然后用压力水清洗。灌浆在断面上应自下而上进行,以充分利用上部管孔排气;在轴线方向上应采用隔排灌注、逐渐加密的方法。

为了保证灌浆质量,必须严格控制灌浆压力。对回填灌浆,无压隧洞第一序孔压力可采用 0.1 ~ 0.3 MPa,有压隧洞第一序孔采用 0.2 ~ 0.4 MPa;第二序孔可增大 1.5 ~ 2 倍。固结灌浆压力应比回填灌浆压力大一些,以灌实围岩裂缝,但压力不能太大,防止衬砌结构破坏。

子任务 3　喷锚支护技术

喷锚支护是喷混凝土支护、锚杆支护及喷混凝土与锚杆、钢筋网联合支护的统称。它是地下工程支护的一种新型式,也是新奥地利隧洞工程法(简称新奥法)的主要支护措施。喷锚支护适用于不同地层条件、不同断面大小的地下洞室工程,既可用作临时支护,也可用作永久性支护。

喷锚支护是在隧洞开挖后,及时在围岩表面喷射一层厚 3 ~ 5 cm 的混凝土,必要时加上锚杆、钢筋网以稳定围岩。这一层混凝土一般作为临时支护,以后再在其上加喷混凝土至设计厚度作为永久支护。这种施工方法称为新奥法。

新奥法所依据的理论与现浇混凝土支撑拱的理论显著不同。现浇混凝土衬砌的理论是把围岩当作衬砌设计的主要荷载,而新奥法是在隧洞开挖后围岩产生大量变形以前在围岩表面喷射一层混凝土,以达到以下目的:密封围岩,防止围岩风化;黏结和填充围岩裂隙,防止围岩松动;加固围岩,提高其强度和整体性。新奥法的理论依据是通过对围岩的适时支护,来控制和调整围岩中的应力,防止围岩开挖后产生过度松动或坍塌,使围岩在与喷锚支护的共同变形中取得稳定。新奥法把"围岩是结构的荷载"的理论转化为"围岩是承载结构的重要组成部分"的理论,围岩荷载由围岩与支护共同承担,从而减小衬砌的厚度。从我国已建隧洞工程的实际来看,采用喷锚支护,可以减少衬砌工程量 50% 以上,节约水泥 1/2 ~ 1/3,减少劳动力和工程投资 50% 左右,缩短工期 50% 以上。喷锚支护,不需要安装模板,也不需要进行回填灌浆,操作方便,施工安全。

1　锚杆支护

锚杆是为了加固围岩而锚固在岩体中的金属杆件。锚杆插入岩体后,将岩块串联起来,改善了围岩的原有结构性质,使不稳定的围岩趋于稳定,锚杆与围岩共同承担山岩压力。锚杆支护是一种有效的内部加固方式。

1.1　锚杆的作用

(1)悬吊作用。即利用锚杆把不稳定的岩块固定在完整的岩体上,如图 8-34(a)所示。

(2)组合岩梁。将层理面近似水平的岩层用锚杆串联起来,形成一个巨型岩梁,以承受岩体荷载,如图 8-34(b)所示。

(3)承载岩拱。通过锚杆的加固作用,使隧洞顶部一定厚度内的缓倾角岩层形成承载岩拱。但在层理、裂隙近似垂直的岩层中,或在松散、破碎的岩层中,锚杆的作用将明显降低,如图 8-34(c)所示。

1.2　锚杆的分类

按锚固方式的不同可将锚杆分为张力锚杆和砂浆锚杆两类。前者为集中锚固,后者为全长锚固。

1.2.1　张力锚杆

张力锚杆有楔缝式锚杆和胀圈式锚杆两种。楔缝式锚杆由楔块、锚栓、垫板和螺帽等四部分组成,如图 8-35(a)所示。锚栓的端部有一条楔缝,安装时将钢楔块少许楔入其

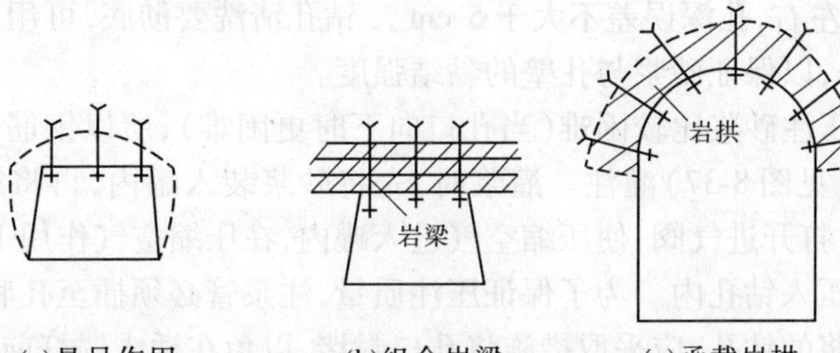

(a)悬吊作用　　(b)组合岩梁　　(c)承载岩拱

图 8-34　锚杆的作用

内,将楔块连同锚栓一起插入钻孔,再用铁锤冲击锚栓尾部,使楔块深入楔缝内,楔缝张开并挤压孔壁岩石,锚头便锚固在钻孔底部。然后在锚栓尾部安上垫板并用螺帽拧紧,在锚栓内便形成了预应力,从而将附近的岩层压紧。

胀圈式锚杆的端部有四瓣胀圈和套在螺杆上的锥形螺帽,如图 8-35(b)所示。安装时将其同时插入钻孔,因胀圈撑在孔壁上,锥形螺帽卡在胀圈内不能转动,当用扳手在孔外旋转锚杆时,螺杆就会向孔底移动,锥形螺帽作向上的相对移动,促使胀圈张开,压紧孔壁,锚固螺杆。锚杆上的凸头的作用是当锚杆插入钻孔时,阻止锚杆下落。胀圈式锚杆除锚头外,其他部分均可回收。

1.2.2　砂浆锚杆

在钻孔内先注入砂浆后插入锚杆,或先插锚杆后注砂浆,待砂浆凝结硬化后即形成砂浆锚杆,如图 8-36 所示。因砂浆锚杆是通过水泥砂浆(或其他胶凝材料)在杆体和孔壁之间的摩擦力来进行锚固的,是全长锚固,所以锚固力比张力锚杆大。砂浆还能防止锚杆锈蚀,延长锚杆使用寿命。这种锚杆多用作永久支护,而张力锚杆多用作临时支护。

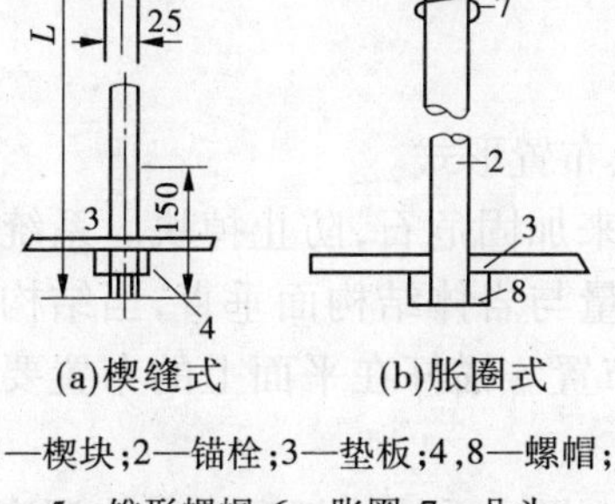

(a)楔缝式　　(b)胀圈式

1—楔块;2—锚栓;3—垫板;4,8—螺帽;

5—锥形螺帽;6—胀圈;7—凸头

图 8-35　张力锚杆　(单位:mm)

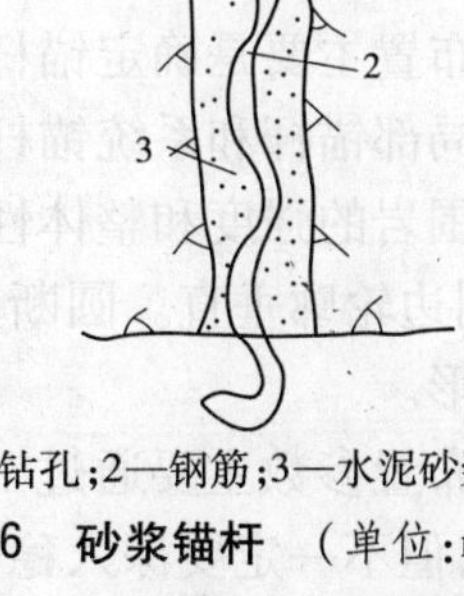

1—钻孔;2—钢筋;3—水泥砂浆

图 8-36　砂浆锚杆　(单位:mm)

先注砂浆后插锚杆的施工程序一般为:钻孔、清洗钻孔、压注砂浆和安插锚杆。钻孔时要控制孔位、孔径、孔向、孔深符合设计要求。一般要求孔位误差不大于 20 cm,孔径比锚杆直径大10 mm左右,孔深误差不大于5 cm。钻孔清洗要彻底,可用压缩空气将孔内岩粉、积水冲洗干净,以保证砂浆与孔壁的黏结强度。

由于向钻孔内压注砂浆比较困难(当孔口向下时更困难),所以钢筋砂浆锚杆的砂浆常采用风动压浆罐(见图8-37)灌注。灌浆时,先将砂浆装入罐内,再将罐底出料口的铁管与输料软管接上,打开进气阀,使压缩空气进入罐内,在压缩空气作用下,罐内砂浆即沿输料软管和注浆管压入钻孔内。为了保证压注质量,注浆管必须插至孔底,确保孔内注浆饱满密实。注满砂浆的钻孔,应采取措施将孔口封堵,以免在插入锚杆前砂浆流失。

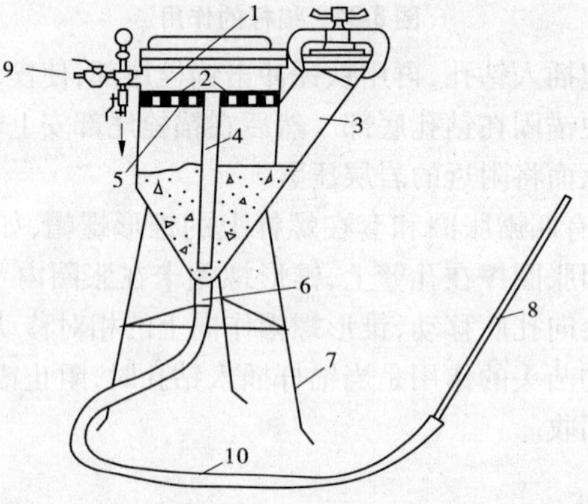

1—贮气间;2—气孔(ϕ10 mm);3—装料口;4—风管;5—隔板;
6—出料口;7—支架;8—注浆管;9—进气口;10—输料软管

图8-37 风动压浆罐构造简图

风动压浆罐的工作风压为0.5~0.6 MPa;砂浆的配合比一般为0.4(水):1.0(水泥):0.5(细砂)。

安装锚杆时,应将锚杆徐徐插入,以免砂浆被过量挤出,造成孔内砂浆不密实而影响锚固力。锚杆插到孔底后,应立即楔紧孔口,24 h后才能拆除楔块。

先设锚杆后注砂浆的施工工艺要求基本同上。注浆用真空压力法,如图8-38所示。注浆时,先启动真空泵,通过端部包以棉布的抽气管抽气,然后由灰浆泵将砂浆压入孔内,一边抽气,一边压注砂浆,砂浆注满后,停止灰浆泵,而真空泵仍工作几分钟,以保证注浆的质量。

1.2.3 锚杆的布置

锚杆的布置主要是确定锚杆的插入深度、间距及布置形式。

锚杆有局部锚杆和系统锚杆。局部锚杆主要用来加固危石,防止掉块。系统锚杆主要用来提高围岩的强度和整体性。锚杆的方向应尽量与岩体结构面垂直,当结构面不明显时,可与周边轮廓垂直。圆断面隧洞可采用径向布置。锚杆在平面上的布置要求呈梅花形或方格形。

锚杆的布置参数主要通过工程类比和现场试验选择。系统锚杆深入岩体深度一般为1.5~3.5 m,但不一定要深入稳定岩层,当岩层破碎时,用短而密的系统锚杆同样可取得较好的锚固效果。系统锚杆间距为插入深度的1/2,但不得大于1.5 m。局部锚杆必须插入稳定岩体内,插入深度和间距根据实际情况而定。大于5 m的深孔锚杆应作专门设计。

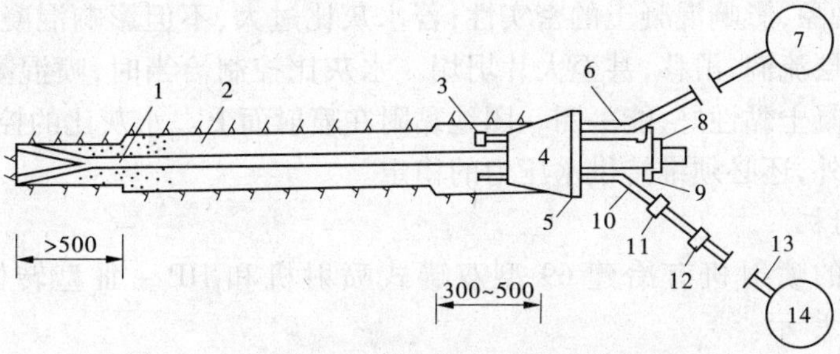

1—锚杆;2—砂浆;3—布包;4—橡皮塞;5—垫板;
6—抽气管;7—真空泵;8—螺帽;9—套筒;10—灌浆管;
11—关闭阀;12—灌浆阀;13—高压软管;14—灰浆泵

图8-38 真空压力灌浆布置图 (单位:mm)

2 喷混凝土支护

喷混凝土就是将水泥、砂、石等干料按一定比例拌和后装入喷射机中,再用压缩空气将混合料送到喷嘴处与高压水混合,喷射到岩石表面,经凝结硬化而成的一种薄层支护结构。喷射到岩面上的混凝土,能填充围岩的缝隙,将分离的岩面黏结成整体,提高围岩的强度,增强围岩抵抗位移和松动的能力,还能封闭岩石,防止风化,缓和应力集中。

喷混凝土支护是一种不用模板就能成形的新型支护结构,具有生产效率高、施工速度快、支护质量好的优点。

2.1 原材料及配合比

喷混凝土原材料与普通混凝土基本相同,但在技术上有一些差别。

水泥:普通硅酸盐水泥,强度等级不低于32.5 MPa,以利于混凝土早期强度的快速增长。

砂子:一般采用中砂或中、粗混合砂,平均粒径0.35~0.5 mm。砂子过粗,容易产生回弹;过细,不仅使水泥用量增加,而且会引起混凝土的收缩,降低强度,还会在喷射中产生大量粉尘。砂子的含水量应控制在4%~6%。含水量过低,混合料在管路中容易分离而造成堵管;含水量过高,混合料有可能在喷射罐中就已凝结,无法喷射。

石子:用卵石、碎石均可作为喷混凝土骨料。石料粒径为5~20 mm,其中大于15 mm的颗粒应控制在20%以内,以减少回弹量。石子的最大粒径不能超过管路直径的1/2。石料使用前应经过筛洗。

水:喷混凝土用水与一般混凝土对水的要求相同。

速凝剂:为了加快喷混凝土的凝结硬化速度,防止在喷射过程中坍落,减少回弹量,增加喷射厚度,提高喷混凝土在潮湿地段的适应能力,一般要在喷混凝土中掺入水泥重量2%~4%的速凝剂。速凝剂应符合国家标准,初凝时间不大于5 min,终凝时间不大于10 min。

喷混凝土配合比应满足强度和工艺要求。水泥用量一般为375~400 kg/m^3,水泥与砂石的质量比一般为1:4~1:4.5,砂率为45%~55%,水灰比为0.4~0.5。

水灰比的控制,主要依靠操作人员喷射时对进水量的调节,在很大程度上取决于操作人员的经验。若水灰比太小,喷射时不仅粉尘大,料流分散,回弹量大,而且喷射层上会产生干斑、砂窝等现象,影响混凝土的密实性;若水灰比过大,不但影响混凝土的强度,而且还可能造成喷射层流淌、滑移,甚至大片坍塌。水灰比控制恰当时,喷混凝土的表面呈暗灰色,有光泽,混凝土黏性好,能一团一团地黏附在喷射面上。水灰比的控制,除提高操作人员的技术水平外,还必须维持供水压力的稳定。

2.2　混凝土喷射机

工程中常用的喷射机有冶建69型双罐式喷射机和HP－Ⅲ型转体式喷射机,如图8-39和图8-40所示。

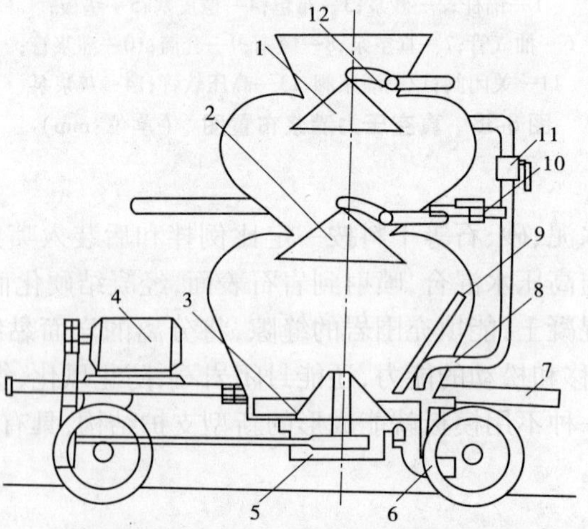

1—上钟形罩;2—下钟形罩;3—输料盘;4—电动机;
5—涡轮油箱;6—出料口;7—车架;8—主风口;9—折形刮刀;
10—主风阀;11—上罐进气阀;12—橡皮垫圈

图8-39　双罐式喷射机

双罐式喷射机的工作原理是上罐储料,下罐工作,下罐中的干拌和料通过涡轮机构带动的输料盘,均匀地把料送到出料口,再通过压气送至喷嘴,在喷嘴处穿过水环所形成的水幕与水混合后高速喷射到岩面上。转体式喷射机的工作原理是混凝土干料从料斗落到一个多孔形的旋转体中,随孔道旋转至出料口,再在压缩空气的作用下将干料送至喷嘴,与高压水混合后喷射到岩面。转体式喷射机出料量可以调整,它体积小,重量轻,操作简单,且可远距离控制,但结构复杂,制造要求高。

喷混凝土施工,劳动条件差,喷枪操作劳动强度大,施工不够安全。有条件时应尽量利用机械手操作。图8-41所示为国产QPS-Ⅰ型机械手简图,它适用于大断面隧洞喷混凝土作业。

2.3　喷混凝土施工

(1)施工准备。喷射混凝土前,应做好各项准备工作,内容包括搭建工作平台、检查工作面有无欠挖、撬除危石、清洗岩面和凿毛、钢筋网安装、埋设控制喷射厚度的标记、混凝土干料准备等。

(2)喷枪操作。喷枪操作直接影响喷射混凝土的质量,应注意对以下几个方面的控制:

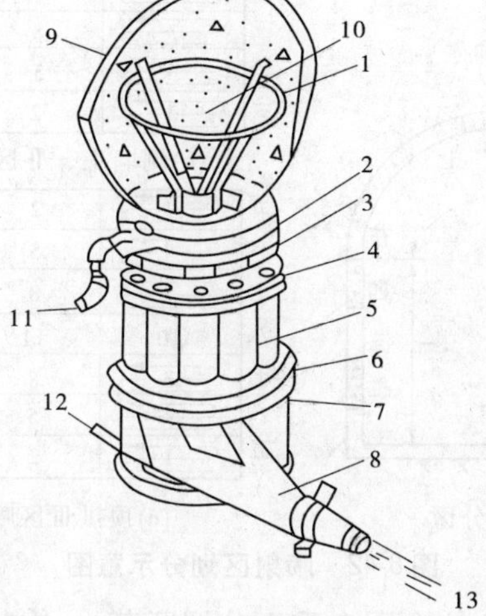

1—搅拌器;2—上底座;3—上接合板;4—旋转板;5—旋转体;
6—下接合板;7—下底座;8—出料弯头;9—料斗;10—干拌和料;
11—压缩空气进气口;12—进风管;13—出料口

图 8-40　转体式喷射机

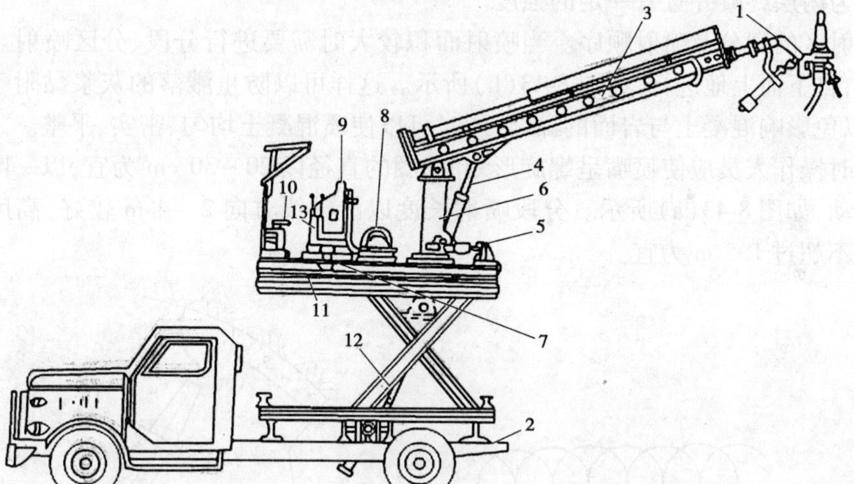

1—喷头装置;2—汽车;3—大臂;4—大臂俯仰油缸;
5—立柱回转油缸;6—立柱;7—冷却系统;8—动力装置;9—操作台;
10—座椅;11—剪刀架平台;12—剪刀架升起油缸;13—动力油路

图 8-41　QPS－Ⅰ型机械手简图

①喷射角度。喷射角度是指喷射方向与喷射面的夹角。一般宜垂直并稍微向刚喷射的部位倾斜(约 10°),以使回弹量最小,如图 8-42 所示。

②喷射距离。喷射距离是指喷嘴与受喷面之间的距离。其最佳距离是按混凝土回弹量最小和最高强度来确定的,根据喷射试验一般为 1 m 左右。

③一次喷射厚度。在设计喷射厚度大于 10 cm 时,一般应分层进行喷射。一次喷射

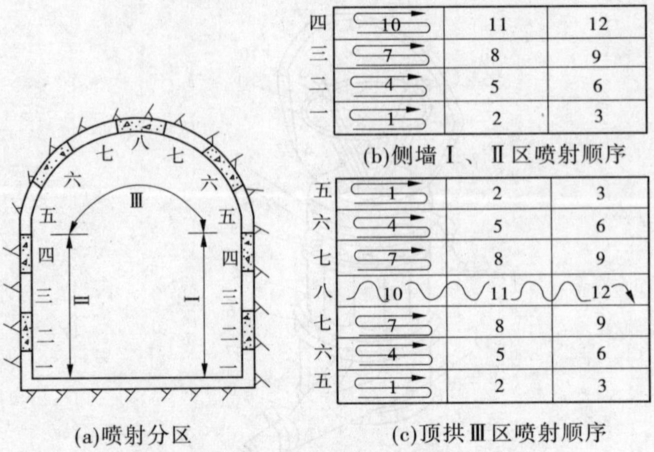

(a)喷射分区　(b)侧墙Ⅰ、Ⅱ区喷射顺序　(c)顶拱Ⅲ区喷射顺序

图 8-42　喷射区划分示意图

太厚，特别是在喷射拱顶时，往往会因自重而分层脱落；一次喷射也不可太薄，当一次喷射厚度小于最大骨料粒径时，回弹率会迅速提高。当掺有速凝剂时，墙的一次喷射厚度为 7～10 cm，拱为 5～7 cm；不掺速凝剂时，墙的一次喷射厚度为 5～7 cm，拱为 3～5 cm。分层喷射的层间间隔时间与水泥品种、施工温度及是否掺有速凝剂等因素有关。较合理的间歇时间为内层终凝并且有一定的强度。

④喷射区的划分及喷射顺序。当喷射面积较大时需要进行分段、分区喷射。一般是先墙后拱，自下而上地进行，如图 8-43(b)所示。这样可以防止溅落的灰浆黏附于未喷的岩面上，以免影响混凝土与岩面的黏结，同时可以使喷混凝土均匀、密实、平整。

施工时操作人员应使喷嘴呈螺旋形划圈，圈的直径以 20～30 cm 为宜，以一圈压半圈的方式移动，如图 8-43(a)所示。分段喷射长度以沿轴线方向 2～4 m 较好，高度方向以每次喷射不超过 1.5 m 为宜。

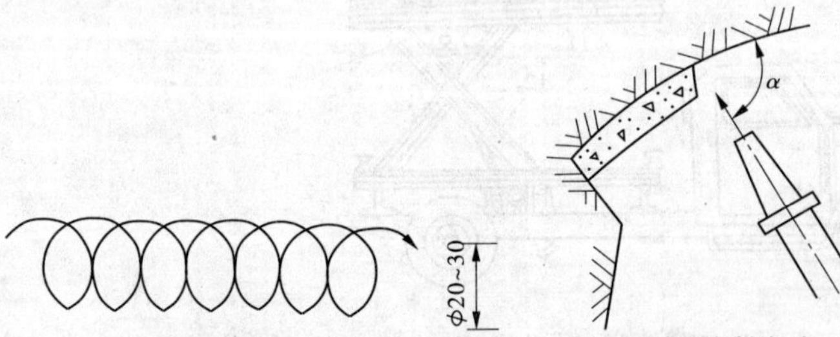

(a)料流轨迹　(b)喷射角度

图 8-43　料流轨迹与喷射角度　(单位：cm)

喷射混凝土的质量要求是表面平整，不出现干斑、疏松、脱空、裂隙、露筋等现象，喷射时粉尘少、回弹量小。

2.4　养护

喷混凝土单位体积水泥用量较大，凝结硬化快。为使混凝土的强度均匀增加，减少或防止不均匀收缩，必须加强养护。一般在喷射 2～4 h 后开始洒水养护，日洒水次数以保持混凝土有足够的湿润为宜，养护时间一般不应少于 14 d。

子任务4 隧洞施工安全技术

1 常见安全事故及预防措施

隧洞施工保证安全是十分重要的。要搞好施工安全工作，除做好必要的安全教育、促使施工人员重视外，还必须采取相应的技术措施，确保施工顺利进行。

隧洞施工过程中可能产生的安全事故及处理、防止措施简述如下。

(1)塌方。当隧洞通过断层破碎带、节理裂隙密集带、溶洞以及地下水活动的不良岩层时，容易产生塌方事故。特别是当洞室入口处地质条件较差时，更容易产生塌方现象。

防止塌方的主要措施是：详细了解地质情况，加强开挖过程中的检查，及时进行支撑、支护或衬砌。

(2)滑坡。滑坡主要发生在洞外明挖部分。一般是因地质条件不良所造成的。

防止滑坡的主要措施是：放缓边坡，并在一定高度设置马道；对裸露岩石进行喷锚处理，防止风化和松动。

(3)涌砂涌水。当隧洞通过地下水发育的软弱地层和一些有高压含水层的不良岩层时，容易产生涌水现象。

防止涌水的措施是：详细了解涌水的地质原因，采取封堵和导、排相结合的措施处理，必要时利用灌浆进行处理。

(4)瓦斯中毒与爆炸。瓦斯类有害气体多产生于深层，特别是含煤的矿层中。

防止瓦斯中毒与爆炸的措施是：加强洞内通风和安全检查，严格控制烟火。

(5)小块坠石。爆破后及拆除支撑时都有可能产生小块坠石。

防止小块坠石的措施是：爆破后应做好安全检查工作，将松动的石块清除干净；进洞人员必须戴安全帽。

(6)爆破安全事故。因操作不当或未严格执行操作规程和安全规程而发生事故。

防止爆破安全事故的措施是：必须严格执行操作规程和安全规程，加强安全检查，完善爆破报警系统，妥善处理瞎炮。

(7)用电安全事故。洞内施工、动力、照明线路多，洞内潮湿，导致漏电或其他用电事故。

防止用电安全事故的措施是：选用绝缘良好的动力、照明供电电线，线路的接头处应采取预防漏电的有效措施，加强用电安全检查。

(8)洞内交通事故。隧洞施工，空间狭小，洞内运输工作量大，施工机械设备多，容易产生交通安全事故。

防止交通事故的措施是：加强洞内运输的组织和管理工作。

(9)临时支撑失效。因临时支撑的布置、维护不当而发生坍塌事故。

防止临时支撑失效的措施是重视临时支撑的结构设计和施工，加强临时支撑的维护和管理。

2 洞口段施工与塌方处理

2.1 洞口段施工

隧洞的洞口地段往往是比较破碎的覆盖层,而且在降雨时有地面水流下,很容易发生塌方。洞口又是工作人员出入必经之地,必须做到安全可靠。

隧洞施工前,应结合地质和水文地质条件,选好洞口位置。洞口以外明挖段完成后,应先将洞口边坡、仰坡及地表排水系统做好,然后才能进洞。常用的进洞方式是导洞进洞,即在刷出洞脸后,先架好5~6排明箱(明挖部分的支撑),其上铺以装砂土的草袋,厚1~2 m,并用斜撑顶牢,然后放炮开挖导洞,边挖边架立临时支撑,支撑排架间距0.5~0.8 m(见图8-44),以后再进行扩大部分开挖和衬砌。

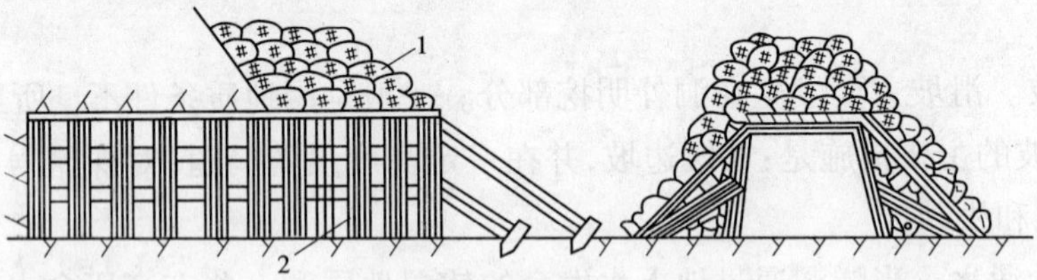

1—装砂土的草袋;2—明箱

图8-44 洞口支撑

2.2 塌方处理

在不稳定的岩层中开挖隧洞,常会遇到塌方。一旦塌方发生,首先应突击加固未塌方地段,防止塌方扩大,并为抢险工作提供比较安全的基地。尽快查明塌方的性质和范围,根据具体情况,采取有效措施进行处理。

(1)小塌方,先支后清。对塌方体未将隧洞全部堵塞,塌方的间歇时间较长或塌方基本停止,施工人员尚可进入塌穴进行观察处理的小塌方,在清除之前,必须先将塌方的顶部支撑牢固,再清除塌方。支撑塌穴的方法应因地制宜。对于规模不大的塌方,塌穴高度较低时,可在渣堆上架设木支撑,将塌穴全面支护,边清边倒换成洞底支撑,如图8-45所示。

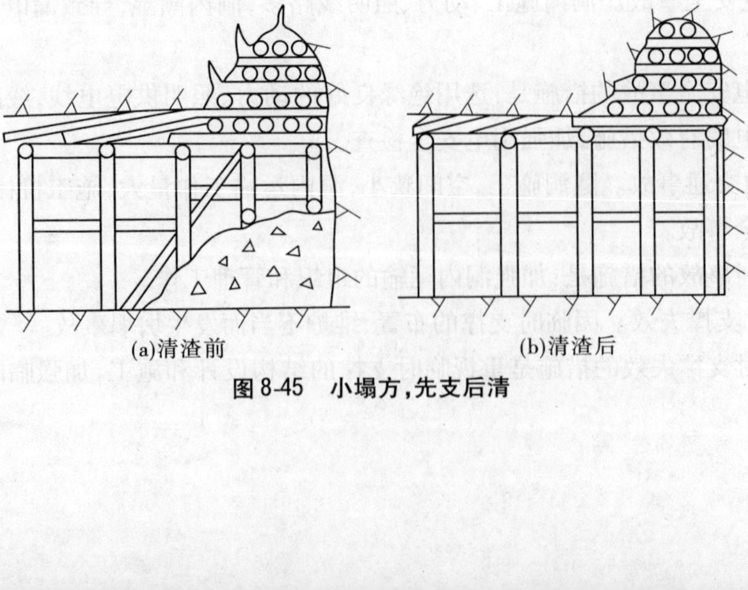

(a)清渣前 (b)清渣后

图8-45 小塌方,先支后清

（2）大塌方，先棚后穿。当塌方量很大，且已将洞口堵塞，或塌方继续不停地扩展，施工人员不易进入塌穴时，可将塌方体视为松软破碎的地层，按先棚后穿的原则进行处理。即先用硬质圆木（直径 8 ~ 15 cm，长约 1 m）向上倾斜打入塌方体中，并架立木支撑，再进行出渣，然后向前打入新的圆木并架立支撑，如此逐步向前推进，如图 8-46 所示。

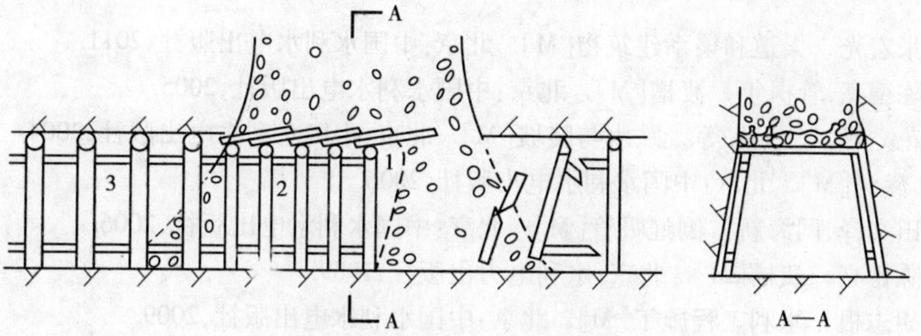

1—圆木；2—门框形木支撑；3—纵梁

图 8-46　大塌方，先棚后穿

参考文献

[1] 马文英,张宏光. 渠道和渠系建筑物[M]. 北京:中国水利水电出版社,2011.

[2] 竺慧珠,陈德亮,管枫年. 渡槽[M]. 北京:中国水利水电出版社,2005.

[3] 刘寒生,花立峰,纪志强,等. 跌水与陡坡[M]. 北京:中国水利水电出版社,2004.

[4] 熊启军. 涵洞[M]. 北京:中国水利水电出版社,2006.

[5] 李慧英,田文铎,闫海新. 倒虹吸管[M]. 北京:中国水利水电出版社,2006.

[6] 赵文华,陈德亮. 渡槽[M]. 北京:水利电力出版社,1989.

[7] 袁光裕,胡志根. 水利工程施工[M]. 北京:中国水利水电出版社,2009.

[8] 李桢,李华鹏. 水利水电工程施工[M]. 郑州:黄河水利出版社,2014.

[9] 水利电力部水利水电建设总局. 水利水电工程施工组织设计手册[M]. 北京:水利电力出版社,1990.

[10] 全国水利水电工程技术信息网. 水利水电工程施工手册[M]. 北京:中国电力出版社,2002.

[11] 梁建林,胡育. 水利水电工程施工技术[M]. 北京:中国水利水电出版社,2005.

[12] 田明武. 水利水电工程建筑物[M]. 北京:中国水利水电出版社,2013.

[13] 张智涌. 水利水电工程施工技术[M]. 北京:中国水利水电出版社,2013.

[14] 谭靖夷. 中水水力发电工程·施工卷 [M]. 北京:中国电力出版社,2000.

[15] 水利水电工程施工组织设计规范(SL 303—2004)[S]. 北京:中国水利水电出版社,2004.

[16] 水电工程施工组织设计规范(DL/T 5397—2004)[S]. 北京:中国电力出版社,2004.

[17] 吴持恭. 水力学 [M]. 北京:高等教育出版社,2003.

[18] 水工建筑物荷载设计规范(DL 5077—1997)[S]. 北京:中国电力出版社,1998.

[19] 水工混凝土结构设计规范 (SL/T 191—96)[S]. 北京:中国水利水电出版社,1996.

[20] 张光斗,王光纶. 水工建筑物 [M]. 北京:水利电力出版社,1992.

[21] 林继镛. 水工建筑物 [M]. 北京:中国水利水电出版社,2006.